U0172643

大飞机出版工程

总主编　顾诵芬

模拟复合材料结构中的损伤效应：简化方法

Modeling the Effect of Damage in Composite Structures: Simplified Approaches

【荷】克里斯托斯·卡萨波格罗（Christos Kassapoglou）著
陈秀华　刘湘云　刘衰财　译

上海交通大學出版社
SHANGHAI JIAO TONG UNIVERSITY PRESS

内容提要

复合材料越来越多地用于航空航天结构中，这是因为它们具有较高的比强度和比刚度。然而，在结构设计中，能够在整个生命周期中考虑损伤对结构完整性的影响同样重要。本书介绍了复合材料结构中可能发生的各种损伤，以及如何在初步结构设计中对其进行建模，并开发分析模型以了解和预测导致损伤发生的物理现象及其演变。这些技术为复合材料结构中的一系列不同类型的损伤提供了一套设计工具和经验法则。

虽然本书讨论的重点是航空航天结构，但原则和方法适用于所有其他领域，可以为相关专业的研究生和结构设计工程师提供参考。

Modeling the Effect of Damage in Composite Structures: Simplified Approaches by Christos Kassapoglou, ISBN: 978-1-119-01321-1

图书在版编目(CIP)数据

模拟复合材料结构中的损伤效应：简化方法/(荷)克里斯托斯·卡萨波格罗(Christos Kassapoglou)著；陈秀华等译. —上海：上海交通大学出版社，2021.7
大飞机出版工程
ISBN 978-7-313-23750-7

Ⅰ.①模…　Ⅱ.①克…②陈…③刘…　Ⅲ.①复合材料结构—损伤—研究　Ⅳ.①TB33

中国版本图书馆 CIP 数据核字(2020)第 168548 号

模拟复合材料结构中的损伤效应：简化方法
MONI FUHECAILIAO JIEGOU ZHONG DE SUNSHANG XIAOYING: JIANHUA FANGFA

著　　者：【荷】克里斯托斯·卡萨波格罗
出版发行：上海交通大学出版社　　地　　址：上海市番禺路 951 号
邮政编码：200030　　电　　话：021-64071208
印　　制：苏州市越洋印刷有限公司　　经　　销：全国新华书店
开　　本：710mm×1000mm　1/16　　印　　张：14
字　　数：272 千字
版　　次：2021 年 7 月第 1 版　　印　　次：2021 年 7 月第 1 次印刷
书　　号：ISBN 978-7-313-23750-7
定　　价：108.00 元

大飞机出版工程

丛书编委会

大飞机出版工程

总　　序

国务院在2007年2月底批准了大型飞机研制重大科技专项正式立项，得到全国上下各方面的关注。“大型飞机”工程项目作为创新型国家的标志工程重新燃起我们国家和人民共同承载着“航空报国梦”的巨大热情。对于所有从事航空事业的工作者，这是历史赋予的使命和挑战。

1903年12月17日，美国莱特兄弟制作的世界第一架有动力、可操纵、重于空气的载人飞行器试飞成功，标志着人类飞行的梦想变成了现实。飞机作为20世纪最重大的科技成果之一，是人类科技创新能力与工业化生产形式相结合的产物，也是现代科学技术的集大成者。军事和民生对飞机的需求促进了飞机迅速而不间断的发展，应用和体现了当代科学技术的最新成果；而航空领域的持续探索和不断创新，为诸多学科的发展和相关技术的突破提供了强劲动力。航空工业已经成为知识密集、技术密集、高附加值、低消耗的产业。从大型飞机工程项目开始论证到确定为《国家中长期科学和技术发展规划纲要》的十六个重大专项之一，直至立项通过，不仅使全国上下重视起我国自主航空事业，而且使我们的人民、政府理解了我国航空事业半个世纪发展的艰辛和成绩。大型飞机重大专项正式立项和启动使我们的民用航空进入新纪元。经过50多年的风雨历程，当今中国的航空工业已经步入了科学、理性的发展轨道。大型客机项目其产业链长、辐射面宽、对国家综合实力带动性强，在国民经济发展和科学技术进步中发挥着重要作用，我国的航空工业迎来了新的发展机遇。

大型飞机的研制承载着中国几代航空人的梦想，在2016年造出与波音737和空客A320改进型一样先进的“国产大飞机”已经成为每个航空人心中奋斗的目标。然而，大型飞机覆盖了机械、电子、材料、冶金、仪器仪表、化工等几乎所有工业门类，集成了数学、空气动力学、材料学、人机工程学、自动控制学等多种学科，是一个复杂的科技创新系统。为了迎接新形势下理论、技术和工程等方面的严峻挑战，迫切需要引入、借鉴国外的优秀出版物和数据资料，总结、巩固我们的经验和成果，编著一套以“大飞机”为主题的丛书，借以推动服务“大型飞机”作为推动服务整个航空科学的切入点，同时对于促进我国航空事业的发展和加快航空紧缺人才的培养，具有十分重要的现实意义和深远的历史意义。

2008年5月，中国商用飞机有限责任公司成立之初，上海交通大学出版社就开始酝酿“大飞机出版工程”，这是一项非常适合“大飞机”研制工作时宜的事业。新中国第一位飞机设计宗师——徐舜寿同志在领导我们研制中国第一架喷气式歼击教练机——歼教1时，亲自撰写了《飞机性能捷算法》，及时编译了第一部《英汉航空工程名词字典》，翻译出版了《飞机构造学》《飞机强度学》，从理论上保证了我们飞机研制工作。我本人作为航空事业发展50年的见证人，欣然接受了上海交通大学出版社的邀请担任该丛书的主编，希望为我国的“大型飞机”研制发展出一份力。出版社同时也邀请了王礼恒院士、金德琨研究员、吴光辉总设计师、陈迎春副总设计师等航空领域专家撰写专著、精选书目，承担翻译、审校等工作，以确保这套“大飞机”丛书具有高品质和重大的社会价值，为我国的大飞机研制以及学科发展提供参考和智力支持。

编著这套丛书，一是总结整理50多年来航空科学技术的重要成果及宝贵经验；二是优化航空专业技术教材体系，为飞机设计技术人员培养提供一套系统、全面的教科书，满足人才培养对教材的迫切需求；三是为大飞机研制提供有力的技术保障；四是将许多专家、教授、学者广博的学识见解和丰富的实践经验总结继承下来，旨在从系统性、完整性和实用性角度出发，把丰富的实践经验进一步理论化、科学化，形成具有我国特色的“大飞机”理论与实践相结合的知识体系。

“大飞机”丛书主要涵盖了总体气动、航空发动机、结构强度、航电、制造等专业方向，知识领域覆盖我国国产大飞机的关键技术。图书类别分为译著、专著、教材、工具书等几个模块；其内容既包括领域内专家们最先进的理论方法和技术成果，也包括来自飞机设计第一线的理论和实践成果。如：2009年出版的荷兰原福克飞机公司总师撰写的 *Aerodynamic Design of Transport Aircraft*（《运输类飞机的空气动力设计》），由美国堪萨斯大学2008年出版的 *Aircraft Propulsion*（《飞机推进》）

等国外最新科技的结晶；国内《民用飞机总体设计》等总体阐述之作和《涡量动力学》《民用飞机气动设计》等专业细分的著作；也有《民机设计 1000 问》《英汉航空双向词典》等工具类图书。

该套图书得到国家出版基金资助，体现了国家对"大型飞机项目"以及"大飞机出版工程"这套丛书的高度重视。这套丛书承担着记载与弘扬科技成就、积累和传播科技知识的使命，凝结了国内外航空领域专业人士的智慧和成果，具有较强的系统性、完整性、实用性和技术前瞻性，既可作为实际工作指导用书，亦可作为相关专业人员的学习参考用书。期望这套丛书能够有益于航空领域里人才的培养，有益于航空工业的发展，有益于大飞机的成功研制。同时，希望能为大飞机工程吸引更多的读者来关心航空、支持航空和热爱航空，并投身于中国航空事业做出一点贡献。

2009 年 12 月 15 日

序

航空航天领域具有多元化、范围广的特点，涵盖各种产品、学科和领域，不仅体现在工程上，而且体现在许多相关的支持活动中。这些结合起来使航空航天工业能够生产技术先进的产品。各专业从业人员在各种航空航天领域所获得的丰富的知识和经验需要传授给业内人士，包括那些相关专业的大学生。

本书旨在成为针对航空航天工业人员的实用、专题性强的书籍，包括工程专业人员和运营商、专业人士、商业和法律执行人员以及工程师。本书主题范围广，涵盖飞机的设计开发、制造、运营和支持，以及基础设施运营和研发技术等方面的课题。

复合材料越来越多地用于航空航天结构中，这是因为它们具有优异的质量性能，以及制造复杂的整体部件的能力。然而在结构设计中，能够在整个生命周期中考虑到损伤对结构完整性的影响也同样重要。

本书考虑了复合材料结构中可能发生的各种损伤，以及如何在初步结构设计中对其进行建模。开发分析模型以了解和预测导致损伤发生的物理现象及其演变。这些技术为复合材料结构中的一系列不同类型的损伤提供了一套设计工具和经验法则。本书在之前的《复合材料结构设计与分析：应用于航空航天结构》（第二版）的基础上进行了修订，增加了部分内容。

彼得·贝罗巴巴，乔纳森·库珀，艾伦·西布里奇

前　言

良好的结构设计的主要特征之一是能够解释在结构寿命期间可能发生的损伤，并确保性能不会受到此类损伤的影响。对于机身结构的情况，损伤对结构性能的影响在设计安全但质量有限的结构中至关重要。

本书简要讨论了各种类型的损伤，以及如何在复合材料结构的初步设计和分析过程中对其进行建模，以期为研究生和入门级设计和结构工程师提供参考。本书是德尔夫特理工大学研究生课程的总结，内容涵盖了复合材料结构在损伤情况下的设计和分析。虽然重点是航空航天结构，但原则和方法适用于所有其他领域，可适当调整安全系数和设计标准(如冲击损伤)。

由于重点在于初步设计和分析，在详细设计过程中更加准确且很有必要，因此在讨论过程中只简要介绍有限元计算方法。因此，提出的一些方法的准确性和适用性不如详细的有限元分析的精度和适用性好。然而，这些方法非常有效，并提供了良好的初步设计，以便进行更详细的后续评估。它们也可以用于比较不同的设计，从而进行优化。

从某种意义上说，这本书是笔者之前的关于复合材料结构设计和分析的书的自然延续。在本书中，通过对允许强度应用适当的临界因素来保护损伤的效果；同时试图用分析模型来取代这些临界因素，分析模型着重于更好地了解损伤创造和进化背后的一些物理现象，同时消除与临界因素相关的一些保守主义。

本书中讨论的一些主题，如对具有冲击损伤的结构的分析或复合材料结构的疲劳分析，是正在进行的研究的主题。因此，这里提出的方法应该被看作是将来可能被替代的好的设计工具，因为我们对复合材料结构中损伤创造和演化的理解得到了改进。

第1章包括对损伤类型的简要概述，并指出了与金属相比增加的缺陷灵敏度表现出的复合材料特有的一些重要特性。第2章讨论了孔的影响，并提供了改进的方法来获得可靠的失效预测。第3章讨论了厚度裂缝，并给出了简单的分析方法来获得失效预测。第4章讨论了不同结构细节的解决方案。冲击损伤（包括所有以前类型的损伤）、基体裂纹、孔（用于高冲击能量）和分层在第5章中讨论。第6章简要讨论了复合材料疲劳，重点是预测循环到失效的分析模型，讨论了恒定幅度和频谱负载，在分析中可以考虑不同长度尺度的损伤。第7章总结了所有前几章可以推导出的设计指南和经验法则。

克里斯托斯·卡萨波格罗

目　录

1　复合结构损伤：缺陷敏感度

1.1　概述

复合材料是由纤维和基体两种基本成分组成的，其损伤类型表现为多种形式。损伤可能发生在其中一种组分中，也可能两种都发生，还可能发生在两者的界面上。此外，根据损伤描述的尺度，损伤可能具有不同的形式，从微小的孔隙或者纤维/基体间的不一致性及裂纹，到大尺度的分层、孔洞和层压板失效。

我们把重点放在不小于几根纤维直径的损伤尺度上，这种损伤最可能是在较小的尺度下损伤产生和聚集的结果，后者超出了本书的讨论范围。在这个框架内，最常见的损伤形式是基体裂纹、纤维/基体界面失效、纤维失效、贯穿厚度失效（孔和裂纹）以及层间失效，如分层。当然，上述损伤形式的任意组合也可能同时发生，如冲击损伤的情况。损伤的代表形式及其相应的尺度如图 1.1 所示。

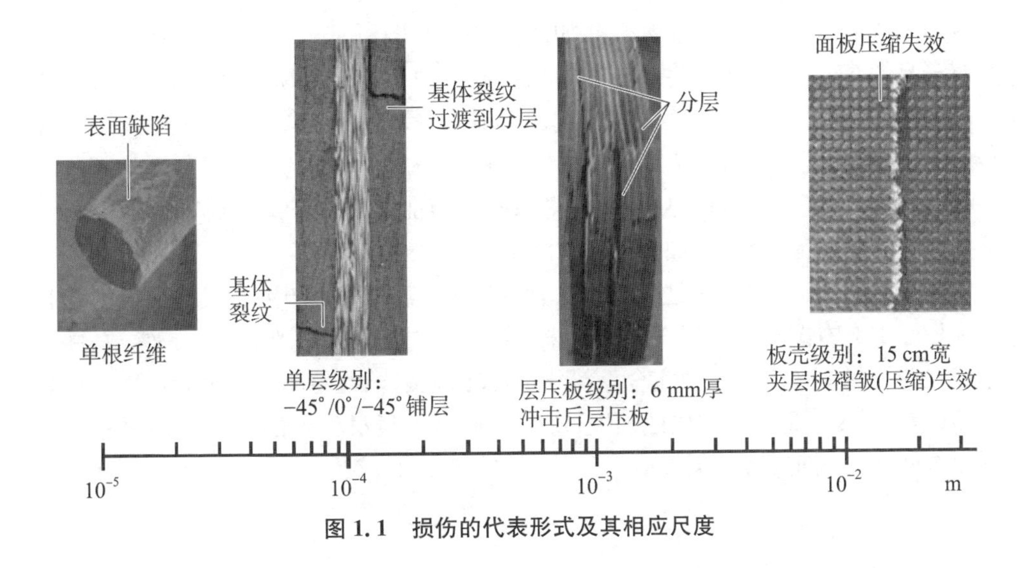

图 1.1　损伤的代表形式及其相应尺度

在典型的航空航天先进复合材料结构中，基体的强度比纤维强度要低得多。失效通常会首先发生在基体中，相应的损伤形式是基体裂纹。这些裂纹通常出现在纤维铺设方向与受载方向不一致的铺层中[1]。出于固化残余应力[2]或固化周期中模具吸热或冷却不均匀等原因，在固化后的复合材料中也可能存在基体裂纹[3]。

这并不意味着在小缺陷的位置处(富含树脂的区域、树脂贫乏区域、孔隙和污染物)不会引发损伤。在理想情况下，损伤模型应该从可能的最小尺度开始，并不断发展和演化扩展，直到形成更大尺度的损伤。然而，从图 1.1 可以看出，该过程可能需要在长度尺度上跨越至少三到四个数量级。这意味着需要在较低尺度上对单独的组分建立单独的模型，这个尺度要小到认为材料已经不符合均匀性假设。为了降低计算的复杂性，从更大的尺度开始对大型宏观结构的模型建模，而在单层的尺度或者不常用的更小尺度上，建立的模型主要集中在模拟总体缺陷上。

通常认为缺陷是任意类型的局部不连续形式，如裂纹、孔洞和凹坑。这里，定义的缺陷不局限于表面缺陷，它也可以是一个贯穿厚度的非连续缺陷形式。缺陷的存在使得应力增加，导致了结构强度的降低。降低的程度是材料本身以及其在缺陷周围重新分布载荷能力的函数。这种表征的程度可能会导致两种极端形式：缺陷不敏感性；完全缺陷敏感性。

1.2　缺陷不敏感性

缺陷不敏感性是金属的特有属性，是一个极端的材料行为。考虑图 1.2 左上图的含有缺陷的板，缺陷的形状和类型对于目前的讨论并不重要。假设在给定的远场载荷条件下获得缺陷附近的纯弹性解。通常，存在应力集中因子 k_t 以及作用的远场应力 σ，缺陷边缘处的应力为 $k_t\sigma$，如图 1.2 中间图所示。如果板的材料是金属，则对于足够高的 σ 值，$k_t\sigma$ 将超过材料的屈服应力 σ_y。作一阶近似，可以通过设置应力等于屈服应力，截去局部应力超过屈服应力区域的部分，如图 1.2 中间图的虚线所示，获取线性应力解。为了保持力的平衡，应力等于 σ_y 的区域必须延长超过水平线等于 σ_y 与线性应力解的交点，使得原始应力曲线对应于线性解的区域面积和修正的截断曲线面积相等，如图 1.2 右图所示。

对于足够高的 σ 和/或足够低的 σ_y，缺陷任一侧的材料产生屈服并且应力分布变为如图 1.2 右图所示的形式。这意味着缺陷两侧与载荷一致的应力是常数，并且不存在应力集中效应。应力完全重新分布，仅由缺陷导致的面积减少起作用。更具体地说，如果 F_{tu} 是材料的失效强度(应力单位)，则板材失效的力 F_{fail} 由材料强度乘以有效的横截面积给出：

$$F_{fail} = F_{tu}(w - 2a)t \tag{1.1}$$

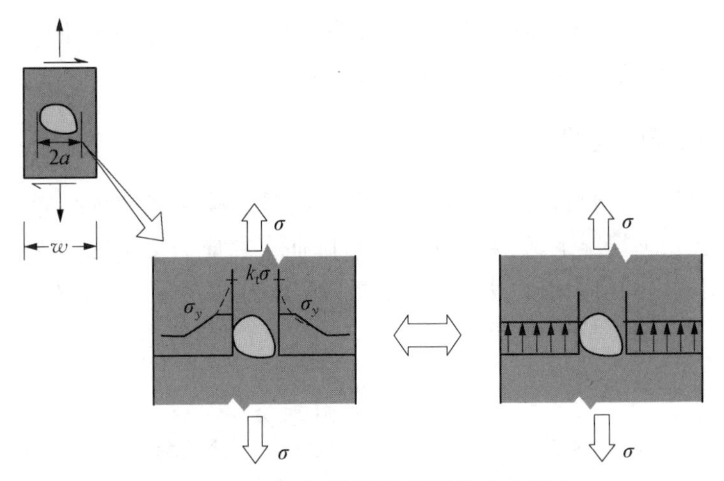

图 1.2　不敏感材料缺陷附近的应力分布

w 和 $2a$ 分别为板和缺陷的宽度,t 为板的厚度。在远场,同样的力有

$$F_{\text{fail}} = \sigma w t \tag{1.2}$$

将式(1.1)和式(1.2)的右侧设置相等的联立求解,可以获得失效的远场应力解:

$$\sigma = F_{\text{tu}}\left(1 - \frac{2a}{w}\right) \tag{1.3}$$

远场应力作为归一化缺陷尺寸 $2a/w$ 的函数如图 1.3 所示。连接 y 轴上的失效强度 F_{tu} 与 x 轴上的点 $2a=w$ 的直线给出了存在缺陷的材料强度的上限。

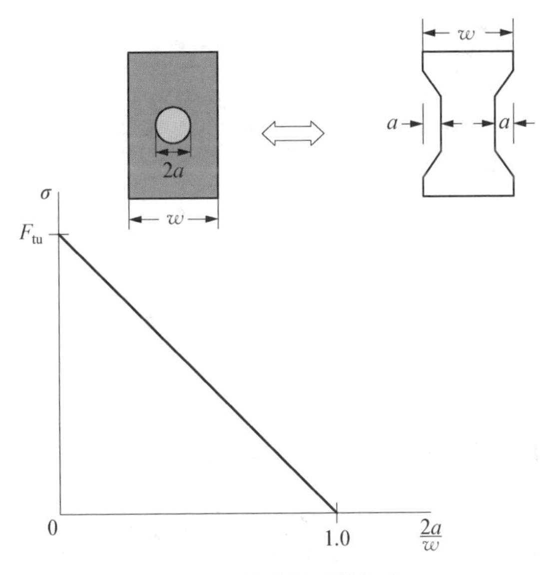

图 1.3　缺陷敏感性行为

应该指出的是，对于这种特殊的效应，缺陷的形状并不重要。图 1.3 所示的孔形状试样和狗骨头试样的结果是完全相同的。

1.3 完全缺陷敏感性

另一个极端的材料行为是脆性材料，其特征是缺陷敏感性，如一些复合材料和陶瓷材料。在这种情况下，如果由于存在缺陷而存在应力集中因子 k_t 使得应力提高，则一旦结构中的最大应力达到材料的极限强度就会发生失效。对于远场施加的应力 σ，这导致条件：

$$k_t\sigma = F_{tu} \tag{1.4}$$

如图 1.4 所示，在缺陷附近没有应力的再分配。对于图 1.4 中的无限板或非常小的缺陷，通过重新排列式(1.4)给出了导致失效的远场应力：

$$\sigma = \frac{F_{tu}}{k_t} \tag{1.5}$$

对于有限大板，如果有较大的缺陷，则有限的宽度效应会进一步降低板的强度。在极限情况下，当缺陷尺寸接近板的宽度时，强度达到零：

$$\text{当 } 2a \to w \text{ 时},\ \sigma \to 0 \tag{1.6}$$

式(1.5)和式(1.6)组合在一起显示了缺陷敏感材料的特征(见图 1.5)。

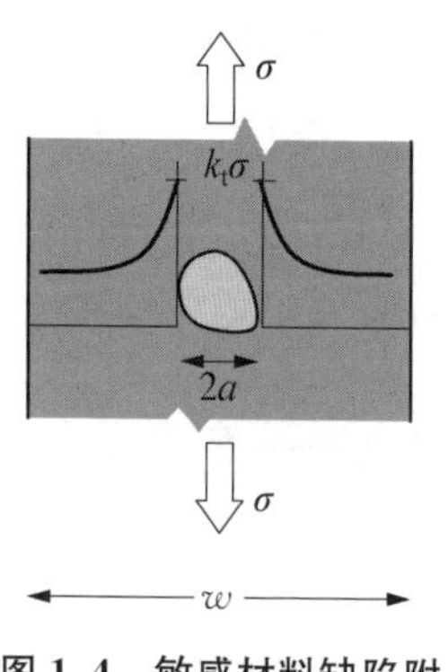

图 1.4 敏感材料缺陷附近的应力分布

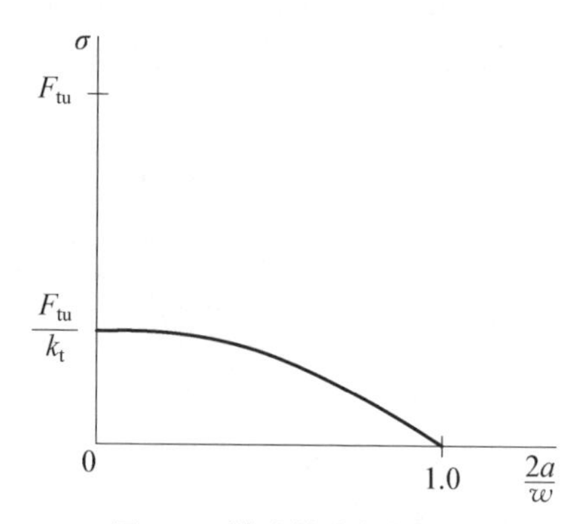

图 1.5 缺陷敏感材料特征

1.4 复合材料的缺陷敏感性

前两节讨论的行为类型是材料的两个极端。有趣的是典型的复合材料在这两个极端范围内所在的位置。各种不同孔径尺寸的复合材料开孔层压板在拉伸条件下的试验数据如图 1.6 所示[4]。

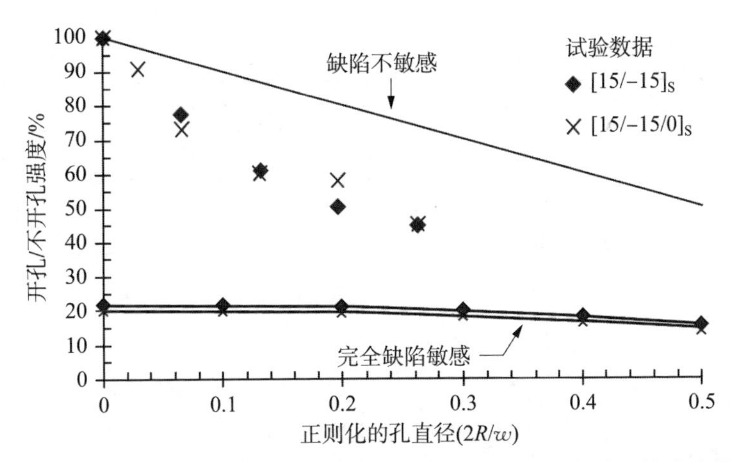

图 1.6 各种不同孔径尺寸的复合材料开孔层压板在拉伸条件下的试验数据

两个非常接近的曲线显示为“完全缺陷敏感”的行为。一个对应于[15/－15]$_s$，另一个对应于[15/－15/0]$_s$ 层压板。

从图 1.6 中可以看出,复合材料数据落在两条曲线之间。更重要的是,对于缺陷敏感材料,即使是非常小的孔,强度也会下降得很厉害;而孔径较大 $\left(\frac{2R}{w} > 0.7\right)$ 时,数据趋于该曲线。然而,数据从顶部曲线开始下降,向下趋于下面曲线的事实表明,复合材料在一个缺陷周围具有一些载荷重新分配的能力,但重新分配能力是有限的。在孔的边缘破坏区域或加工区域产生了基体裂纹、纤维断裂和分层。该加工区域将应力限制为等于或接近未损坏的失效强度值。当载荷增加时,加工区内的应力保持不变。加工区域的尺寸增加,孔附近材料的应变增加。随着载荷进一步增加,结构不再存储能量而到达失效点。因此,一般来说,复合材料是缺陷敏感材料,但它们在缺陷处有一定重新分布载荷的能力。在后续章节中,将更详细地讨论在缺陷附近的应力,这将具有重要意义。

练习

1.1 讨论小尺度缺陷和损伤如何影响复合材料结构静强度的分散性。然后,讨论存在怎样的足以导致失效的损伤尺寸可能降低静强度的分散性。

1.2 通常会存在足够大和足够严重的缺陷,不仅导致失效,而且掩盖了小的良性缺陷效果,即带缺陷的测试结果的分散性低于无缺陷的。表 E1.1 给出了[45/－45/0]$_s$,[0/45/－45]$_s$ 和[45/0/－45]$_s$ 层压板的无缺陷和含缺陷强度值。将所有层压板集中在一个数据集内,确定无缺陷试样和每种孔径的 B-基准和 A-基准值，将其作为相应平均值的一部分。解释由于孔造成的降低以及它与测试数据的分散的关系。

表 E1.1 强度与孔尺寸的关系

拉伸强度/MPa	孔直径/mm			
	3.282	6.578	10.31	50.088
754	388	346	379	316
683	466	358	354	342
793	443	423	332	224
476	422	370	355	291
696	431	306	331	347
811	452	380	331	305
801	463	364	343	278
780	415	321	310	286
796	435	398	307	292
747	444	355	312	306
556	434	368	359	308
779	429	362	310	295
741	424	348	295	272
768	458	386	316	282
604	427	368	334	282

1.3 以下两条曲线用于完全缺陷敏感性的开孔试样：

$$\frac{\sigma_0}{F_{\mathrm{tu}}}=\frac{3\left[1-\left(\frac{2a}{w}\right)\right]}{\left\{2+\left[1-\left(\frac{2a}{w}\right)\right]^3\right\}k_{\mathrm{t}}^{\infty}}$$

和

$$\frac{\sigma_0}{F_{\mathrm{tu}}}=\frac{2-\left(\frac{2R}{w}\right)^2-\left(\frac{2R}{w}\right)^4+\left(\frac{2R}{w}\right)^6(k_{\mathrm{t}}^{\infty}-3)\left[1-\left(\frac{2R}{w}\right)^2\right]}{2k_{\mathrm{t}}^{\infty}}$$

将它们绘制在相同的图中，采用一个低值（$k_{\mathrm{t}}^{\infty}=2$）和一个高值（$k_{\mathrm{t}}^{\infty}=8$），讨论差异。

参考文献

[1] Highsmith, A. L. and Reifsnider, K. L. (1982) Stiffness-reduction mechanisms in composite laminates, in Damage in Composite Materials (ed K. L. Reifsnider), American Society for

Testing and Materials, Philadelphia, PA, pp. 103 - 117, ASTM STP 775.

[2] Rohwer, K. and Jiu, X. M. (1986) Micromechanical curing stresses in CFRP. Compos. Sci. Technol., 25, 169 - 186.

[3] Penn, L. S., Chou, R. C. T., Wang, A. S. D. and Binienda, W. K. (1989) The effect of matrix shrinkage on damage accumulation in composites. J. Compos. Mater., 23, 570 - 586.

[4] Lagacé, P. A. (1982) Static tensile fracture of graphite/epoxy. PhD thesis. Massachusetts Institute of Technology.

2 开　　孔

复合材料结构中的开孔是使应力增加的最常见形式之一。在机体结构中，开孔是不可避免的。即使通过增加共固化和胶接粘合等非紧固件方式进行装配，一些紧固件孔仍然不可避免。此外，还有一些减重孔（减轻重量）、安装系统设备（液压、电气等）的孔以及窗户和通道门的开口（见图 2.1）。在工作中也会产生由工具掉落、跑道碎石或其他形式的损坏造成的孔（穿孔）。

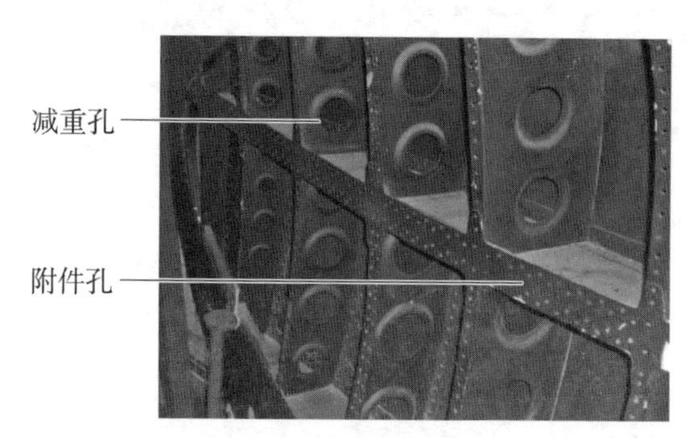

图 2.1　机身结构上的减重孔和附件孔

因此，分析复合材料结构开孔的响应，对于鲁棒设计和损伤容限设计是非常重要的。此外，需要分析含孔复合材料结构的强度还有一个原因：开孔可以用来模拟其他更复杂的损伤形式。将冲击损伤或贯穿厚度的裂纹进行等效处理，得到尺寸等效的开孔，可以简化结构设计和分析。

根据孔的形状以及是否受载，定义不同类型的孔。除了本章重点描述的圆孔外，还有椭圆形的孔或开口，以及高速损伤（如炮弹损坏）造成的不规则形状孔。在受载方面，可以分为非受载孔和受载孔。受载孔包括带挤压和拧紧力矩的紧固件孔和填充孔，其中填充材料通常是未拧紧的紧固件螺栓，其主要作用是利用刚性使孔周围保持圆形，防止孔变形，如图 2.2 所示。

需要重点关注的是，紧固件孔往往会随着时间的推移而失去其拧紧力矩。如

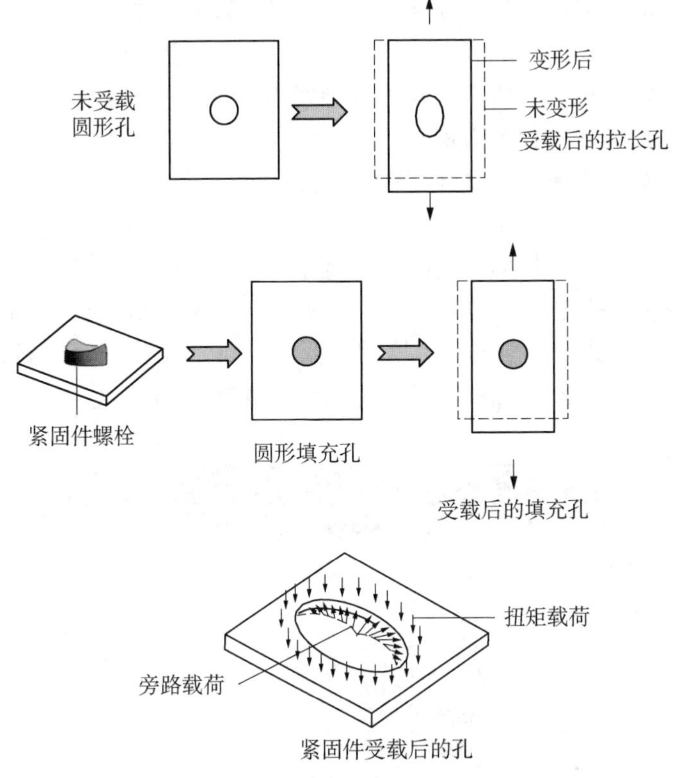

图 2.2 非受载孔和受载孔

图 2.3 所示为一个极端情况。这里,使用螺母和螺栓来固定两块双马来酰亚胺复合材料板。在拧紧螺栓之前,在螺栓杆上加工了两个背靠背的平面,并安装了应变计。监测应变计随着时间的推移的读数,其与初始应变读数的百分比如图 2.3 所示。

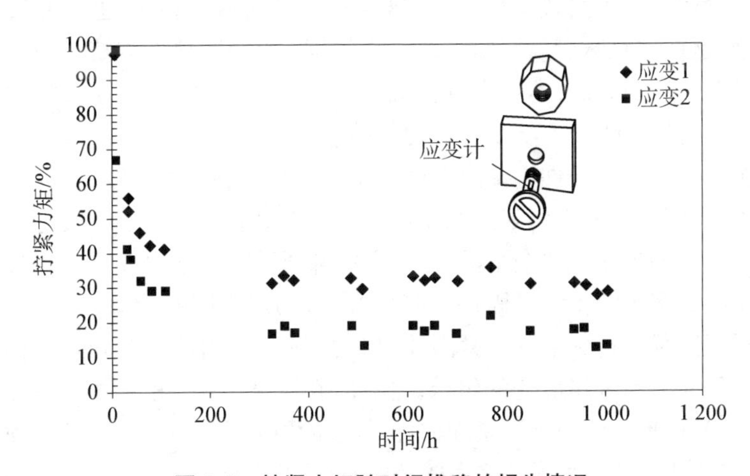

图 2.3 拧紧力矩随时间推移的损失情况

由图 2.3 可知，随时间的推移，螺栓应变急剧减小（对应拧紧力矩的损失）。在 240 h 内，拧紧力矩降至其初始值的大约 30%，之后，速度减小要慢得多。这些数据对应于常规螺丝和螺母，飞机上使用的典型紧固件减少程度要小得多。然而，在飞机几十年的寿命中，这种拧紧力矩的损失也并不罕见。减小拧紧力矩会降低抗挤压强度。因此，通常设计螺栓连接，假设对应紧固件的拧紧力矩值很小或没有，相当于“用手拧紧”。

一般情况下，填充孔拉伸强度（FHT）低于开孔拉伸强度（OHT），而填充孔压缩强度（FHC）高于开孔压缩强度（OHC）[1]。如果相对保守地设计，则至少需要进行 FHT 和 OHC 试验来得到服役中预期的最低值。同时，可以使用 FHT 和 FHC 来定义特定层压板的挤压旁路载荷曲线的极限值，如图 2.4 所示。

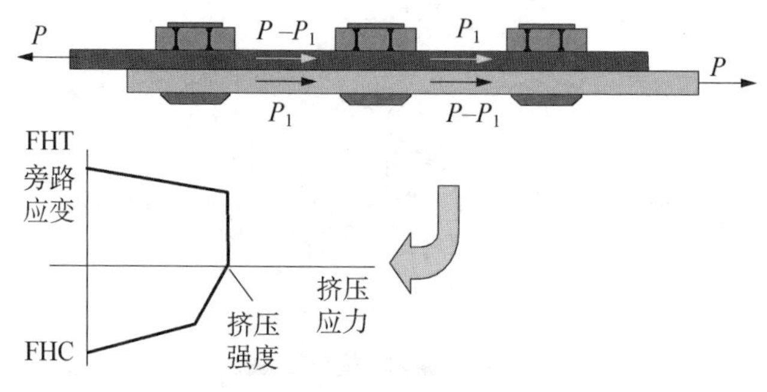

图 2.4 层压板的挤压旁路载荷曲线

如果用手拧紧的紧固件仅连接一个被连接件，也就是说，紧固件并没有第二个被连接件，则所施加的载荷 P 从紧固件的旁路通过该被连接件传递。拉伸载荷对应于 FHT 情况；压缩载荷对应于 FHC 情况，如图 2.4 的纵轴所示。

在单个紧固件的单搭接头中，一个被连接件的所有载荷 P 通过紧固件传递到另一个被连接件，这意味着没有紧固件旁路载荷。整个载荷形成挤压载荷或挤压应力，对应于图 2.4 中横轴上的一个点。将挤压应力 $P/(Dt)$ 与层压板挤压强度进行比较，其中 D 是紧固件直径，t 是连接构件的厚度。

如果至少有两个紧固件连接两个被连接件，则只有总载荷的一部分 P_1 通过第一个紧固件传递到另一个板，如图 2.4 所示。剩余载荷 $(P-P_1)$ 通过旁路传递到下一个紧固件。如果只有两个紧固件，则它们都通过第二紧固件传递到第二个被连接件。如果存在多于两个的紧固件，则再次通过第二紧固件传送一部分，并且其余部分将通过旁路载荷传到下一个紧固件。对于每一个“内部”紧固件，都存在导致接头失效的挤压应力和旁路应变的组合。例如，在图 2.4 中，第二紧固件具有挤压应力 $(P-2P_1)/(Dt)$，即通过该紧固件传递的净载荷 $(P-P_1)$（第一紧固件之后的旁路载荷）减去 P_1（第二紧固件之后的旁路载荷）。旁路应变是 P_1/E_m，其中 E_m 是被连接件的轴向刚度。

许多学者已经介绍了紧固件承载孔的分析方法，包括设计方法[2-6]和指导原则[7-9]，这不是本章的重点。本章的重点是开孔，对应于相对简单的情况，可以更加深入了解受载孔的大致情况。而在某些情况下，开孔可以方便地用于复合材料结构的损伤容限分析。首先，就像之前提到的那样，诸如裂缝或冲击损伤等其他类型的损伤可以保守地模拟为等效尺寸的孔（参见 5.6.1 节算例）；其次，开孔分析可以用于得到结构的限制承载能力。通常认为直径为 6.35 mm 的小孔是可见损伤，是复合材料结构的限制载荷要求。复合材料结构的认证需要证明在存在可见损伤的情况下，该结构可以满足限制载荷要求。因此，即使在结构中不存在开孔，也要表明该结构满足出现直径为 6.35 mm 的孔时能够承受限制载荷，这有助于证明其损伤容限能力。

2.1　孔边应力

Lekhnitskii 给出了拉伸状态下含椭圆孔的均匀正交各向异性层压板分析[10]，Savin 给出了对于各种缺口情况的解决方案[11]。采用各种应力函数和复杂弹性解来获得无限板中的面内应力。假设层压板是对称的，则没有弯曲-拉伸耦合效应。

为了预测失效，我们感兴趣的是周向应力 σ_θ 与远场应力的比例系数，如下所示：

$$\sigma_\theta(r=a)=\frac{-K\cos^2\theta+(1+\sqrt{2K-m})\sin^2\theta}{\sin^4\theta-m\sin^2\theta\cos^2\theta+K^2\cos^4\theta}\sigma \tag{2.1}$$

式中，

$$K=\sqrt{\frac{E_{11}^L}{E_{22}^L}} \tag{2.2}$$

$$m=2\nu_{12}^L-\frac{E_{11}^L}{G_{12}^L} \tag{2.3}$$

式中，σ 为远场应力，a 为孔的半径，E_{11}^L、E_{22}^L、G_{12}^L 和 ν_{12}^L 为层压板的等效弹性常数，如图 2.5 所示。

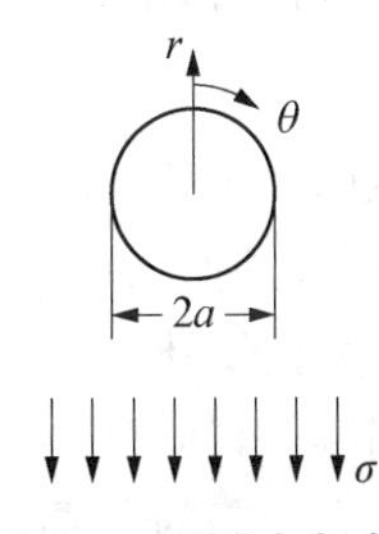

图 2.5　无限大复合材料板拉伸应力状态下圆孔周围应力

式(2.1)右边远场应力 σ 前的系数即为应力集中系数(SCF)。层压板的弹性常数由式(2.4)给出：

$$E_{11}^L=\frac{1}{ha_{11}}$$

$$E_{22}^L=\frac{1}{ha_{22}}$$

$$G_{12}^L=\frac{1}{ha_{66}}$$

$$\nu_{12}^{L} = -\frac{a_{12}}{a_{11}} \tag{2.4}$$

式中，h 为层压板厚度，a_{ij} 为层压板的 **A** 矩阵的逆矩阵的相应元素。

需注意的是，由于具有对称性，因此只有区域 $0° \leqslant \theta \leqslant 90°$ 是有意义的。对于准各向同性层压板的情况，有

$$E_{11}^{L} = E_{22}^{L}$$

$$\text{且 } G_{12}^{L} = G = \frac{E}{2(1+\nu_{12}^{L})}$$

代入式(2.2)和式(2.3)得到

$$K = 1$$

$$m = 2\nu_{12}^{L} - \frac{E_{11}^{L}}{E_{11}^{L}/[2(1+\nu_{12}^{L})]} = -2$$

然后，代入式(2.1)的右边，给出众所周知的准各向同性层压板的 SCF：

$$\begin{aligned} \text{SCF} &= \frac{-(1)\cos^2\theta + [1+\sqrt{2-(-2)}]\sin^2\theta}{\sin^4\theta - (-2)\sin^2\theta\cos^2\theta + (1)\cos^4\theta} \\ &= \frac{3\sin^2\theta - \cos^2\theta}{\sin^4\theta + 2\sin^2\theta\cos^2\theta + \cos^4\theta} \end{aligned}$$

很容易看出，当 $\theta = 90°$ 时，SCF 最大，得到准各向同性和各向同性材料的 SCF=3。

对于正交各向异性板而言，SCF 最大时的 θ 值取决于铺层。图 2.6 给出了一些典型热固材料层压板的 SCF 结果。

图 2.6 中层压板的铺层仅以 0°，45°/−45°和 90°层的百分比表示。这样做是因为厚度方向的实际铺层顺序并不重要，因为式(2.1)～式(2.4)仅取决于与铺层顺序无关的 **A** 矩阵。这是层压材料均匀假设的直接结果。

从图 2.6 中可以看出，对于金属，SCF 的最大值可能远高于典型值 3，而对于层压板来说，仅含 0°层时 SCF 值最大，此时 $\theta = 90°$。随着 45°层数的增加，SCF 最大值减小。对于 45°/−45°占主导地位的层压板，SCF 远离 $\theta = 90°$ 的位置，位于 50°和 65°区域内。某些情况下的 SCF 最大值(参见图 2.6 中的[10/80/10]层压板)可能小于 3。正如预期的那样，层压板局部受压时，SCF 在 $\theta = 0°$ 附近为负值。

如前所述，此处确定的 SCF 与铺层顺序无关。然而，在孔边存在自由边会产生层间应力，其大小主要取决于铺层顺序。事实上，对于某些铺层，孔边失效可能从层间应力引起的分层开始。基于有限元确定孔边层间应力的方法可以在参考文献[12～14]中找到。可以在参考文献[15]中找到一个很好的半解析方法。

式(2.1)～式(2.3)表明，SCF 与孔的大小无关。这应该是基于无限板的假设。

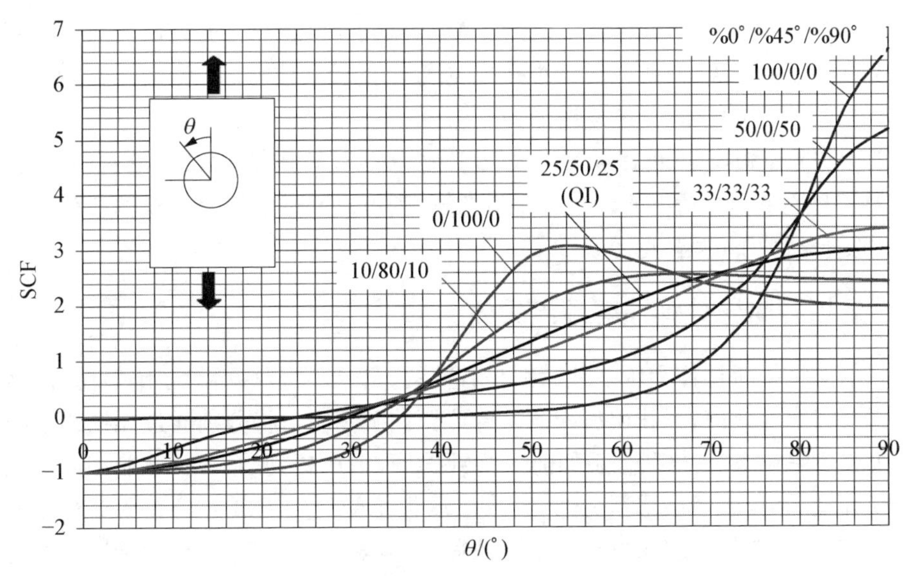

图 2.6　典型热固材料层压板的 SCF 结果

对于一个有限板，这个开孔可以看作是一个缺陷，前一章的讨论表明 SCF 对开孔大小的依赖性很强。可以在参考文献中找到考虑有限宽度效应的详细解决方案，如参考文献[4]和[9]。Tan[16]得到了有限宽度效应的精确近似解。他提供了孔洞有限宽度修正系数的各种解析表达式。最简单的表达为

$$k_{\mathrm{t}}=\frac{2+[1-(2a/w)]^{3}}{3[1-(2a/w)]}k_{\mathrm{t}}^{\infty} \tag{2.5}$$

式中，w 为板宽，$2a$ 为孔直径，如图 2.7 所示。该系数在由更加准确的分析方法所得的 5%～10%的范围之内。

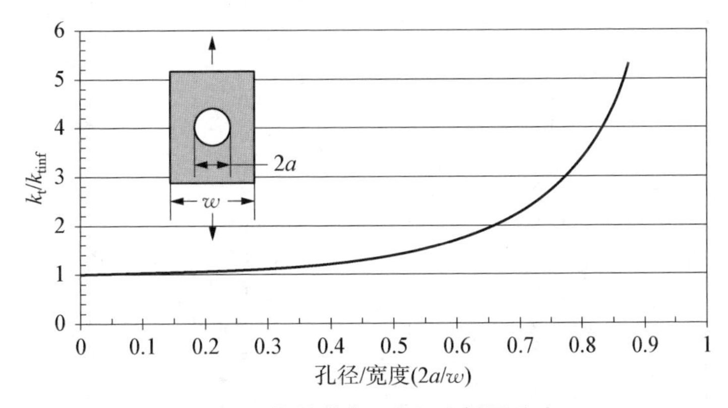

图 2.7　拉伸载荷下有限宽板圆形孔

图 2.7 显示了孔径与宽度比值的影响，绘制了由无限板的 SCF 正则化得到的有限宽度校正因子 k_t 曲线。对于小孔或宽度 w 的较大值，k_t 几乎等于 1。然而，当 $2a/w$ 达到 0.5 以上时，k_t 迅速增加。

对于有限宽板，SCF 可以通过将式(2.1)右边的 SCF 乘以式(2.5)的右边得到。

如果知道单轴载荷下的含孔层压板的解，则可以通过叠加得到双轴载荷或剪切载荷等复合载荷下的解(见习题 2.8)。

2.2 采用各向异性弹性解预测失效

目前的结果对拉伸和压缩载荷都是有效的。如果复合材料对缺陷敏感，那么需要考虑有限宽度效应，开孔层压板的拉伸或压缩破坏应力将分别通过无损伤板拉伸或压缩强度除以 SCF 得到。正如前一章(见图 1.6)中提到的，事实并非如此。当出现损伤并增长时，载荷会重新分布，允许层压板承受更大的载荷。表 2.1 对比分析了不同铺层、单向带或织物材料在不同载荷和环境条件下的分析预测结果与试验结果。表中 CTA、RTA 和 ETW 分别表示低温环境(−54℃)、室温环境和高温湿热环境(82℃，湿度饱和)。通过式(2.1)和式(2.5)得到表 2.1 中的预测 SCF：

$$\mathrm{SCF}=\frac{2+[1-(2a/w)]^3}{3[1-(2a/w)]}\left[\frac{-K\cos^2\theta+(1+\sqrt{2K-m})\sin^2\theta}{\sin^4\theta-m\sin^2\theta\cos^2\theta+K^4\cos^4\theta}\right] \tag{2.6}$$

表 2.1 中采用的试样 $2a/w$ 约为 0.12，得到有限宽度校正因子为 1.015。

表 2.1 预测 SCF 及试验 SCF

铺层	环境	T 或 C	预测 SCF	试验 SCF	误差/%
50/0/50 单向带	CTA	C	5.07	2.36	114.8
50/0/50 单向带	RTA	C	5.07	2.66	90.6
50/0/50 单向带	ETW	C	5.07	2.07	144.9
50/0/50 织物	CTA	T	5.16	2.32	122.4
50/0/50 织物	RTA	T	5.16	2.39	115.9
50/0/50 织物	CTA	C	5.16	2.31	123.4
50/0/50 织物	RTA	C	5.16	2.44	111.5
50/0/50 织物	ETW	C	5.16	2.40	115.0
25/50/25 织物	CTA	T	3.00	1.66	80.7
25/50/25 织物	RTA	T	3.00	1.81	65.7
25/50/25 织物	ETW	T	3.00	1.70	76.5
10/80/10 织物	RTA	T	2.55	1.44	77.1
0/100/0 织物	CTA	T	3.08	1.04	196.2
0/100/0 织物	RTA	T	3.08	1.08	185.2
0/100/0 织物	ETW	T	3.08	1.03	199.0

注："T"表示拉伸，"C"表示压缩；铺层为%0°%45°%90°。

表 2.1 中的最后一列给出了理论预测与试验结果之间的误差。试验结果的最大和最小偏差在该栏中突出显示。可以看出，准各向同性铺层(25/50/25)RTA 拉伸(T)的试验结果最接近理论结果，误差为 65.7%。对于 100%45°的层压板，其预测值几乎是试验结果的 3 倍，误差最大。

试验和分析预测之间的误差对拉伸和压缩来说大致一样，并且与环境无关。值得注意的是，在不同的环境下进行预测时，E_{11}、E_{22} 和 G_{12} 采用相同的环境因子，所以它们在不同的环境中是相同的。试验结果显示对环境的依赖性很小。有趣的是，在大多数情况下，ETW 似乎具有比 CTA 或 RTA 更低的 SCF 试验值。而且，CTA 的 SCF 试验值低于 RTA 的 SCF 试验值。

从表 2.1 中可以得出最后一个重要的结论。100% 45°层压板都会出现最低的 SCF 试验值，并且非常接近于 1。这意味着 100% 45°层压板在几乎没有应力集中的情况下，能非常有效地传递孔边载荷。在第 5 章讨论冲击损伤时，这个结论也很重要。

从表 2.1 的结果中明显可以看出，采用基于分析确定的 SCF 来预测含孔层压板的失效是非常保守的。有必要采用更精确的方法提高预测准确性，所造成的损伤以及损伤对载荷重新分布的影响将在之后讨论。

2.3 孔边损伤区的作用

如图 2.8 所示，考虑开孔拉伸试样。为了简单起见，假设孔周围的最大 SCF 出现在 $\theta=90°$处。

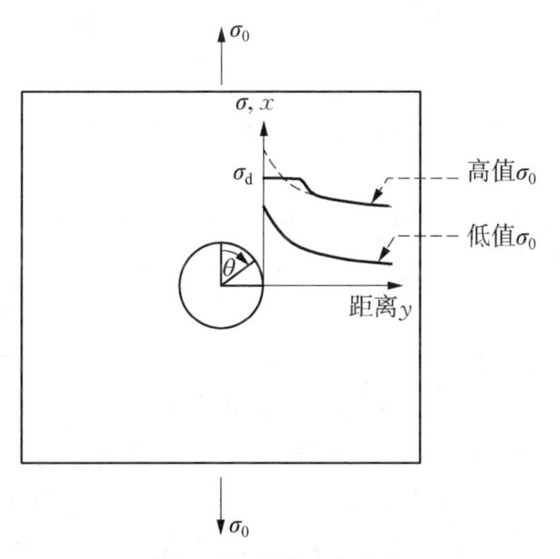

图 2.8 孔边应力分布

对于远场低应力 σ_0，孔边峰值应力低于无损伤破坏强度 σ_d，Lekhnitskii[10] 预测的线性解是有效的。如图 2.8 中的低值连续曲线所示，随着远场应力的增加，当孔边峰值应力等于无损伤破坏强度 σ_d 时，达到一个点。损伤从该位置开始，随着载荷进一步增加，损伤扩展不一定导致层压板最终失效。创建一个损伤或过程区域，允许一些载荷在孔边重新分布，并防止应力达到通过 SCF 计算得到的预测值。损伤区域的应力保持不变，等于 σ_d。以孔边距离为变量的应力分布函数不再遵循线性解，如图 2.8 中的高值连续曲线所示，虚线表示该情况下的线性解。预计在受损区域之外，应力分布将从 σ_d 过渡到线性应力分布。

不同铺层顺序的层压板所造成的损伤类型是不同的。图 2.9 显示了两个极端的例子。

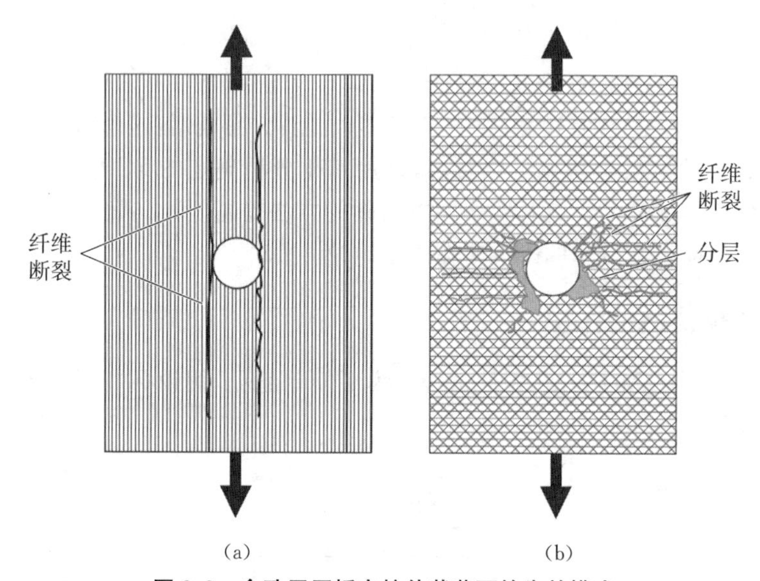

图 2.9 含孔层压板在拉伸载荷下的失效模式

图 2.9(a)所示的层压板所有铺层的纤维方向都与载荷方向一致。加载后，孔边基体开裂。产生平行于纤维的基体开裂(纤维断裂)，可能会一直延伸到试样的加载边缘。在光谱的另一端，基体占主导地位的层压板沿着加载方向的纤维非常少或没有。图 2.9(b)显示了这种仅由 45°层、−45°层和 90°层组成的层压板。在加载时，基体在孔边失效，但在整个厚度方向上存在多个纤维方向，导致沿 45°和 −45°层的纤维和沿着 90°层的纤维部分断裂。当遇到不同方向的铺层时，这些基体裂纹在厚度方向上终止。然而，当一层中的裂纹与另一层中的裂纹相遇时，如 45°裂纹在 45°/90°层界面处遇到 90°裂纹，则会发生分层。因此，图 2.9(b)中的层压板包含 45°和 −45°层的短基体开裂、90°层的长裂纹以及各层界面处的分层。

从这个简单的定性讨论可以看出，孔边破坏类型非常复杂，并且与铺层顺序有很大的关系。当孔边存在显著层间应力时，会变得更加复杂。事实上，损伤的产生和演化跨越了许多长度尺度，从由微观孔隙引起纳米尺度的基体裂纹，到厘米尺度的分层。跨越这些尺度将各类现象联系起来非常具有挑战性。

2.4 预测开孔层压板失效的简化方法：Whitney-Nuismer 准则

损伤的复杂性使得用相对简单的方法来准确地建模非常困难。早期的建模方法，如 Gürdal 和 Haftka[17] 的研究表明，局部失效现象（如纤维扭曲）对于创建损伤区域起着重要作用。有研究人员发现了有希望能够获得不同类型的损伤、损伤相互作用以及局部应力重新分配的方法[18]，但这些方法在计算上是非常复杂的。出于这个原因，需要寻找考虑损伤存在且计算相对简单的方法。最好的方法之一是 Whitney 和 Nuismer[19] 提出的方法。

该方法以线性解决方案作为出发点，同时考虑孔边损伤区域，此外还要间接考虑损伤区域造成的载荷重新分配。

从图 2.8 中可以看出，对于一个含开孔的无限板，$\theta=90°$处的圆周应力 σ_θ 是距离孔中心长度的函数，非常接近参考文献[16]的计算值：

$$\sigma_x(x=0,y)=\sigma_0\left\{1+\frac{1}{2}\left(\frac{R}{y}\right)^2+\frac{3}{2}\left(\frac{R}{y}\right)^4-(k_t^\infty-3)\left[\frac{5}{2}\left(\frac{R}{y}\right)^6-\frac{7}{2}\left(\frac{R}{y}\right)^8\right]\right\} \tag{2.7}$$

式中，k_t^∞ 为无限宽度板的 SCF。

在审查式(2.7)时可以看出，k_t^∞ 体现了 σ_x 与铺层顺序的关系。这意味着只有当式(2.7)的最后两项有意义且在 $\theta=90°$ 时，不同铺层顺序的层压板差异才会显著。y 为距离孔中心的长度，因此总是大于孔半径 R，式(2.7)的最后两项仅在孔边缘附近才是可估量的。当 y 较大时，与(R/y)的平方或 4 次方相比，(R/y)的 6 次方或 8 次方可以忽略不计。这意味着所有的层压板都会塌陷成远离孔边的单调曲线。

注意，该表达式仅在 $\theta=90°$时有效。如果最高应力出现在孔边不同位置，如图 2.6 中的 100% 45°层压板，则必须推导出不同的表达式，或者必须使用完整的复合弹性解。

需要考虑一个试验现象，即使对于有限宽度效应可忽略不计的非常宽的试样，较大的孔也会导致较低的试样强度。通过绘制两个不同孔径和相同 σ_0 的应力分布，由式(2.7)可以得到一个可能有助于解释这种现象的提示。

任意选择一个半径为 5 mm 的孔和一个半径为 15 mm 的孔。假定层压板的 $k_t^\infty=4$，对于每个孔径，应力分布是与孔边缘之间距离的函数，在 $\theta=90°$时绘制，已经移动了较小孔的中心使得孔边缘重合，结果如图 2.10 所示。

从图 2.10 可以看出，对于这两个孔，应力分布都从 SCF＝4 开始，并且它们到距离孔较远的值相同，SCF＝1。但是，两者之间有一个重要的区别，即较大孔的应

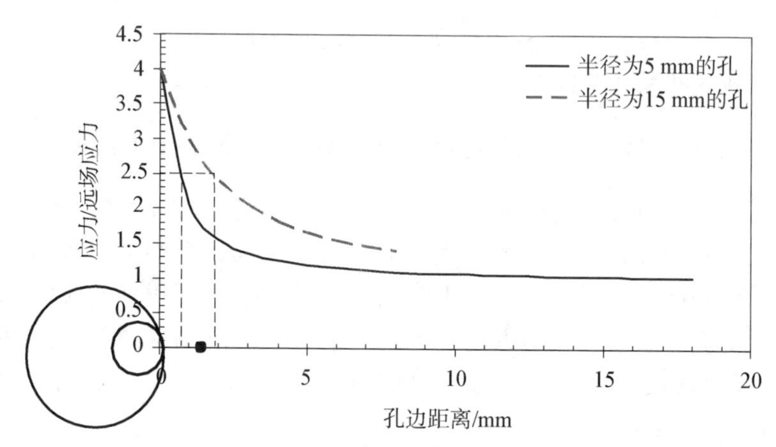

图 2.10 半径为 5 mm 和半径为 15 mm 的孔的应力分布距离函数

力分布衰减较慢。这一点很重要，因为这意味着较大的孔比较小的孔具有更大的应力区域。如图 2.10 所示，边缘应力等于远场应力的 2.5 倍，距离小孔边缘小于 1 mm，距离大孔边缘大约为 2 mm。因此，对于较大的孔，在高应力区域发现一些可能引发最终失效的小缺陷的概率比较小的孔高。可以看出，较大的孔具有较低的平均破坏应力。

通过假设距离孔边一定距离存在缺陷，如 1.5 mm，可以得到一个等效方法。在图 2.10 的横轴上显示为一个实心圆。这个缺陷位于大孔试样应力较高的区域，与小孔试样相比，大孔试样将在较低的远场应力下失效。

应该注意的是，“缺陷”这个词在这里有些模糊的用意。它指的是材料（富含树脂或树脂的区域）内任何小规模的不连续性（孔隙）或不一致性，或者是可能最终触发失效的小尺寸杂质。

上述讨论表明了准确了解孔边应力的重要性。Whitney 和 Nuismer 提出了两种方法来规避孔边损伤对应力分布的复杂影响。在这两种方法中，他们不建议采用孔边峰值作为可靠的数值，因为产生的损伤会使得应力重新分布。在第一种方法中，他们提出使用线性解来评估距离孔边“特征距离”处的应力，并且如果该应力大于完好层压板的破坏强度，则层压板失效。在第二种方法中，他们提出，不评估某一特定距离某一点的应力，而评估平均特征距离（与点应力评估不同）上的压力。如果平均应力超过完好层压板的强度，就会发生失效。

d_0 表示点应力准则的特征距离，a_0 表示平均应力准则的特征距离，这两种情况的失效情况可以写成如下形式（坐标系定义参见图 2.8）：

$$\sigma_x(x=0, y=R+d_0)=\sigma_f \tag{2.8}$$

$$\frac{1}{a_0}\int_R^{R+a_0}\sigma_x(x=0,\ y)\mathrm{d}y=\sigma_f \tag{2.9}$$

式中，σ_f 为完好层压板的破坏强度；σ_x 由式(2.7)给出。

式(2.8)和式(2.9)都表示孔边应力不等于线性方法所预测的应力。这些方程假定当损伤区域中存储的应变能在密度达到临界值时发生失效，如图2.11所示。

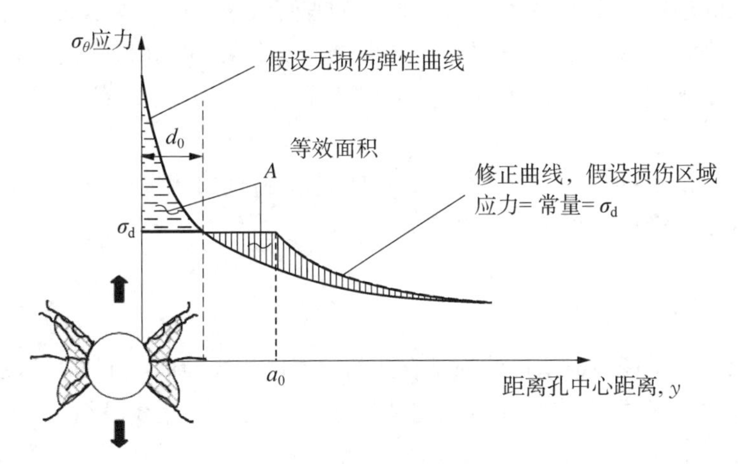

图2.11 孔边应力线性分布

假设损伤区域的应力是常数，并等于 σ_d，预计 $\sigma_d \approx \sigma_f$。根据式(2.8)，当距孔边缘 d_0 处发生失效时，$\sigma_\theta = \sigma_f$。这意味着在发生失效时，在 R 与 $(R+d_0)$ 之间的弹性解所得曲线下的面积是常数，但需要乘以 σ_0：

$$\int_R^{R+a_0} \sigma_x(x=0,\ y)\mathrm{d}y = \sigma_0 \left\{ \begin{array}{l} d_0 - \dfrac{R^2}{2}\left(\dfrac{1}{R+d_0} - \dfrac{1}{R}\right) - \dfrac{R^4}{2}\left(\dfrac{1}{(R+d_0)^3} - \dfrac{1}{R^3}\right) - \\ (k_t^\infty - 3)\left[\begin{array}{l} -\dfrac{R^6}{2}\left(\dfrac{1}{(R+d_0)^5} - \dfrac{1}{R^5}\right) + \\ \dfrac{R^8}{2}\left(\dfrac{1}{(R+d_0)^7} - \dfrac{1}{R^7}\right) \end{array}\right] \end{array} \right\} \tag{2.10}$$

因此，式(2.8)意味着含孔层压板的远场应力可以由下式给出：

$$\sigma_0 = \frac{\sigma_f}{\left\{ \begin{array}{l} d_0 - (R^2/2)[(1/R+d_0) - (1/R)] - (R^4/2) \times \\ [(1/(R+d_0)^3) - (1/R^3)] - (k_t^\infty - 3) \times \\ [-(R^6/2)((1/(R+d_0)^5) - (1/R^5)) + (R^8/2)((1/(R+d_0)^7) - (1/R^7))] \end{array} \right\}} \tag{2.11}$$

式(2.11)的含义是当单位局部宽度的总载荷达到式(2.11)右边给出的临界值时，发生失效。

式(2.9)引起了一个稍微不同的解释。要求损伤区域的应力恒定并等于σ_d，则截断图2.11的应力-距离曲线。此外，为了保持力平衡，图2.11中曲线的水平部分必须超出水平线和曲线的交点。对于一阶近似，新的应力分布可以用连接σ_d与A点的水平线和连接A点与原始线性σ_θ曲线的垂直线来近似。A点之后的实际形状更可能沿着虚线，最终渐近于线性解。不管模型如何，线性解和修正分布这两条曲线下的面积必须相同。例如，对于二阶近似情况，这意味着图2.11中的两个阴影区域必须相等。

鉴于这个推论，可以认为式(2.9)表示面积相等，即由线性应力分布引起的单位宽度总力等于由修正分布引起的单位宽度力。

$$\int_R^{R+\ell}\sigma_x(x=0,\ y)\mathrm{d}y=\sigma_d\ell \tag{2.12}$$

式(2.12)对于任何损伤尺寸都是有效的。左侧是线性曲线下方的区域，右侧是修正曲线下方的区域，由水平线段和与线性曲线相交的垂直线段组成，距离孔边一定距离。在失效时，$\sigma_d=\sigma_f$和$\ell=a_0$，重新得到式(2.9)。损伤区域的平均应力(假设损伤区域延伸至a_0)等于完好层压板的破坏强度。

如前所述，d_0和a_0含义不同。它们是通过试验确定的，最初认为是材料常数。然而，后来发现它们随层压板而变化，因此是层压板常数。如果从层压板到层压板的变化不是很剧烈，仍然可以用Whitney-Nuismer方法来合理预测OHT或OHC值。对于典型的碳/环氧材料，一般d_0为1.01 mm，a_0为3.8 mm。式(2.9)得到的预测结果与图2.12中的测试结果[20]进行比较。使用的材料是AS1/3501-6，d_0设置为3.8 mm。式(2.8)右边试验测得的完好层压板失效强度σ_f从参考文献[20]中获得。

图2.12中的结果表明，如果知道a_0的值(在此使用3.8 mm)，则Whitney-Nuismer方法可以给出非常好的预测结果。但是，对于$[30/-30/0]_S$的层压板，孔径大于8 mm的预测值高于试验结果。此外，对于其他层压板，预测值可能会更糟糕。要使用本节介绍的Whitney-Nuismer方法，必须确保采用良好的特征距离d_0或平均距离a_0；或者可以进一步修正，如2.6节所示，从而可以通过分析得到平均距离。

2.5 预测含孔层压板失效的其他方法

上述章节的结果表明，为了提高失效预测的准确性，可能有必要改进方法。本节讨论一些相关的尝试。

作为一种特殊情况，可以使用螺栓连接的通用方法来得到开孔解决方案。Garbo和Ogonowski[21]提出了一种方法，在他们的一般公式中，使用复杂的弹性力学来模拟含开孔的无限板。假设紧固件孔在其一半表面上具有正弦应力分布，对应

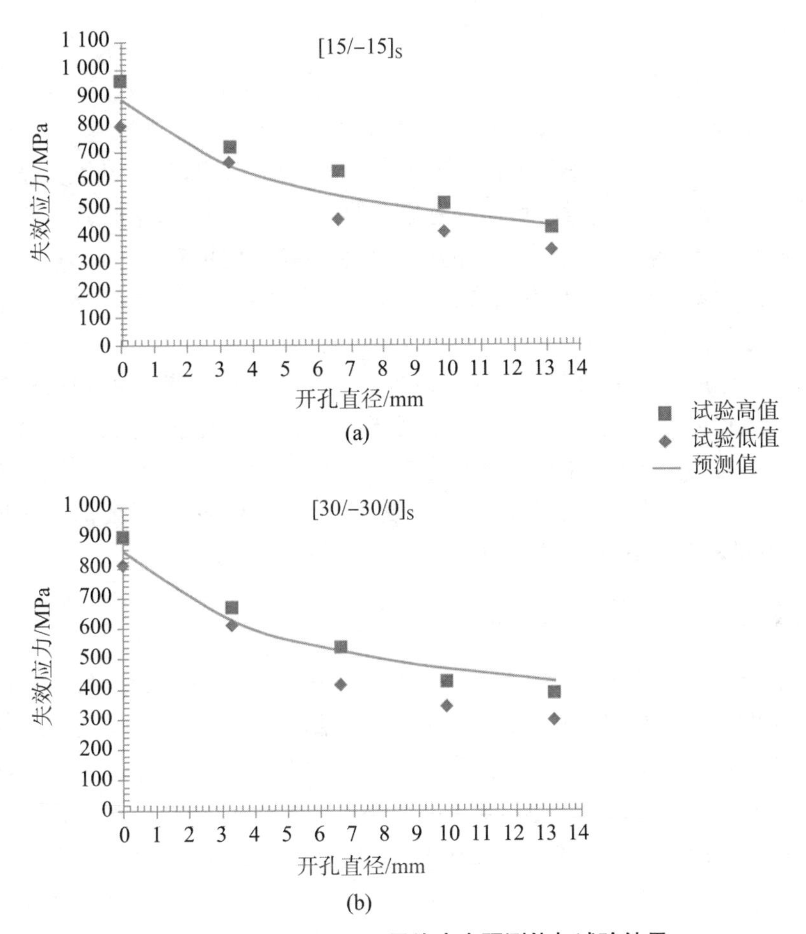

图 2.12　Whitney-Nuismer 平均应力预测值与试验结果

于螺栓载荷。远场载荷可以采用任何面内载荷的组合。通过将对应于紧固件孔的应力分布设定为孔径为零的情况，能够重新得到开孔的应力情况。

将层压板视为均匀的正交各向异性板，可以得到任意点的面内应力 σ_x、σ_y 和 τ_{xy}。问题是如何在可靠的失效准则中使用这些应力。Garbo 和 Ogonowski 提出了一种类似于 Whitney-Nuismer 方法的方法。他们使用经典层压板理论来确定各层应力，并在距离孔边缘特征距离 R_c 处对其进行评估，然后采用最大应力或应变准则来预测失效。与 Whitney-Nuismer 方法不同的是，在这里评估的是特征距离处的单层应力而不是层压板应力。该方法效果较好，并给出了准确的预测，提供的试验数据可用于得到 R_c，且首层失效不会导致最终失效而丧失结构完整性。后者需要一些后期的首层失效标准或渐进失效分析。

这种方法具有显著的优点：它可以处理任何面内载荷，并进行单层分析。然而，特征距离 R_c 仍然不是一个材料常数。此外，需要良好的渐进失效分析才能最终准确预测失效。

其他方法由 Pipes 等[22]和 Soutis 等[23]提出。第一种情况使用三参数模型来绘制在同一曲线上具有相同 SCF 的所有材料的缺陷强度。此方法基于曲线拟合，如果模型参数准确，就可以很好地模拟。第二种情况采用线性弹性断裂力学方法。损伤是从孔的边缘产生的裂纹，表面具有恒定的应力。这种裂纹表面应力使模型成为单参数模型。关于应力奇点为 0.5 的经典断裂力学的使用有一些问题，下一章将对此进行详细讨论。假设裂纹表面应力来自试验数据，尽管存在这些缺陷，但模型仍提供了很好的预测。

上述讨论的所有方法都试图避免对损伤区域以及随着载荷的增加损伤如何演化进行详细建模。因此不是在所有情况下都能使用，且取决于通过匹配试验结果得到的参数。需要更多复杂的方法来模拟损伤的产生和演变。Maimí 等朝着这个方向进行了一个非常有希望的尝试[24-25]。然而，计算很复杂，且需要确定几种材料常数，在日常的设计工作中很难使用。

2.6 改进的 Whitney-Nuismer 方法

如果能够提高 Whitney-Nuismer 方法的准确性，且该方法相对简单，则可以作为一个理想工具。本节给出了一个方法。该方法的目的是分析确定平均距离 a_0，以平均来自参考文献[10]和参考文献[11]的线性应力解。这个距离是一个层压板常数。

如果 a_0 是一个层压板常数，那么对于小孔和大孔 a_0 是相同的，或者对于 $2R/w$ 的所有值 a_0 是相同的，其中，R 是孔半径、w 是试样宽度。当然，只有当净截面单侧宽度大于 a_0，即孔周边和孔边缘之间的距离$(w/2-R)$大于 a_0 时，才能成立。如图 2.13 所示。

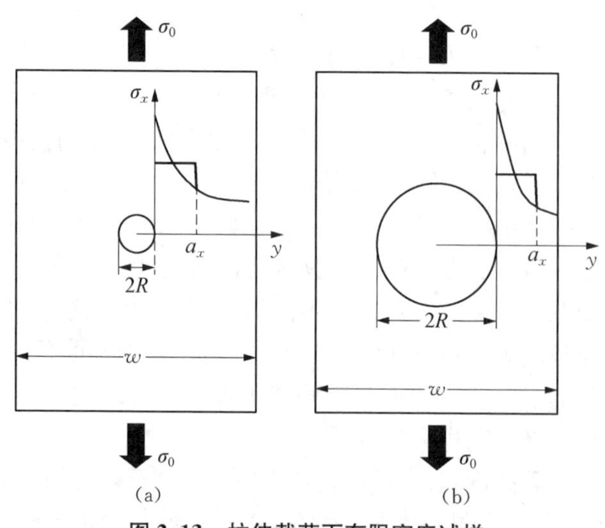

图 2.13 拉伸载荷下有限宽度试样

因此,当$(w/2-R)$大于a_0时满足式(2.13),如果能够得到其中一种试样尺寸的相应失效应力分析结果,那么对于任何其他的$2R/w$比例,该试样所确定的a_0的值仍是有效的。

$$\frac{w}{2}-R>a_0 \tag{2.13}$$

Tan[16]已经获得了含缺陷正交各向异性有限宽度层压板失效的近似解。在他的分析方法中,引起缺陷敏感材料失效所需的远场应力σ_0(见1.2节)由下式给出:

$$\sigma_0=\frac{F_{\mathrm{tu}}}{2k_{\mathrm{t}}^{\infty}}\left\{2-\left(\frac{2R}{w}\right)^2-\left(\frac{2R}{w}\right)^4+\left(\frac{2R}{w}\right)^6(k_{\mathrm{t}}^{\infty}-3)\left[1-\left(\frac{2R}{w}\right)^2\right]\right\} \tag{2.14}$$

式中,F_{tu}为层压板的无缺陷拉伸强度。

在式(2.13)相等的极限情况下,即当孔两侧的宽度恰好等于平均距离a_0时,有

$$\frac{w}{2R}-1=\frac{a_0}{R}$$

可以得到

$$\frac{2R}{w}=\frac{1}{1+(a_0/R)} \tag{2.15}$$

为简单起见,a_0/R用s表示,有

$$\frac{2R}{w}=\frac{1}{1+s} \tag{2.16}$$

代入式(2.14),可得

$$\frac{\sigma_0}{F_{\mathrm{tu}}}=\frac{1}{2k_{\mathrm{t}}^{\infty}}\left[2-\frac{1}{(1+s)^2}-\frac{1}{(1+s)^4}+\frac{(k_{\mathrm{t}}^{\infty}-3)s(2+s)}{(1+s)^8}\right] \tag{2.17}$$

式(2.17)给出了当孔径和试样宽度满足式(2.15)时,导致含孔有限宽度层压板失效的远场应力与a_0/R的函数关系。这是一种特殊情况,对应于开孔允许的最大直径,不会延伸到平均距离a_0。这意味着,在所有的$2R/w$比例中,我们选择满足式(2.15)的那个,孔外侧的材料宽度恰好等于平均距离a_0。

现在将有限宽度层压板$x=0$处的应力σ_x(见图2.13)确定为y的函数。将式(2.7)得到的无限宽度板应力加以修正得到有限宽度板应力。式(2.7)有两个重要的性质:①$y=R$到无穷大积分,等于所施加的应力;②$y=R$处等于$k_{\mathrm{t}}^{\infty}\sigma_0$,也就是说,重新得到层压板的SCF。对于有限宽度的层压板,必须满足这两个基本性能,但是要适当调整以反映层压板不再是无限宽度板的这一事实。这意味着①当从$y=R$到$w/2$积分时,必须重新得到净截面应力$\sigma_0/(1-2R/w)$,保证沿着$x=0$的力等

于施加总量的一半；②在 $y=R$ 处评估时，必须重新计算有限宽度板的 SCF。因此，类似于式(2.7)，对有限宽度板假定以下表达式：

$$\sigma_x(x=0,y)=\sigma_0\left[1+\frac{1}{2}\left(\frac{R}{y}\right)^2+\frac{3}{2}\left(\frac{R}{y}\right)^4+A_6\left(\frac{R}{y}\right)^6+A_8\left(\frac{R}{y}\right)^8\right] \tag{2.18}$$

请注意，式(2.18)右侧方括号中的前三项与式(2.7)中的相同，这些项对应各向同性板。最后两项与式(2.7)中 R/y 的指数相同，但是系数 A_6 和 A_8 是未知的。这两个未知数是通过满足上述两个要求来确定的。

为了满足第一个要求，必须确定从 R 到 $w/2$ 的 σ_x 的平均值：

$$\begin{aligned}\sigma_{\text{avg}}&=\frac{1}{\left(\frac{w}{2}\right)-R}\int_R^{\frac{w}{2}}\sigma_x(x=0,\ y)\mathrm{d}y\\&=\frac{\sigma_0}{\left(\frac{w}{2}\right)-R}\left\{\begin{array}{l}\frac{w}{2}-R-\frac{R^2}{2}\left(\frac{1}{\frac{w}{2}}-\frac{1}{R}\right)-\frac{R^4}{2}\left[\frac{1}{\left(\frac{w}{2}\right)^3}-\frac{1}{R^3}\right]-\\\frac{A_6R^6}{5}\left[\frac{1}{\left(\frac{w}{2}\right)^5}-\frac{1}{R^5}\right]-\frac{A_8R^8}{7}\left[\frac{1}{\left(\frac{w}{2}\right)^7}-\frac{1}{R^7}\right]\end{array}\right\}\end{aligned} \tag{2.19}$$

使式(2.19)的右边等于 $\sigma_0/(1-2R/w)$，得到

$$1+\frac{1}{2}\left(\frac{2R}{w}-1\right)+\frac{1}{2}\left[\left(\frac{2R}{w}\right)^3-1\right]+\frac{A_6}{5}\left[\left(\frac{2R}{w}\right)^5-1\right]+\frac{A_8}{7}\left[\left(\frac{2R}{w}\right)^7-1\right]=0 \tag{2.20}$$

第二个要求为

$$\sigma_0k_t^{\text{FW}}=\sigma_0\left(1+\frac{1}{2}+\frac{3}{2}+A_6+A_8\right)\Rightarrow3+A_6+A_8=k_t^{\text{FW}} \tag{2.21}$$

式中，k_t^{FW} 为含孔有限宽度板的 SCF，由参考文献[16]给出，即

$$k_t^{\text{FW}}=k_t^{\infty}\left\{\frac{2}{2-\left(\frac{2R}{w}\right)^2-\left(\frac{2R}{w}\right)^4+\left(\frac{2R}{w}\right)^6(k_t^{\infty}-3)\left[1-\left(\frac{2R}{w}\right)^2\right]}\right\} \tag{2.22}$$

这个有限宽度校正因子与式(2.5)给出的有所不同，比式(2.5)中的校正因子要精确一些(另见练习 1.3)。

将式(2.22)代入式(2.20)和式(2.21)，得到两个未知数 A_6 和 A_8 的方程组。确定 A_6 和 A_8，假设式(2.15)有效，式(2.19)可以写成如下形式：

$$\sigma_{\text{avg}}=\frac{\sigma_0}{s}\left\{\begin{aligned}&s+\frac{1}{2(1+s)}-\frac{1}{2}\left[\frac{1}{(1+s)^3}-1\right]-\\&\frac{A_6}{5}\left[\frac{1}{(1+s)^5}-1\right]-\frac{A_8}{7}\left[\frac{1}{(1+s)^7}-1\right]\end{aligned}\right\} \tag{2.23}$$

根据 Whitney-Nuismer 模型,发生失效时孔边特征距离上的平均应力等于无缺陷强度 F_{tu}。因此,失效时式(2.23)为

$$F_{\text{tu}}=\frac{\sigma_0}{s}\left\{\begin{aligned}&s+\frac{1}{2(1+s)}-\frac{1}{2}\left[\frac{1}{(1+s)^3}-1\right]-\\&\frac{A_6}{5}\left[\frac{1}{(1+s)^5}-1\right]-\frac{A_8}{7}\left[\frac{1}{(1+s)^7}-1\right]\end{aligned}\right\} \tag{2.24}$$

现在将式(2.17)代入式(2.24),得到

$$\begin{aligned}&\frac{2k_{\text{t}}^{\infty}}{2-[1/(1+s)^2]-[1/(1+s)^4]+(k_{\text{t}}^{\infty}-3)s(2+s)/(1+s)^8}\\&=\frac{1}{s}\left\{\begin{aligned}&s+\frac{1}{2(1+s)}-\frac{1}{2}\left[\frac{1}{(1+s)^3}-1\right]-\\&\frac{A_6}{5}\left[\frac{1}{(1+s)^5}-1\right]-\frac{A_8}{7}\left[\frac{1}{(1+s)^7}-1\right]\end{aligned}\right\}\end{aligned} \tag{2.25}$$

只有一个未知数 $s=a_0/R$。由式(2.25)可以确定平均距离 a_0。

过程如下:

(1) 选择试样铺层(对称且均衡)、孔半径 R 和试样宽度 w。

(2) 根据式(2.1)确定无限板 k_{t}^{∞} 的 SCF。如果使式(2.1)右边最大化的 θ 不等于 90°,那么必须使用该临界位置处的应力 σ_θ。

(3) 选择 $s=a_0/R$ 的值。

(4) 选择 $2R/w$ 的值,并根据式(2.22)计算应力集中系数 k_{t}^{FW}。

(5) 求解式(2.20)和式(2.21),得到 A_6 和 A_8。

(6) 检查是否满足式(2.25)。如果不满足,则返回步骤(3)重新计算,得到新的 $2R/w$。如果满足,则检查是否满足式(2.16)。如果不满足,则返回步骤(2)用新的 s 值重复该过程。如果满足,则 a_0/R 和 $2R/w$ 的当前值即为所寻求的解。

(7) 由步骤(1)给定 R 值,由上一步得到 a_0/R 的值,确定平均距离 a_0。对于任意孔半径(宽度恒定)的层压板,该值都是恒定的。

(8) 对于任意需要预测强度的给定试样,得到 $2R/w$ 并用上一步的 a_0 计算 a_0/R。

(9) 根据式(2.22)确定 k_{t}^{FW},根据式(2.20)和式(2.21)得到 A_6 和 A_8。与步骤(4)和(5)不同,它们对应于需要预测强度的实际几何形状。

(10) 确定当前的 $s=a_0/R$，并且求解式(2.24)得到 σ_0/F_{tu}

$$\frac{\sigma_0}{F_{tu}}=\frac{s}{\left\{\begin{array}{l}s+\dfrac{1}{2(1+s)}-\dfrac{1}{2}\left[\dfrac{1}{(1+s)^3}-1\right]- \\ \dfrac{A_6}{5}\left[\dfrac{1}{(1+s)^5}-1\right]-\dfrac{A_8}{7}\left[\dfrac{1}{(1+s)^7}-1\right]\end{array}\right\}} \tag{2.26}$$

(11) 当前的层压板采用 F_{tu} 以获得发生失效时的远场应力 σ_0。

通过无限和有限板的 SCF 给出的 a_0/R 是一个层压板常数，只取决于铺层。优点是不依赖任何试验结果来确定或拟合平均距离。必须满足的主要假设为对于较大的 $2R/w$ 值，远场破坏应力遵循式(2.14)所述的曲线。一旦确定了 a_0，它也可以用于较小的 $2R/w$ 值，此时式(2.14)不再有效。这个假设在多大程度上是有效的将在下文详细讨论，当前预测方法的结果将与试验结果进行比较。

此外，不同层压材料的 a_0 值将在下面给出。由于 a_0 仅取决于 k_t^∞ 和试样宽度，所以图 2.14 所示的结果对于所有正交异性材料都是有效的。图 2.14 中的曲线是通过选择不同的 k_t^∞ 值并按照上述步骤(1)～(11)得到的。图 2.14 中使用的试样宽度为 50 mm。在图 2.14 中，有意思的是，如果排除 SCF 大于 6 的高度正交各向异性层压板，则在 $2<k_t^\infty<6$ 的范围内，a_0 的平均值为 3.8 mm，这是在 2.4 节中经常用到的值，该值以试验数据拟合为基础。

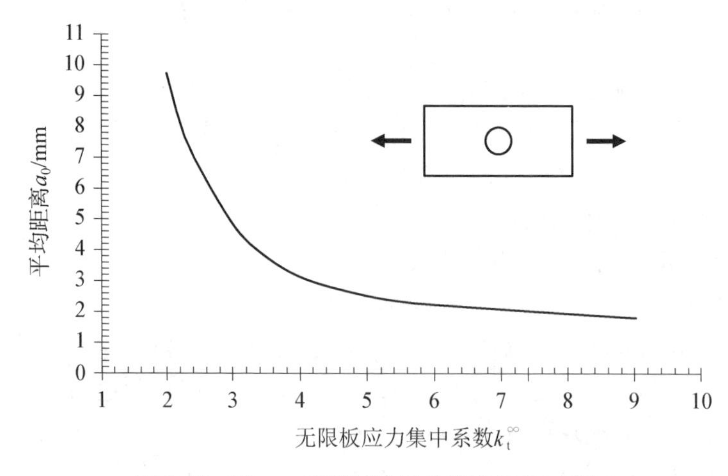

图 2.14　50 mm 宽度试样平均距离与 k_t^∞ 函数

采用本节介绍的方法来比较孔试样的失效预测和试验结果。试验结果来自材料 AS1/3501-6 [20]。所有试验中的试样宽度均为 50 mm。孔直径范围为 1.5～13.5 mm，$2R/w$ 的覆盖范围为 2%～26%。试验包含 4、6 和 8 层(单层厚度为 0.135 mm)的试样，拉伸至失效。对于不同孔径和无缺陷强度试验，重复 5 次。对于每个层压板，式(2.26)中的 F_{tu} 即为试验得到的无缺陷强度值。

将改进的 Whitney-Nuismer 方法的预测结果与图 2.15 中$[15/-15]_S$ 和$[30/-30/0]_S$层压板的试验结果进行比较。层压板与图 2.12 中的相同。

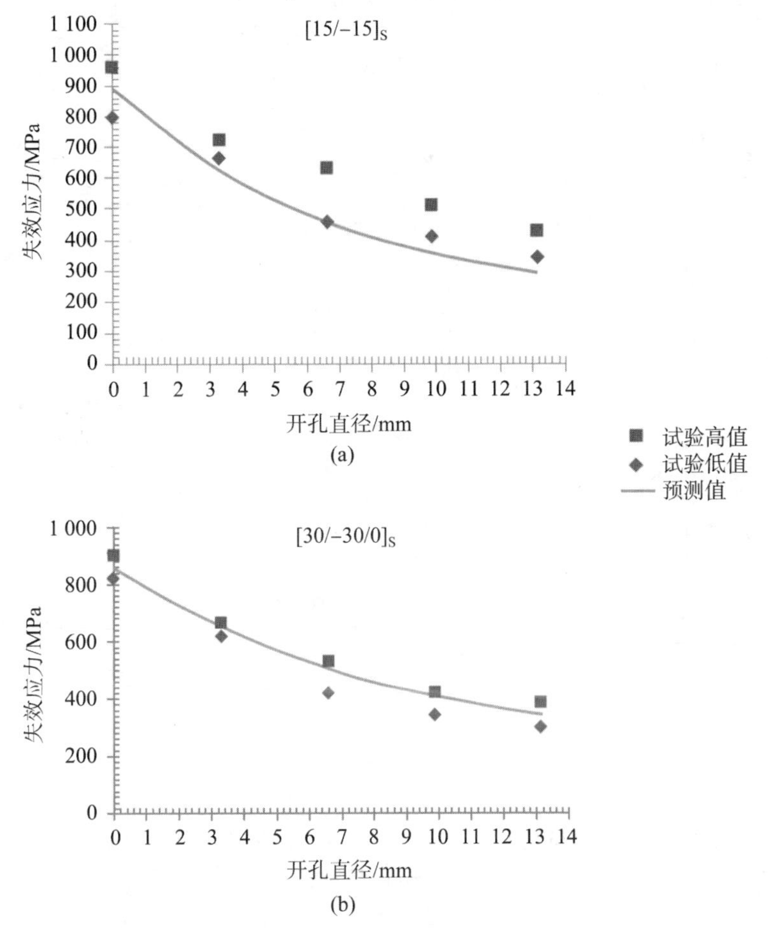

图 2.15　改进的 Whitney-Nuismer 方法的预测结果与$[15/-15]_S$ 和$[30/-30/0]_S$层压板的测试结果对比

这些结果与图 2.12 中的预测结果相当吻合，采用了单个 a_0 值。此外，与图 2.12 中的原始预测相比，现在$[30/-30/0]_S$ 层压板的情况显著改善。另外两个层压板的预测值，即$[15/-15/0]_S$ 和$[45/-45/0]_S$，如图 2.16 所示，同样能够得到改进的模型与试验结果之间的一致性。

从图 2.15 和图 2.16 中可以看出，改进后的模型与试验结果之间的相关性并不完美。特别是 $[15/-15/0]_S$ 层压板，当孔径较大时预测结果与试验结果比较不符。事实上，如图 2.17 所示的一种极端情况，其改进后模型的预测结果甚至不接近试验结果。需要考虑一些与失效类型和失效位置有关的重要问题。

图 2.17 中的试验结果具有较大的分散性，对于一些孔径，变异系数接近 68%，这表明不止一个因素造成最终失效，并不是每个试样都存在这些失效。有趣的是，最大孔径的试验数据比两个较小孔径的大部分数据要高。

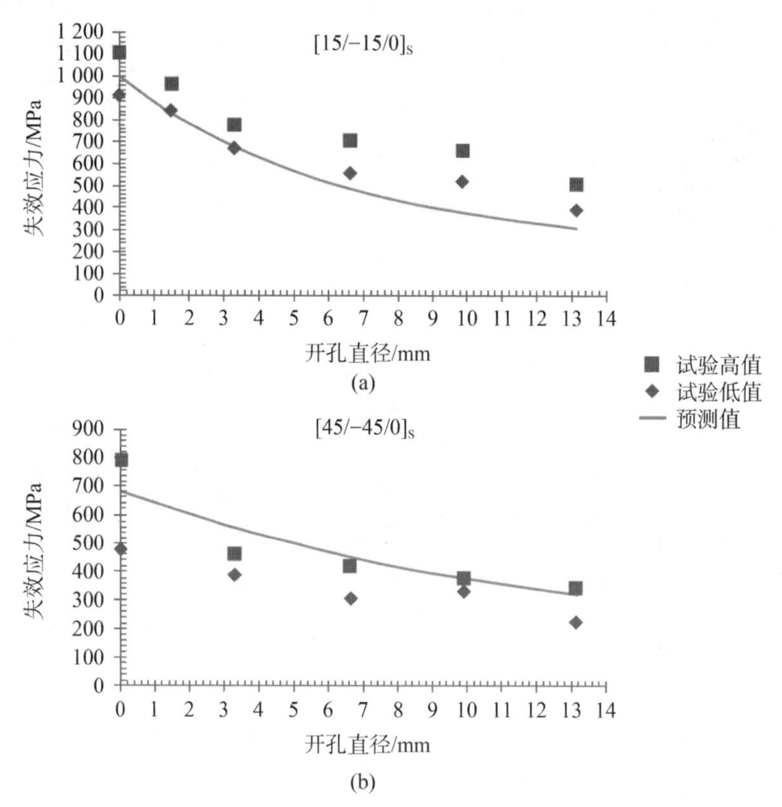

图 2.16 改进的 Whitney-Nuismer 方法的预测结果与层压板[15/－15/0]$_s$ 和[45/－45/0]$_s$ 的测试结果对比

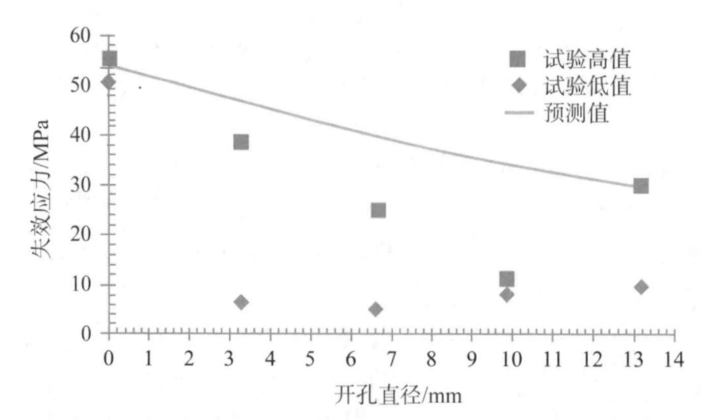

图 2.17 改进的 Whitney-Nuismer 方法的预测结果与[90]$_4$层压板的测试结果对比

从失效机理的角度来看，主要是层内的横向基体裂纹、孔洞引起的 SCF 以及两者如何相互作用。目前的模型没有得到基体裂纹的影响。通过降低每层的横向纤维刚度和剪切模量，细化调整层压材料的刚度性能。然后计算一个新的平均距离和新的 k_t^{∞}。这个影响很重要，例如，假定横向基体裂纹（平行于纤维）随着载荷增大而增加，90°层的横向刚度降低 50%，失效位置将远离 $\theta=90°$，如图 2.18 所示。

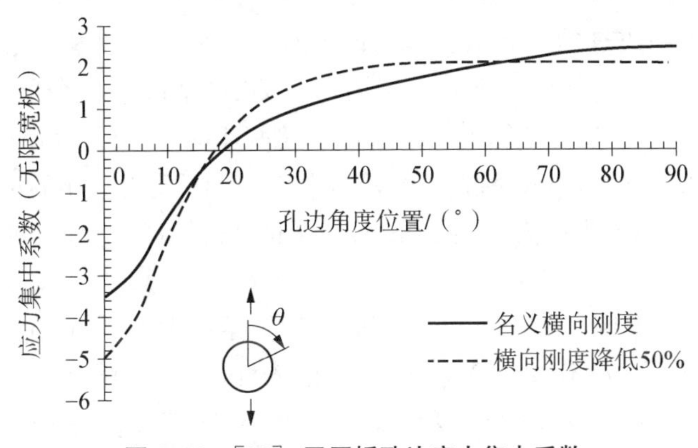

图 2.18 [90]$_4$ 层压板孔边应力集中系数

图 2.18 中降低横向刚度时在 $\theta=65°$处出现最大周向应力（最大应力集中系数）。这意味着本节介绍的方法不再有效，因为 σ_θ 必须在 $\theta=65°$而不是 $\theta=90°$处平均，这一直是本节的前提。此外，从图 2.18 中可以看出，对于降低的横向刚度，最大应力集中系数在 $\theta=40°$和 $\theta=90°$之间几乎是恒定的。这表明远离 $\theta=65°$位置的局部微小缺陷可能导致失效，在试验中引入随机性因素或许可以解释图 2.17 所示的较大分散性。最后，图 2.18 中降低的横向刚度模型显示在 $\theta=0°$时，压缩 *SCF* 从−3.5 显著减小到−5，这表明了压缩导致失效的可能性。对于压缩失效，可以使用本章所述的方法，但平均距离将会不同，因为它将与不同的失效模式和相应的强度相关联。或者，使用特征距离来代替平均距离 a_0，Kweon 等[26]已经表明，压缩载荷可以与孔边距离相关，其中螺栓连接处的压缩应力等于挤压应力 $P/(Dt)$，其中，P 是施加的载荷，D 是紧固件直径，t 是被连接件的厚度。

对于[90]$_4$ 层压板的讨论是为了强调这样一个事实：得到正确的失效模式及其位置对于获得一个好的分析模型是至关重要的。此外，其他因素也不容忽视，如孔边存在层间应力可能导致某些层压板失效。

2.7 应用：寻找 OHT 性能良好的铺层顺序

表 2.1 中的结果表明了两个重要的相互矛盾的因素：①增加层压板（0°方向与加载方向一致）中 0°层的百分比增加了强度，但也增加了 SCF；②增加 45°层的百分

比降低了强度,但也减小了由开孔引起的应力集中。实际上,由于载荷在多个方向上,因此不采用仅由 0°层组成的层压板。因此出现的问题是,对于给定厚度的层压板,在特定应用中使用 0°和 45°层各多少百分比时承载能力最大？当然,不知道确切的载荷情况,无法最终回答这个问题。但是,可以找到一些好的初始设计。

考虑两种可能性,一种是层压板仅由 0°和 45°层组成;另一种是要求层压板遵守 10%的规则,在四个主方向(0°、45°、−45°和 90°)中的每一个方向上至少有 10%的纤维。上述章节中改进的 Whitney-Nuismer 方法可用来得到最佳比例。选择 45°/−45°层的百分比,第一种情况下其余层为 0°,第二种情况下其余层为 0°和 10%的 90°。按照上一节中的步骤计算平均距离 a_0。然后用它来预测直径为 6.35 mm,宽度为 50 mm 的层压板的失效情况。重复不同 45°/−45°层百分比的过程。对于层压板无缺陷强度,使用最大应力准则,在试验结果的 12%以内。材料属性与参考文献[20]中的相同。

预测的 OHT 强度与 45°/−45°层百分比的关系如图 2.19 所示。从图 2.19 中可以看出,如果没有 90°层,则 OHT 强度会随着 45°/−45°层百分比从 0%增加到 20%而下降,20%到 50%保持相对稳定,50%以后再次下降。20%到 50%之间的这个“高原”是可取范围。在这个范围内,由于 45°层百分比增加,因此强度的降低与孔的 SCF 减小相抵消。低于 20%的值不是非常有用,因为层压板在 0°以外的方向上加载效率不高。大于 50%时,由于 45°/−45°层的高百分比导致强度较低。从本质上讲,由于 45°/−45°层的含量增加而导致的强度下降多于 SCF 影响的降低。在 20%~50%范围内, OHT 强度相对恒定。一个有吸引力的特征是考虑到额外的载荷条件,可以根据需要自由地选择 45°/−45°层的确切百分比以适应具体的应用。实质上,在这个范围内 OHT 强度大致相同,所以现在可以基于其他考虑来选择 45°/−45°层的确切百分比。

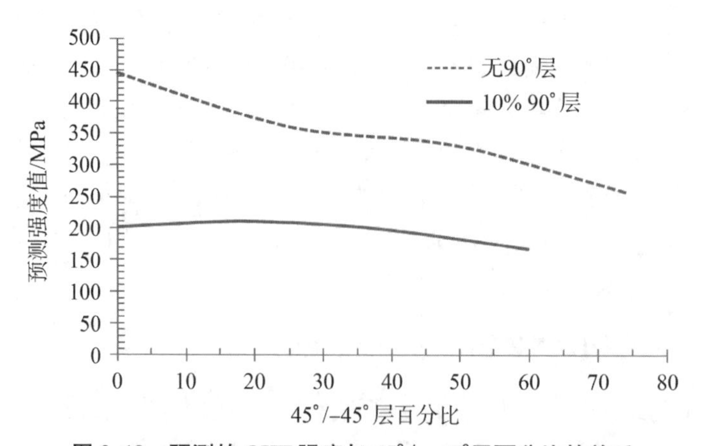

图 2.19 预测的 OHT 强度与 45°/−45°层百分比的关系

在图 2.19 下方的曲线中，观察到类似的情况，其中 10%的层是 90°层。在这种情况下，45°/−45°层百分比约为 25%时得到最大 OHT 强度。然而，围绕该最大 OHT 强度的变化很小，基本上可以在 15%～35%范围内再次选择 45°/−45°层的百分比，而 OHT 强度几乎不降低。公平地说，在小于 40%的范围内，45°/−45°层的任何百分比最多比最大 OHT 强度减少 7%（在 40%和 25%之间的差值）。然而，低百分比也不适用于多载荷应用。所以最好的范围是 20%～40%，这与不存在 90°层的情况非常相似。

练习

2.1　已知材料属性如下：

$E_x=131$ GPa	$X_t=2\,068$ MPa
$E_y=11.51$ GPa	$X_c=1\,724$ MPa
$\nu_{xy}=0.29$	$Y_t=103.4$ MPa
$G_{xy}=4.83$ GPa	$Y_c=330.9$ MPa
$t_{ply}=0.152\,4$ mm	$S=124.1$ MPa

仅在应力集中系数的基础上，确定层压板系列 $[\pm\varphi]_S$ 的 φ 值（$0\leqslant\varphi\leqslant 90$），从而使层压板在拉伸状态下可能最强。

2.2　考虑一个边长为 0.12 m 的方形蒙皮，铺层为$[45/-45/0]_S$。请使用 Whitney-Nuismer 方法获得一个失效强度图表，为孔半径从 5 mm 到 5 cm 的函数。材料属性与练习 2.1 相同。

2.3　参考图 E2.1。对于上一个问题中半径为 5 cm 的孔，假设材料对缺陷不敏感，确定有多少轴向力由孔承受（作为施加总载荷的一部分）。然后，从练习 2.2 中计算出“实际”应力集中系数（无缺陷破坏应力除以半径 5 cm 开孔的破坏应力）。如果没有开孔，则确定失效时的作用力。将这三个数相乘以获得 $\theta=90°$ 处的孔边法兰两个边缘必须承受的负载，使得具有 5 cm 半径孔的层压板与无缺陷层压板的失效载荷相同。如果法兰铺层是$[45/-45/0]_S$，0°为圆周方向，那么法兰高度 b 是多少？为什么会在 $\theta=0°$ 的位置失效（因此这不是一个好的法兰设计）？

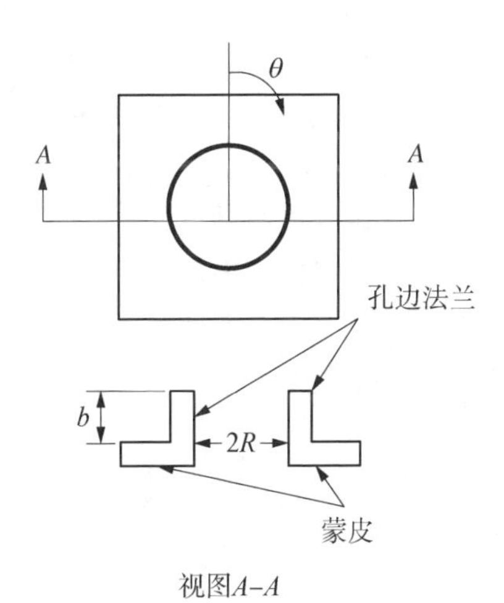

图 E2.1　练习 2.3 中的含法兰孔

2.4　飞机机翼的上蒙皮面板受到压缩载荷（机翼向上弯曲）。与此同时，下蒙皮面板受到与压缩载荷大小相等的载荷。每个面板由相邻两个加筋板和相邻两个肋之间的蒙皮组成，可以视为简支边界。每个面板的长度 a 为 508 mm，宽度 b 为 152.4 mm。施加的载荷，即下面板的拉伸和上面板的压缩与每个面板的尺寸 a 平行。为了降低成本，所讨论的设计上下面板铺层完全相同，为 8 层对称均衡铺层，仅使用 0°、45°、−45°和 90°方向（部分或全部）。强度部门对设计非常自豪，因为面板经过优化，所以它们有最大可能的负载能力，只是在临界负载条件下失效（显然不是所有的同时失效）。然而设计完成后，维修人员要求在每个下面板上切割圆形切口，以便覆盖检修门以及在飞机维修期间用于检查。如果假设分析得到的应力集中是正确的，并且采用 Whitney-Nuismer 方法（只有特征距离 d_0），则确定下面板开孔的最大可能直径。不采用任何折减。

材料属性如下：

E_x/Pa	1.310×10^{11}	X_t/Pa	2.068×10^{9}
E_y/Pa	1.138×10^{10}	X_c/Pa	1.379×10^{9}
ν_{xy}	0.29	Y_t/Pa	8.273×10^{7}
G_{xy}/Pa	4.826×10^{9}	Y_c/Pa	3.309×10^{8}
t_{ply}/mm	0.152 4	S/Pa	1.241×10^{8}

2.5 对于与练习 2.4 材料相同、宽度相同的 $[0]_8$ 层压板，使用应力集中系数和 Whitney-Nuismer 方法。这对使用应力集中系数方法有什么影响？

2.6 阐述半径为 R，特征距离为 d_0（Whitney-Nuismer 破坏准则）的复合材料层压板失效的条件。对于准各向同性层压板，求解开孔与无缺陷破坏应力之比 σ_{OH}/σ_{fu} 的函数，得到 d_0。根据本章给出的准各向同性层压板试验数据，确定 $R/(R+d_0)$ 的值。

2.7 当 R 从 3.175 mm 变化到 25.4 mm 时，得到三个铺层的 σ_{OH}/σ_{fu} 图：$[45/-45/0_4/90]_S$（纤维主导），$[45/-45/0/90]_S$（准各向同性）和 $[(45/-45)_2/0/90]_S$（基体主导）。假定 d_0 与 6.35 mm 直径孔的准各向同性铺层对应的值相同。哪个铺层最强？含开孔时，对于各种类型的铺层，即准各向同性、纤维主导或基体主导，应该优选哪个？讨论你的结果的含义。

材料属性如下：

$E_x=137.9$ GPa
$E_y=11.7$ GPa
$\nu_{xy}=0.31$
$G_{xy}=4.82$ GPa
$t_{ply}=0.152\ 4$ mm

2.8 在纯剪切下创建一个应力集中系数图，作为一个孔边位置的函数。要考虑的层压板如下：

[15/－15/0]$_S$
[0]$_6$
[45/－45]$_S$
铝
复合材料属性如下：
E_x＝130 GPa
E_y＝10.5 GPa
G_{xy}＝6.0 GPa
ν_{xy}＝0.28
t_{ply}＝0.139 7 mm

哪个铺层最好？与含开孔层压板处于拉伸状态的情况相比如何？（见图 E2.2）。

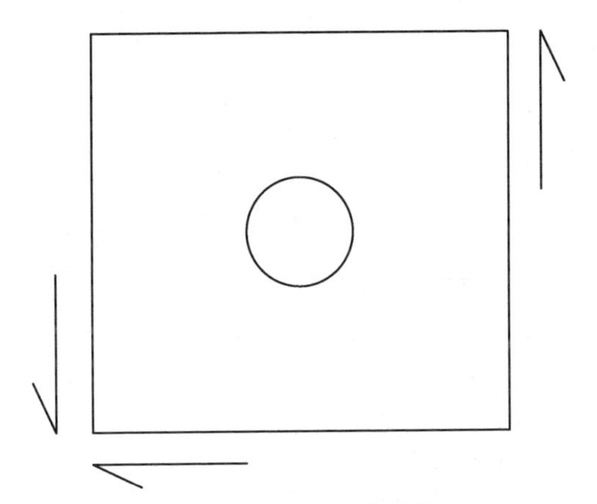

图 E2.2　练习 2.8 中的载荷工况

参考文献

[1] Portanova, M. A. and Masters, J. E. (1995) Standard Methods for Filled Hole Tension Testing of Textile Composites. AIAA Paper 96-0633 (1996), also NASA TM-107140.

[2] Chang, F. and Scott, R. (1982) Strength of mechanically fastened composite joints. J. Compos. Mater., 16, 470-494.

[3] Fan, W. and Qiu, C. (1993) Load distribution of multi-fastener laminated composite joints. Int. J. Solids Struct., 30 (21), 3013-3023.

[4] Kradinov, V., Barut, A., Madenci, E. and Ambur, D. (1998) Bolted double-lap composite joints under mechanical and thermal loading. Int. J. Solids Mech., 35 (15), 1793-1811.

[5] Hamada, H. and Maekawa, Z. (1996) Strength prediction of mechanically fastened quasi-isotropic carbon/epoxy joints. J. Compos. Mater., 30, 1596 - 1612.

[6] Hart-Smith, L. J. (1976) Bolted Joints in Graphite-Epoxy Composites. NASA CR - 144899.

[7] Kradinov, V., Madenci, E. and Ambur, D. R. (2007) Application of genetic algorithm for optimum design of bolted composite lap joints. Compos. Struct., 77, 148 - 159.

[8] Hart-Smith, L. J. (1994) The key to designing efficient bolted composite joints. Composites, 25, 835 - 837.

[9] Bakker, M. (2012) Analytical stress field and failure prediction of mechanically fastened composite joints. MS thesis. Delft University of Technology.

[10] Lekhnitskii, S. G. (1963) in Theory of Elasticity of an Anisotropic Elastic Body (Translated by P. Fern), Holden Day Inc., San Francisco, CA.

[11] Savin, G. N. (1961) in Stress Concentration Around Holes (Translated by W. Johnson), Pergamon Press.

[12] Lucking, W. M., Hoa, S. V. and Sankar, T. S. (1984) The effect of geometry on interlaminar stresses of $[0/90]_S$ composite laminates with circular holes. J. Compos. Mater., 17, 188 - 198.

[13] Carlsson, L. (1983) Interlaminar stresses at a hole in a composite member subjected to in-plane loading. J. Compos. Mater., 17, 238 - 249.

[14] Fagiano, C., Abdalla, M. M., Kassapoglou, C. and Gürdal, Z. (2010) Interlaminar stress recovery for three-dimensional finite elements. Compos. Sci. Technol., 70, 530 - 538.

[15] Saeger, K. J. (1989) An efficient semi-analytic method for the calculation of the interlaminar stresses around holes. PhD thesis. Massachusetts Institute of Technology.

[16] Tan, S. C. (1988) Finite width correction factors for anisotropic plate containing a central opening. J. Compos. Mater., 22, 1080 - 1097.

[17] Gürdal, Z. and Haftka, R. (1987) Compressive failure model for anisotropic plates with a cutout. AIAA J., 11, 1476 - 1481.

[18] Iarve, E. V., Mollenhauer, D., Whitney, T. J. and Kim, R. (2006) Strength prediction in composites with stress concentrations: classical weibull and critical failure volume methods with micromechanical considerations. J. Mater. Sci., 41, 6610 - 6621.

[19] Whitney, J. M. and Nuismer, R. J. (1974) Stress fracture criteria for laminated composites containing stress concentrations. J. Compos. Mater., 8, 253 - 265.

[20] Lagacé, P. A. (1982) Static tensile fracture of graphite/epoxy. PhD thesis. Massachusetts Institute of Technology.

[21] Garbo, S. P. and Ogonowski, J. M. (1981) Effect of Variances and Manufacturing Tolerances on the Design Strength and Life of Mechanically Fastened Composite Joints, AFWAL-TR - 81 - 3041.

[22] Pipes, R. B., Wetherhold, R. C. and Gillespie, J. W. (1979) Notched strength of composite materials. J. Compos. Mater., 13, 148 - 160.

[23] Soutis, C., Fleck, N. A. and Smith, P. A. (1991) Failure prediction technique for compression loaded carbon fibre-epoxy laminate with open holes. J. Compos. Mater., 25,

1476 - 1498.

[24] Maimí, P. , Camanho, P. , Mayugo, J. and Dávila, C. (2007) A continuum damage model for composite laminates: part I. Constitutive model. Mech. Mater. , 39, 897 - 908.

[25] Maimí, P. , Camanho, P. , Mayugo, J. and Dávila, C. (2007) A continuum damage model for composite laminates: part II. Computational implementation and validation. Mech. Mater. , 39, 909 - 921.

[26] Kweon, J. H. , Ahn, H. S. and Choi, J. H. (2004) A new method to determine the characteristic lengths of composite joints without testing. Compos. Struct. , 66, 305 - 315.

3 裂　　纹

3.1 概述

金属中的损伤,特别是在循环载荷下的,表现为裂纹形式。在复合材料中,损伤仅为一种特定威胁的结果,如尖锐物体贯穿整个层板的冲击损伤。通常复合材料的损伤表现为以下几种的组合形式:裂纹、分层和纤维破坏,纤维破坏即不会形成定义明确的贯穿厚度的裂纹。因此,在复合材料结构中裂纹相对较少,但是它非常重要,因为其对剩余强度有影响。

复合材料层压板的材料各向异性的性质以及它由不同方向的纤维层组成的事实,并不能促使其形成贯穿厚度的裂纹。此外,一旦这样的裂纹产生了,它们就不会导致在金属中观察到的更多的"典型"裂纹行为。如果复合材料层压板的裂纹在载荷作用下增大,则它通常不会通过类似于自行的方式产生。它遵循一条锯齿状的路径,这是由不同层压板之间纤维方向定义和限制的。一般来说,纤维阻止裂纹。基体具有低韧性,允许裂纹易于扩展,直到它到达一个减缓或者阻止裂纹的纤维层。这就是为什么层压板纤维之间的基体裂纹被限制在相邻铺层之间,如[0/90/0]层压板的 90°铺层之间。这也是铺层之间形成裂纹的原因,即分层,它不容易扩展到相邻铺层,主要在层间扩展。在铺层分界面两边的纤维都起到阻止裂纹扩展的作用。

复合材料贯穿厚度的裂纹扩展是一个多尺度问题。在层压板厚度尺度,层压板被认为是均匀的,裂纹一般来说不自行扩展。为了能够理解和预测此类行为,有必要下降到更低尺度(考虑到基体和层压板对减缓或者促进裂纹扩展的影响)。例如在前面章节中提到的孔,准确地建模裂纹端部损伤的产生需要非常精细的模型,它需要分别解释铺层和基体,目的在于获得裂纹扩展的细节。

3.2 复合材料层压板的裂纹建模分析

一般而言,纤维比基体更硬。裂纹在基体中比在纤维中更容易扩展。即使钢化的基体也比玻璃或碳纤维硬度低。因此，复合材料中的裂纹将展示出如图 3.1 所示的两种情况。在情况 1 中，基体的裂纹扩展相对容易，直到它到达下一个纤维时才停止（或者显著减缓）。在情况 2 中，纤维内部的裂纹扩展相对容易，然后进入基体迅速扩展，直到它又到达另一个纤维。因此，对于图 3.1 中的两种情况，裂纹扩展的关键因素是基体和纤维的界面。裂纹扩展的细节将在更小尺度上，受到纤维内部或基体中扩展特性的影响，而主要贡献者是基体和纤维的界面。这种情况的放大显示如图 3.2 所示。

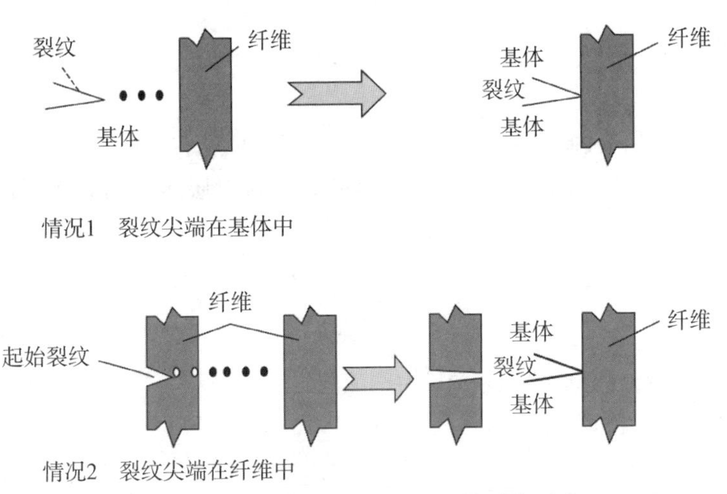

图 3.1 复合材料层压板中不同的裂纹形式

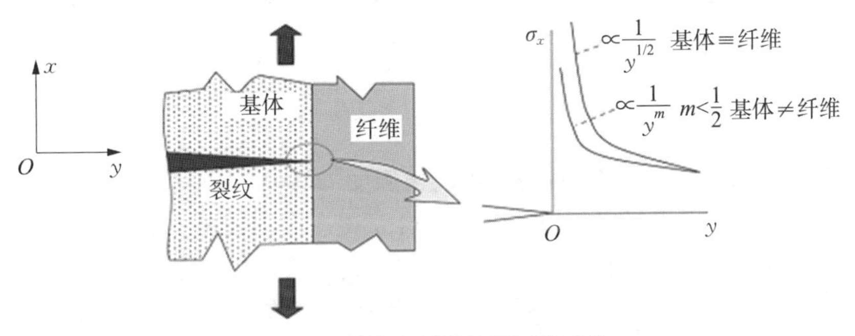

图 3.2 基体和纤维的界面的裂纹

图 3.2 的一个问题在于不同的主体界面使得裂纹被终结。这个问题首先由 Fenner[2] 解决，然后由 Mar 和 Lin[3-4] 用于复合材料。

最重要的区别如图 3.2 右边所示。不像金属材料，其在裂纹尖端的应力 σ_x 与 $1/y^{1/2}$ 成比例，各向异性的界面应力 σ_x 与 $1/y^m$ 成比例。对于典型的复合材料，当奇异值 m 小于 0.5 时，应力值奇异。奇异值 m 的强度取决于纤维和基体的单个刚度特性。

在金属材料裂纹尖端附件的主应力项由下式给出：

$$\sigma_x \propto \frac{K}{\sqrt{\pi} y^{1/2}} \tag{3.1}$$

式中，K 为应力强度因子。

在基体和纤维的界面处的复合材料裂纹相应的应力表达式由 Mar 和 Lin 提出，如下所示：

$$\sigma_x \propto \frac{H}{y^m} \tag{3.2}$$

式中，H 与应力强度因子类似；m 为奇异强度值，通常小于 0.5。

考察式(3.2)，Mar 和 Lin 假定有凹痕的复合材料层压板的失效强度 σ_f 可以由下式预测：

$$\sigma_f = \frac{H_c}{(2a)^m} \tag{3.3}$$

式中，H_c 为复合材料断裂硬度；$2a$ 为凹痕尺寸。

对于第一代石墨环氧树脂材料(AS1/3501-6)，Mar 和 Lin 分析确定了 m 为 0.28。对于硼/铝材料，他们获得的实验(通过对不同裂纹尺寸的测试结果进行拟合)值为 0.33。注意到通过考察图 3.2 的理想情况获得的 m 与层压板铺层无关，这一点很重要。然而，测试结果显示铺层之间有一些相互依赖。例如，对于一个 $[\theta/0/-\theta]_S$ 的 AS1/3501-6 层压板，m 通过 θ 在 0.28～0.334 之间取值的实验获取。通过观测层压板 $[\pm\theta]_S$、$[0/\pm\theta]_S$ 和 $[\pm\theta/0]_S$，可以从名义值 0.28 得到一些更大的变化范围。

m 对于铺层的独立性表明，为了提高精确度，式(3.3)必须被看作两参数模型，H_c 和 m 通过将该方程与实验数据进行拟合获得。因为需要实验结果来准确地确定这两个参数，所以这限制了 Mar-Lin 方法的适用性。作为选择之一，可以使用分析方法预测 m，从而仅仅将 H_c 当作一个拟合参数，这在某些情况下会降低精度(见下文)。

式(3.3)没有明确地依赖于缺陷的形状。它同样可以适用于孔洞和裂纹。$2a$ 可以是孔的直径，也可以是裂纹尺寸。

式(3.3)的一个有趣暗示是固有缺陷大小的存在。当缺陷尺寸 $2a$ 为零时，式(3.3)预示着无限强度。在现实中，故障强度作为缺陷大小的函数，被故障强度 σ_{fu} 截取，如图 3.3 所示。

由式(3.3)描述的曲线与未损伤故障强度在缺陷或裂纹尺寸等于 $2a_{in}$ 时相交，

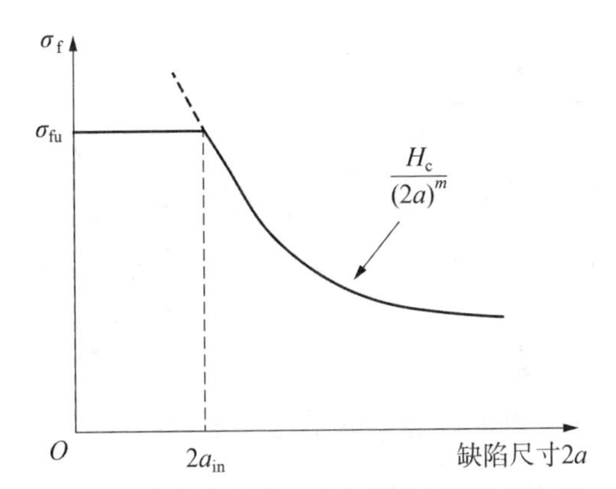

图 3.3　缺陷大小的函数表征的凹槽失效强度

则有

$$\sigma_{fu}=\frac{H_c}{(2a_{in})^m} \tag{3.4}$$

$2a_{in}$ 的解为

$$2a_{in}=\left(\frac{H_c}{\sigma_{fu}}\right)^{\frac{1}{m}} \tag{3.5}$$

式(3.4)和式(3.5)意味着复合材料层压板中存在固有的缺陷尺寸,即坠落产生的无缺陷或者原始失效。设环氧树脂的替代典型数值 $2a_{in}$ 为 0.13 mm。如果有一个孔洞或者裂纹的尺寸小于 0.13 mm,则层压板的表现就好像孔洞或者裂纹不存在,在未损坏的故障强度上失效。

有趣的是,$2a_{in}$ 的值对应的是直径约为 8 μm 的碳纤维的 16 个纤维直径。这提供了一个不同尺寸的概率,必须建立桥梁来创建一个更加准确的模型:一根纤维直径从 8 μm 到 15～20 倍纤维直径,即接近铺层厚度 0.13～0.2 mm,在这个长度尺度上纤维和基体属性是有效的,即层压板厚度范围从几毫米到几厘米。例如,从一个纤维直径到一个 4 mm 厚的层压板,相当于跨越 2～3 个数量级(见图 1.1)。显然,相关性质在小尺寸上重要,但是在大尺寸上可能并不重要,或者更有可能的是,它可以组合成控制更高尺度行为的参数。这是建立损伤模型的挑战,如复合材料中的裂纹,创建能够准确地跨越不同尺度的模型,同时,计算效率更高。

Mar－Lin 方法的一个优点是它独立于缺陷形状。当缺陷或者裂纹具有相同尺寸 $2a$ 且 H_c 和 m 具有合适的数值时,式(3.3)是有效的。此外,如果一个裂纹具有一定的倾斜角度,如图 3.4 所示,则可以使用与加载方向垂直的裂纹长度来计算张力作用下层压板的强度。

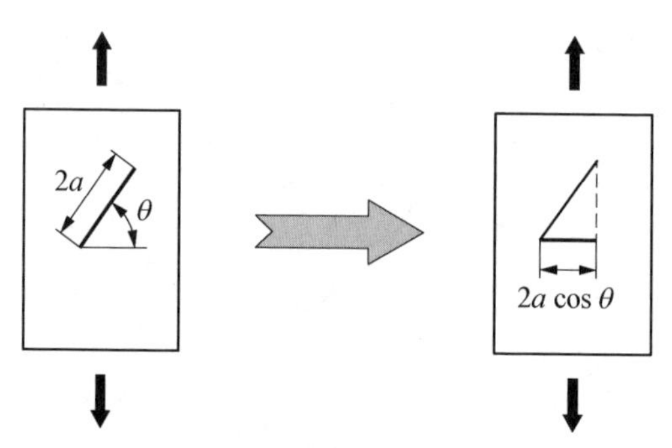

图 3.4　倾斜于加载方向的裂纹分析

3.3　有限宽度影响

前面章节讨论的对象是无限大平板。同样地，对于缺陷(见 2.1 节)，有限宽度的复合材料层压板裂纹分析需要有限宽度修正系数。已经发现一个各向同性平板中的中心裂纹的宽度修正系数可以用于正交异性平板：

$$\text{FWCF}=1+0.1282\left(\frac{2a}{w}\right)-0.2881\left(\frac{2a}{w}\right)^2+1.5254\left(\frac{2a}{w}\right)^3 \tag{3.6}$$

对于 $(2a/w)<0.5$ 的正交异性平板，式(3.6)有误差小于 3%的精确度。那么，有限宽度的平板裂纹失效预测可以通过组合式(3.3)和式(3.6)得到：

$$\sigma_f=\frac{H_c}{(2a)^m(\text{FWCF})} \tag{3.7}$$

对比式(3.6)裂纹的有限宽度修正系数与式(2.5)缺陷的有限宽度修正系数，会得到很有趣的结果，这在图 3.5 中反映了出来(同样的见文献[5])。从图 3.5 中可以看到，直到缺陷尺寸 $(2a/w)\approx 0.3$，两个修正系数都非常接近。对于更大的缺陷尺寸，缺陷的修正系数对于结果的严重程度超过相同尺寸的裂纹。该结论仅适用于拉伸载荷。

3.4　复合材料中裂纹分析的其他方法

3.2 节重点阐释的 Mar - Lin 方法实际上是一个两参数模型。为了达到尽可能高的精度，必须用试验方法确定裂纹尖端的断裂韧性 H_c 和应力奇异点的强度 m。因此，需要改进分析方法。多年来，许多研究人员提出了不同的方法。

Whitney 和 Nuismer[6]扩展了他们的方法从而可以用于孔洞，见 2.4 节中的讨论。Poe 和 Sova[7-8]使用了一个与 Whitney 和 Nuismer 类似的方法，替代了远端应力，他们在其未来的规范中使用远端应变。Aronsson 和 Bäcklund [1]与 Chang 和

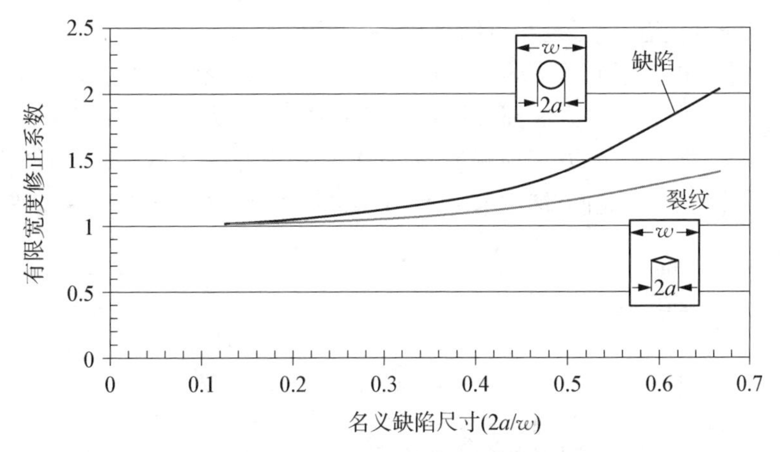

图 3.5　有限宽度对缺陷和裂纹的影响

Chang [9]提出了努力建立损伤模型以及其基于有限元的演化。

Walker[10]等人对其中一些方法进行了讨论。在此工作中，将不同裂纹尺寸的铺层和材料得到的测试结果与不同的分析预测结果进行对比。为了进行公平的比较，为了消除每个方法的细节变化引起的预测变化，所有的方法都必须经过一个特定裂纹长度的测试基准点。比较的结果如图 3.6～图 3.8 所示。

6.35～44.5 mm 的裂纹尺寸对于 16 层 AS4/938 CFRP 铺层的影响如图 3.6 所示。使用的预测方法为 Mar - Lin、Poe - Sova、Whitney - Nuismer 方法和线弹性断裂力学(LEFM)方法。为所有的方法匹配裂纹长度为 44.5 mm 的测试结果。对于 Mar - Lin 方法，m 设置为 0.3(对于类似的材料，这非常接近分析确定值 0.28)；对于 LEFM 方法，m 是经典值 0.5。从图 3.6 中可以看出，Mar - Lin 方法给出了很好的预测。剩下的方法是不保守的，LEFM 方法给出了最坏的预测。正如预期的那样，因为它们都是计算一个点的应力和应变，Poe - Sova 和 Whitney - Nuismer 方法

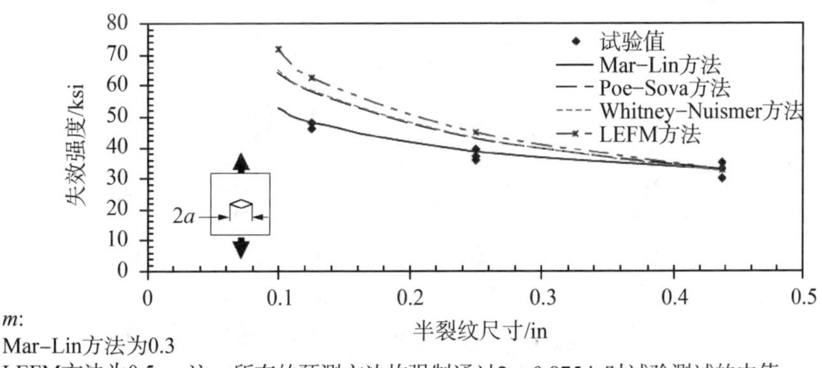

图 3.6　带有中心裂纹的 16 层 AS4 /938 CFRP 铺层的试验与预测对比

得出的结果非常接近，但是与测试结果比并不保守。

同一材料的10层层压板的情况如图3.7所示。裂纹尺寸范围为6.35～127 mm。在此，所有预测方法都被强制匹配测试结果，裂纹长度为127 mm。与16层的结果一样，Mar-Lin方法预测的m为0.3，是最好的，但对于小的裂缝尺寸稍微不保守。在剩下的三种方法中LEFM方法仍然得到了最糟糕的预测结果。

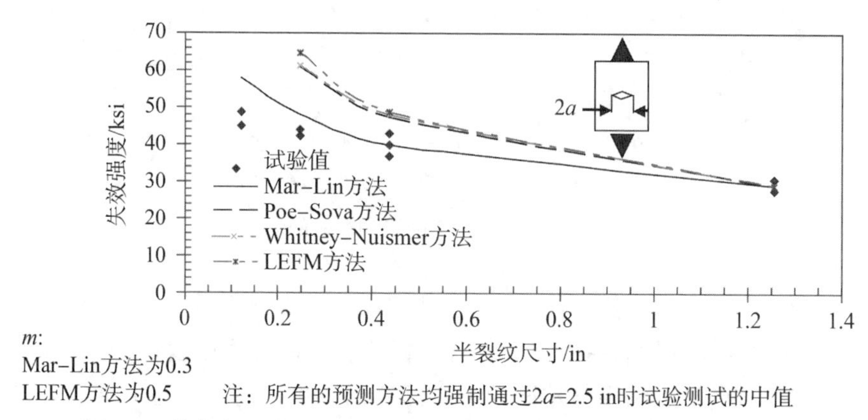

图3.7 带有中心裂纹的10层AS4/938 CFRP铺层的试验与预测对比

将两种不同的碳纤维T100和AS4混合在一起的效果在图3.8中得到了检验。裂纹尺寸的范围与10层层压板(6.35～127 mm)相同。所有的方法都被强制匹配平均测试结果，裂纹长度为127 mm。在这种情况下，所有方法都是不保守的，但是，$m=0.3$的Mar-Lin方法是最接近测试结果的。与之前一样，LEFM方法再次给出了最糟糕的预测。两种不同纤维的存在明显地使Mar-Lin方法($m=0.3$)或LEFM方法($m=0.5$)变得不充分。在应力表达式中，当单个指数无法捕捉到时，可

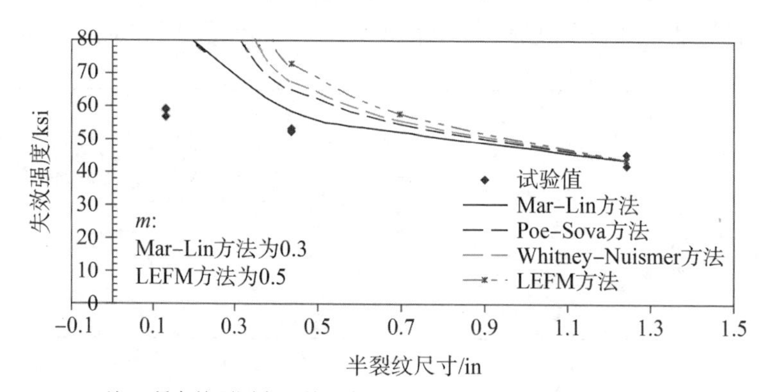

图3.8 带有一个中心裂纹的25% T100/75% AS4/938铺层的试验与预测结果对比

以预测不同的纤维会影响裂纹的发展趋势。同样地，在 Poe - Sova 和 Whitney - Nuismer 方法中抹除属性也不够准确。我们需要更精确的方法。

从以上讨论中可以得出两个主要结论：①Mar - Lin 方法给出了最好的预测，但并不总是令人满意，需要改进此方法；②在复合材料层中夹层裂缝上利用 $m=0.5$ 的经典值不是一个好主意，因为它给出了所有比较方法中最坏的预测。

正如前面提到的，更精确的模型需要通过计算机模拟得到，它允许在任何方向上产生裂纹和增长，如独立于一个有限元网格。这意味着模拟必须能够处理诸如裂纹等不连续点。一种方法是通过丰富有限元素公式中使用的近似或插值函数。在通常情况下，这需要使用额外的自由度来模拟可能由裂纹导致的任何不连续，但不需要在有限元网格中对裂纹进行明确的建模。在这方面，扩展有限元法(XFEM)是一种非常有前途的方法[11]。

3.5 基体裂纹

基体裂纹是一种特殊的，并不一定会一直延伸到层压层厚度的裂纹(见图 3.9)。基体裂纹通常在同一方向的铺层内被控制，在与不同方向的铺层的界面处终止。当应力垂直于纤维的厚度超过其厚度的横向拉伸强度时，基体裂纹就产生了。这种横向强度随厚度的变化而变化，且取决于厚度是否完全包含在不同方向的夹层之间，或者在层压板的顶部或底部是否有一个自由的表面。由于这个原因，研究人员[12]引入了"原位强度"这个词，指的是垂直于纤维的厚度不同的强度。结果显示[13]随着铺层的厚度增加，原位强度降低，横向强度层压板组成专门的 90°铺层。

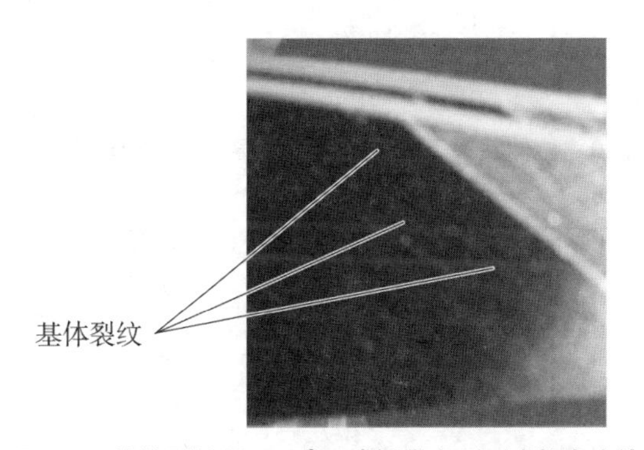

图 3.9 基体裂纹沿−45°层碳纤维/环氧树脂试验件

利用断裂力学可以预测基体裂纹的产生。这就要求我们做一个假设：小的基体裂纹、孔洞和不一致的基体含量较低的损伤，是造成裂纹成核的原因，可以用较长的裂纹来表示。这就避免了建模低规模现象的复杂性。Dvorak 和 Laws[13]表明，当铺层较厚时，嵌入层的原位横向拉伸强度 Y^{t}_{is} 为

$$Y_{is}^{t}=1.58Y^{t} \tag{3.8a}$$

当铺层较薄时，有

$$Y_{is}^{t}=\sqrt{\frac{4G_{IC}}{\pi t\left(\frac{1}{E_{22}}-\frac{\nu_{21}^{2}}{E_{11}}\right)}} \tag{3.8b}$$

在式(3.8a)和式(3.8b)中，Y^t 是材料的横向拉伸强度(无约束)，G_{IC} 是在90°基体裂纹的模式中试验测量出的临界能量释放率，这个90°铺层垂直于纤维的拉伸载荷横向增长，t 是铺层的厚度，E_{11}、E_{22} 和 ν_{21} 是杨氏模量(平行和垂直于纤维以及小泊松比)。通常情况下使用式(3.8b)，除非对于关心的 t 值，式(3.8b)的右边已经接近式(3.8a)的右边。

一旦出现单个裂纹，就可以通过计算基体裂纹附近的横向应力来预测随后的裂纹，该应力与施加的载荷平行，使用式(3.8)或采用应力破坏准则[14]。失败的标准平面内和平面外应力的结合更准确，因为它们解释了所有的应力。

以$[0_n/90_m]_S$ 层压板沿0°纤维加载张力的情况为例，如图3.10所示。

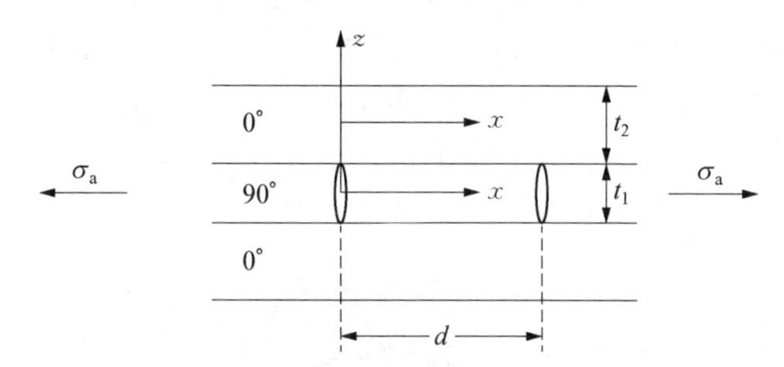

图3.10 拉伸载荷下$[0_n/90_m]_S$ 铺层的90°方向的基体裂纹

如果铺层在 y 方向上较长，则不依赖于坐标 y，每层的平衡方程可以写为

$$\begin{aligned}\frac{\partial\sigma_x}{\partial x}+\frac{\partial\tau_{xz}}{\partial z}=0\\ \frac{\partial\tau_{xz}}{\partial x}+\frac{\partial\sigma_z}{\partial z}=0\end{aligned} \tag{3.9}$$

两个坐标系统设置如图3.5所示，一个用于0°铺层，另一个用于90°铺层。现在假设 σ_x 压力在90°和0°铺层上，分别由下式给出：

$$\begin{aligned}\sigma_{x1}=\sigma_{xff1}+A_1f(x)\\ \sigma_{x2}=\sigma_{xff2}+A_2f(x)\end{aligned} \tag{3.10}$$

式中，下标 1 表示 90°铺层，而下标 2 表示 0°铺层。

式(3.10)中的远场强调 $\sigma_{x\mathrm{ff}i}$，从经典积层板理论中得到

$$\begin{aligned}\sigma_{x\mathrm{ff}1} &= \frac{E_{22}(t_1 + 2t_2)}{E_{22}t_1 + 2E_{11}t_2}\sigma_{\mathrm{a}} \\ \sigma_{x\mathrm{ff}2} &= \frac{E_{11}(t_1 + 2t_2)}{E_{22}t_1 + 2E_{11}t_2}\sigma_{\mathrm{a}}\end{aligned} \tag{3.11}$$

式中，E_{11} 和 E_{22} 如前文中定义，t_1 和 t_2如图 3.10 所示，σ_{a} 适用于层压的远场压力。

力平衡可以用来确定常数 A_1 和 A_2。在 0°和 90°铺层上的轴力的总和(从第一个裂纹处开始)，必须添加产品应用应力乘以层压板的横截面积。一般将 A_1 设置为 1，则 A_2 可以表示如下：

$$A_2 = -\frac{t_1}{2t_2} \tag{3.12}$$

然后利用平衡式(3.9)确定层间应力 σ_z 和 τ_{xz} 的一般表达形式。当 σ_z 和 τ_{xz} 在 0°/90°铺层界面上满足应力连续条件时，在层压板顶部(和底部)的 σ_z 和 τ_{xz} 为零的边界条件也同时满足。由此产生的应力表达式为

$$\begin{aligned}\sigma_{x1} &= \sigma_{x\mathrm{ff}}^{(90)} + f(x) \\ \tau_{xz1} &= -zf'(x) \\ \sigma_{z1} &= \left[-\frac{t_1 t_2}{4} - \frac{t_1^2}{8} + \frac{z^2}{2}f''(x)\right] \\ \sigma_{x2} &= \sigma_{x\mathrm{ff}}^{(0)} - \frac{t_1}{2t_2}f(x) \\ \tau_{xz2} &= \left(-\frac{t_1}{4} + \frac{t_1}{2t_2}z\right)f'(x) \\ \sigma_{z2} &= \left(-\frac{t_1 t_2}{16} + t_1\frac{z}{4} - \frac{t_1 z^2}{4t_2}\right)f''(x)\end{aligned} \tag{3.13a}$$

在平衡式(3.9)中不存在的应力 σ_y 是通过反应力应变关系和应变相容[15]来确定的，结果为

$$\begin{aligned}\sigma_{y1} &= (k_0)_1 + (k_1)_1 z - \left(\frac{S_{12}}{S_{22}}\right)_1\sigma_x - \left(\frac{S_{23}}{S_{22}}\right)\sigma_z \\ \sigma_{y2} &= (k_0)_2 + (k_1)_2 z - \left(\frac{S_{12}}{S_{22}}\right)_2\sigma_x - \left(\frac{S_{23}}{S_{22}}\right)_2\sigma_z\end{aligned} \tag{3.13b}$$

式中，下标 1 和 2 分别为 90°和 0°铺层；S_{ij} 为铺层柔度；k_0 和 k_1 为将经典的层板理论解从裂纹中恢复的常数。

式(3.13a)中的函数 $f(x)$仍然未知。这是通过用变分法将层压能量最小化[17]来确定的。这就引出了一个四阶常系数微分方程,它的解是关于 x 的指数。

对两种不同的裂纹间距用现有方法进行了计算,将得到的应力解与图 3.11 中有限元法[18]比较(见图 3.10)。对于大裂纹间距,目前的解决方案与有限元法计算结果吻合较好。

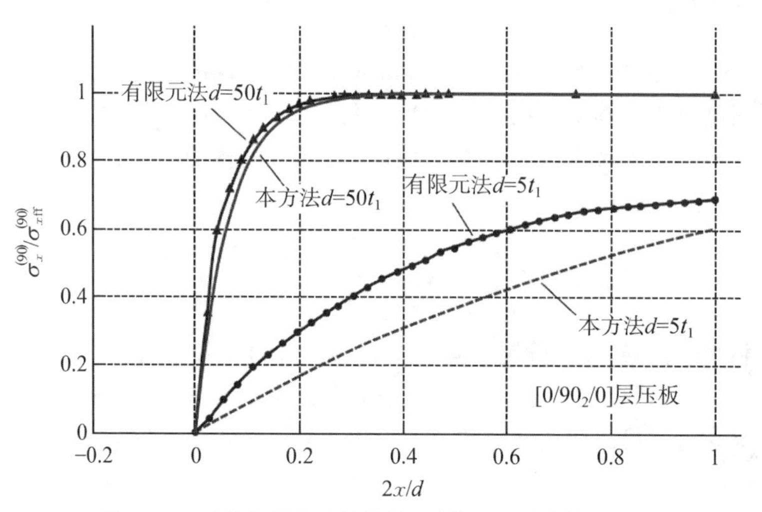

图 3.11　对比有限元法结果的 90°铺层正则化轴向压力

随着裂纹间距的减小,现有的解决方案从有限元法结果中分离出来。这主要是由于在目前的解决方案中,应力 σ_y 在每层中独立于 z。

根据该解决方案所预测的基体裂纹和它们的行为将在 6.6.2 节中详细讨论(交叉层板疲劳的相关信息)。

练习

3.1　通过 Whitney - Nuismer 对于孔洞的失效准则和 Mar - Lin 裂纹失效准则,可得到一张设计表,这个表用相同的失效强度将裂纹尺寸与孔径尺寸联系起来。这是一种尝试,看看单一的曲线是否可以覆盖所有的层。如果可行,那么可以将裂纹建模为等效直径的孔,这样分析比较容易,并且不需要 H_c 和 m 的信息。假设目标结构是两个相邻框架和加强筋之间的机身蒙皮。蒙皮厚度为 3.6～3.7 mm,可选择以下任意铺层:(25/50/25)、(16/68/16)、(50/33/17),数字分别表示 0°、+45°/−45°和 90°铺层百分比。需注意,0°铺层是指环方向。铺层厚度为 0.152 4 mm,如果不能准确地得到所给出的百分比,则不得不上下旋转。石墨/环氧树脂材料具有基本的铺层特性,如下所示。

$E_x = 131\ \text{GPa}$
$E_y = 11.4\ \text{GPa}$
$\nu_{xy} = 0.31$
$G_{xy} = 5.17\ \text{GPa}$
$t_{\text{ply}} = 0.1524\ \text{mm}$
$X_t = 2068\ \text{MPa}$
$X_c = 1723\ \text{MPa}$
$Y_t = 68.9\ \text{MPa}$
$Y_c = 303.3\ \text{MPa}$
$S = 124.1\ \text{MPa}$

机身在 1.3 atm 压力下(超压状态)。它可以被认为是一个圆柱形压力容器处于均匀的内部压力下,所以蒙皮上的压力负荷是一个环应力和一个纵向应力。对于平行于纵方向的裂纹,如图 E3.1 所示,长度从 0%到 85%不等,确定了具有相同失效强度的孔洞尺寸(直径)。在上面给出的三层铺层(全部在一张图表)中,铺层孔洞大小作为裂纹尺寸的函数。我们假设纵向应力对平行于纵向的裂纹无影响,机身半径为 3 m。对于强度分析,可以假设蒙皮是平的。该材料的 Mar - Lin 常数为 $m=0.28$,H_c 值分别为 453.9、374.5 和 684.6 MPa $\text{mm}^{0.28}$。

(1) 请给出三层板的孔洞尺寸与裂纹尺寸(相同强度)的图表。讨论等效裂纹和孔洞的相对尺寸。你能得出什么结论呢?这个可以使用吗?

(2) 确定可在面板中存在的最大裂纹和孔洞尺寸,而不破坏机身外壳。

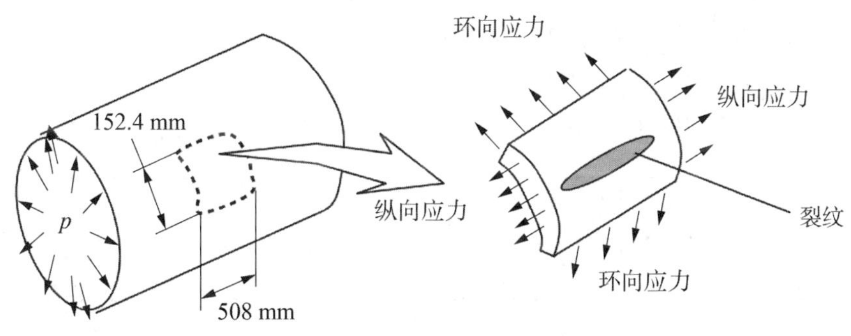

图 E3.1　含裂纹的受压机身蒙皮

3.2　通过测试碳纤维/环氧树脂层压板叠层顺序$[0/30/-30]_S$,结果显示不同大小的裂缝中的力遵循图 E3.2 中的规律。

使用 Mar - Lin 方法确定一个长 15 mm 的裂纹的破坏强度(在百万帕斯卡)。假设$m=0.3$,材料性质如下:

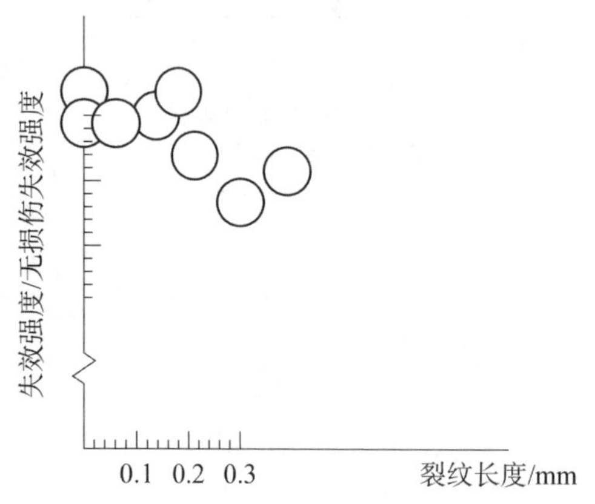

图 E3.2 练习 3.2 的测试数据

E_x/Pa	1.310×10^{11}	X_t/Pa	2.068×10^{9}
E_y/Pa	1.138×10^{10}	X_c/Pa	1.379×10^{9}
ν_{xy}	0.29	Y_t/Pa	8.273×10^{7}
G_{xy}/Pa	4.826×10^{9}	Y_c/Pa	3.309×10^{8}
t_{ply}/mm	0.152 4	S/Pa	1.241×10^{8}

3.3 图 E3.3(2002 年 Drury 和 Watson 的目视检测的良好实践)显示了表面裂纹(如机身或机翼蒙皮)的检测概率可作为裂纹尺寸的函数。

对于标准的石墨/环氧树脂材料，试验测定了一系列层压板的 H_c 值，并在表 E3.1 中给出。确定适用于表格中列出的未损坏的每一层板的破坏力，可以覆盖 90%的裂纹检测概率和 95%的裂纹检测概率。这与在实际中使用的 65%的撞击损伤相比如何？解决两种不同情况下的问题：

(1) $m=0.28$(对所有层板)。

(2) m =表格中的给定值。

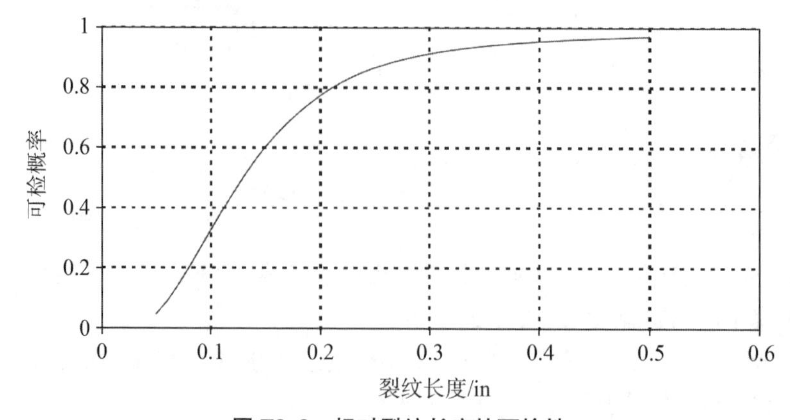

图 E3.3 相对裂纹长度的可检性

表 E3.1 复合材料的断裂韧性

层压板	m	H_c(MPa mm^m)
15A0	0.399	1 123.696
30A0	0.419	788.392
45A0	0.188	182.484
60A0	0.249	94.070 6
75A0	0.264	43.054
90A0	0.399	27.974 1
15A1	0.284	1 020.954
30A1	0.442	1 095.255
45A1	0.233	568.764
60A1	0.259	748.954
75A1	0.242	737.856
90A1	0.276	886.774
15B1	0.293	1 006.107
30B1	0.307	762.615
45B1	0.292	629.6
60B1	0.337	807.488
75B1	0.218	708.811
90B1	0.104	662.46

注:15A0=$[15/-15]_S$;15A1=$[15/-15/0]_S$;15B1=$[0/15/-15]_S$。

参考文献

[1] Aronsson, C. G. and Bäcklund, J. (1986) Damage mechanics analysis of matrix effects in notched laminates, in Composite Materials, Fatigue and Fracture, American Society for Testing and Materials (ASTM), pp. 134 - 157, ASTM STP 907.

[2] Fenner, D. N. (1976) Stress singularities in composite materials with an arbitrarily oriented crack meeting an interface. Int. J. Fract. , 12 , 705 - 721.

[3] Mar, J. W. and Lin, K. Y. (1977) Fracture of boron/aluminum composites with discontinuities. J. Compos. Mater. , 11 , 405 - 421.

[4] Mar, J. W. and Lin, K. Y. (1977) Fracture mechanics correlation for tensile failure of ilamentary composites with holes. J. Aircr. , 14 , 703 - 704.

[5] Walker, T. H. , Avery, W. B. , Ilcewicz, L. B. et al. (1991) Tension fracture of laminates for transport fuselage part 1: material screening. 2nd NASA Advanced Composites Technology Conference, pp. 197 - 238.

[6] Whitney, J. M. and Nuismer, R. J. (1974) Stress fracture criteria for laminated composites containing stress concentrations. J. Compos. Mater. , 8, 253 - 265.

[7] Poe, C. C. Jr. , (1983) A unifying strain criterion for fracture of fibrous composite

laminates. Eng. Fract. Mech., 17, 153 - 171.

[8] Poe, C.C. Jr, and Sova, J.A. (1980) Fracture Toughness Of Boron/Aluminum Laminates with Various Proportions of 0°and ±45°Plies. NASA Technical Paper 1707.

[9] Chang, F.K. and Chang, K.Y. (1987) A progressive damage model for laminated composites containing stress concentrations. J. Compos. Mater., 21, 834 - 855.

[10] Walker, T.H., Avery, W.B., Ilcewicz, L.B. et al. (1991) Tension fracture of laminates for transport fuselage part 1: material screening. 2nd NASA Advanced Composites Technology Conference, pp. 197 - 238.

[11] Mohammadi, S. (2012) XFEM Fracture Analysis of Composites, Chapter 4, John Wiley & Sons, Ltd, Chichester.

[12] Camanho, P.P., Dávila, C.G., Pinho, S.T. et al. (2006) Prediction of in situ strengths and matrix cracking in composites under transverse tension and in-plane shear. Composites Part A, 37, 165 - 176.

[13] Dvorak, G.J. and Laws, N. (1987) Analysis of progressive matrix cracking in composite laminates II. First ply failure. J. Compos. Mater., 21, 309 - 29.

[14] Kassapoglou, C. and Kaminski, M. (2011) Modeling damage and load redistribution in composites under tension-tension fatigue loading. Composites Part A, 42, 1783 - 1792.

[15] Kassapoglou, C. (1990) Determination of interlaminar stresses in composite laminates under combined loads. J. Reinf. Plast. Compos., 9, 33 - 59.

[16] Kassapoglou, C. (2013) Designand Analysis of Composite Structures, 2nd ed, Chapter 3.2.1, John Wiley & Sons, Inc., Hoboken, NJ.

[17] Kassapoglou, C. (2013) Designand Analysis of Composite Structures, 2nd ed, Chapter 9.2.2, John Wiley & Sons, Inc, Hoboken, NJ.

[18] Berthelot, J.-M., Leblond, P., El Mahi, A. and Le Corre, J.-F. (1996) Transverse cracking of crossply laminates: part 1. Analysis. Composites Part A, 27, 989 - 1001.

4 分　　层

4.1 概述

铺层中相邻两层之间的任何分隔称为分层(见图 4.1)。任何时候,当面外载荷导致局部层间应力超过层间的薄基体层的强度时,就会发生分层。

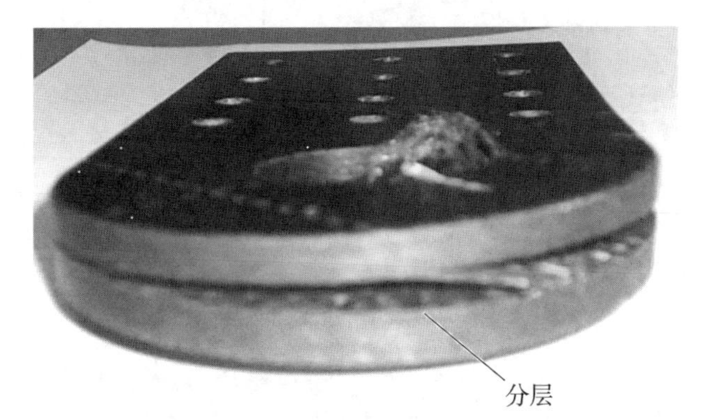

图 4.1 横向加载后复合材料接头中的分层

面外载荷可以是机械载荷或湿热载荷。泊松比、相互影响系数(面内轴向与面外剪切应变之比)或膨胀系数不匹配都会导致局部面外应力。此外,其他局部失效(如基体裂纹)也可能会导致分层。例如,不同取向的相邻铺层内部的基体裂纹可能会在铺层界面处引起分层。如图 4.2 所示,其中 90°铺层在 0°铺层上方。尽管静态载荷不会引起局部损伤而导致分层,但疲劳载荷很可能导致分层。

对于如图 4.3 所示的某些几何形状,基体裂纹会在疲劳载荷下扩展成分层。即使是较低循环载荷最终也会破坏树脂袋中的基体。这些基体裂纹可能会汇聚成图 4.3 中凸缘与表层之间的分层。

图 4.4 显示了一些最常见的可能导致分层的局部面外应力情况。图 4.4 中的

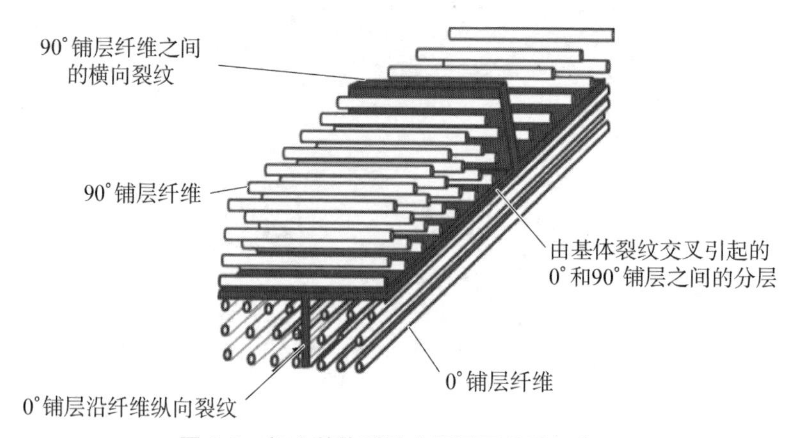

图 4.2 相交基体裂纹在层界面处引起分层

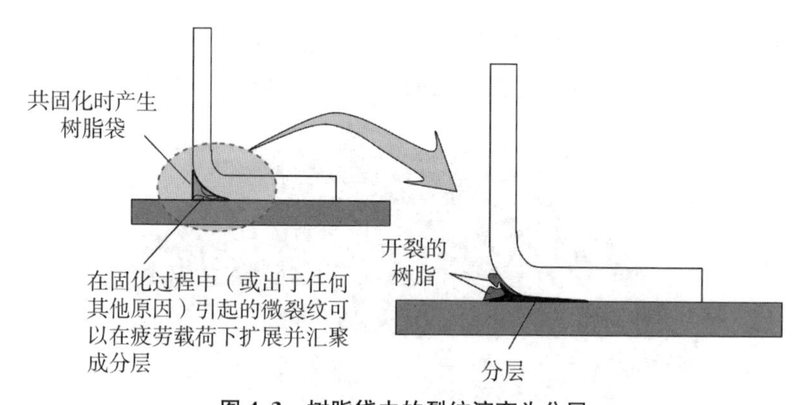

图 4.3 树脂袋中的裂纹演变为分层

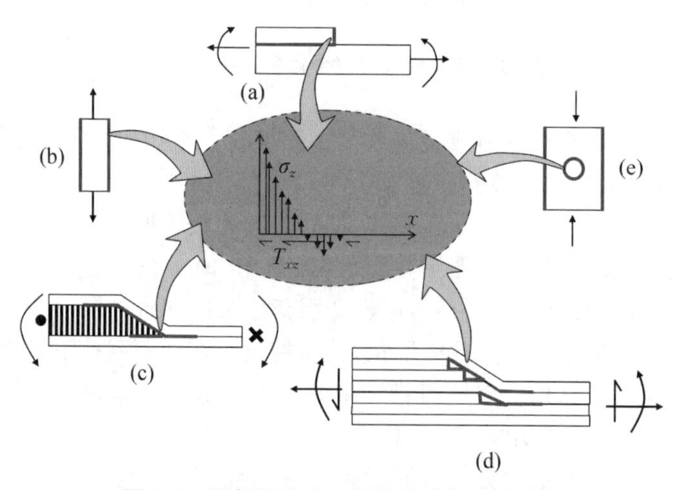

图 4.4 局部面外应力可能导致分层的结构

粗线表示可能发生分层的关键位置。情况(a)对应于加筋面板的表层递减或凸缘/蒙皮相交的情况。一般来说,分层会出现在终止层和连续层的界面处。然而,层间应力也会出现在阶梯层的边缘附近,并且它们也可能导致分层。情况(b)是复合层中直线自由边的情况。情况(c)是参考文献[1]中简要讨论的三明治斜坡区的情况。在情况(d)中,在内部终止的铺层中构建树脂袋。传递到相邻连续层的载荷会产生层间正常应力和剪应力,从而导致分层。情况(e)是另一个自由边的情况,其中除了补强层的直边外,孔的圆形自由边也可能发生分层。

在制造过程中也会出现分层。图 4.5 给出了两种相对常见的情况。图 4.5 左侧为第一种情况,在装配过程中,机翼蒙皮和肋轮廓不匹配导致两者之间出现间隙。当拧紧紧固件以消除间隙时,紧固件孔可能会出现分层现象。

在第二种情况下,在图 4.5 的右侧,将层压板放置在凹形(阴模)模具中。特别是如果圆角半径相对较小(小于 1 cm),纤维与模具圆周方向对齐的层不易与模具形状一致。桥接发生在铺层从模具的一个壁延伸或跳到另一个壁而没有紧密贴合轮廓的地方。即使在固化过程中填充树脂,产生的间隙随着树脂的重复加载最终也会变成分层。

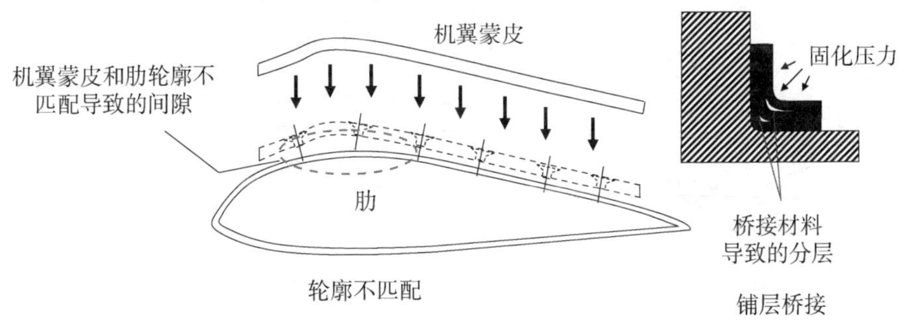

图 4.5 制造过程中的分层

造成分层的最后一个主要原因是在制造、服务或维护过程中的冲击。工具掉落、人流、跑道残骸、行李坠落和冰雹破坏是冲击损坏的一些原因,其中包括冲击位置的分层。冲击损伤将在第 5 章中详细讨论。

4.2 与检验方法和标准的关系

从前面的讨论中可以看出,复合材料结构中的分层是不可避免的。因此,设计能够在存在分层的情况下继续成功运行的结构十分重要。在这一背景下,分层大小变得非常重要。采用非破坏性检测方法可能无法检测到非常小的分层;存在这种分层的结构必须能够承受极限载荷。此外,在循环载荷下,这些分层不能扩展到可能导致载荷能力下降到极限载荷以下而影响性能的尺寸。

广义而言，可以定义门槛值和临界尺寸。门槛值反映了所选检测方法能可靠检测到的最小可能（95%～99%的检出概率）。临界尺寸是可以存在的最大尺寸，使得该结构可以满足极限载荷，并且在检测和修复之前可以持续至少两个检测间隔。两个检测间隔对应的情况如下：在一次检测期间，分层略小于门槛值而未被检测到；在一个检测间隔之后，下一次检测期间，由于某种原因，即使分层可能大于门槛值尺寸，也没有检测到分层。允许检测方法错过一次可检分层增加了结构的保守性。经过一个检测间隔后，预计将检测到并修复分层，或以其他方式处置（如按原样使用）。此阶段的分层大小不能大于临界尺寸。根据情况和设计惯例，可以对这些尺寸施加安全系数。

在上面的讨论中，既没有定义检测方法，也没有定义门槛值和临界尺寸。因为尺寸随检测方法而改变。更精细和昂贵的方法可以检测到更小的分层。图 4.6 展示了不同检测方法的最小可检尺寸的大致范围。

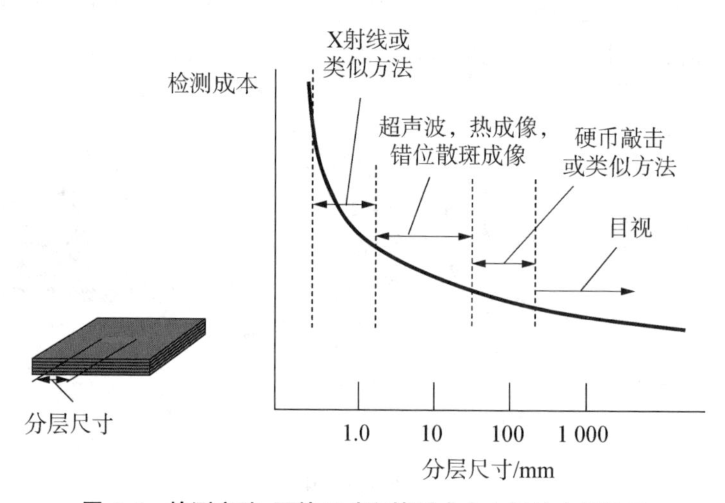

图 4.6　检测方法、可检尺寸和检测成本之间的大概关系

理想情况是通过易于使用的便携式设备在现场检测。但更准确的检测方法，如 X 射线，非常昂贵，并且不易在现场使用。通常折中考虑最小可检分层尺寸与设备的成本和易用性。其中具有代表性的是采用手持式超声波技术。这种选择使最小可检尺寸达到几毫米的范围内。扁平层板与弯曲层板相比，最小可检分层尺寸存在显著差异。扁平零件可以可靠地检测到直径为 4～6 mm 的分层。在诸如 90°角的弯曲部分，可检尺寸几乎翻倍，并且需要特殊设备引导检测探头准确跟踪部件轮廓。

除超声波检测外，还使用目视检测。当涉及分层时，目视检测只能检测到大的分层，并且只有在其中一个分层子层板与层压板分隔足够大时才会出现某种“凹凸”。在超声波检测和目视检测之间，“硬币敲击”法通常用于特定部件。该方法采用敲击锤轻轻敲击结构进行检测，对于粗略评估，敲击锤常被硬币替代，该方法因此得名。敲击声音变化表明存在分层。经验丰富的检测员可以检测直径小至 2 cm 的分层。但是，这种方法的可靠性和准确性并不高。在设计和分析方法必须与选定的检测和修理技术相互作用的情况下，分层是一个很好的例子。分析方法必须能够预测在给定的负载下，门槛值大小的分层是否会增长。如果分层增长，则分析方法必须能够确定该增长是否稳定，并在此基础上确定临界尺寸。为此，还必须考虑在周期性负荷下的增长。

简而言之，设计具有分层的复合结构的程序如下：

(1) 根据以往的经验和成本考虑，选择一种检测方法，如超声波检测。

(2) 分层门槛值针对不同结构(平面与弯曲，是否有粘连等)确定。尺寸可能对所有类型的零件不是单一的。对于超声波检测，典型尺寸在 5～8 mm 范围内。

(3) 开发分析方法，以确定在给定的静态载荷下，大小等于门槛值的分层是否会增长。

(4) 确定增长是否稳定，如果不稳定，则应确保存在门槛值大小的分层的结构能够满足极限载荷要求。

(5) 进行试验和分析(如果可以量化周期性载荷下的分层增长)(见图 4.7)。

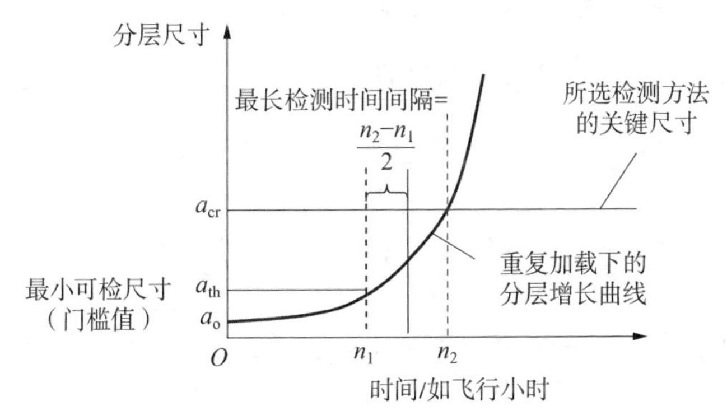

图 4.7 循环载荷下分层增长示意图

(6) 结合步骤 4 和 5 的结果来确定临界分层尺寸。

(7) 对临界分层尺寸应用附加安全系数。在极端情况下，可以将门槛值设置为等于临界分层尺寸。这意味着必须证明结构寿命内不会出现门槛值大小的分层。

(8) 证明在两个检测间隔后，大小等于门槛值的分层将不会增长到大于临界分层尺寸。建立检测间隔，以满足这一要求。

如果在检测过程中发现分层，则必须对分层进行处置。有三种可取的处置方法：

(1) 按原样使用。在这种情况下，分层小于门槛值大小，并且存在可靠的信息，即分层根本不会增长，或者缓慢增长，从而在两个检测间隔后不会超过临界分层尺寸。

(2) 美化修复。这与前面的情况类似，但是由于与安全性没有直接关系，因此这种修理不一定能恢复原始强度和刚度性能。其中一个例子是分层尺寸不影响性能，但分层处于能被乘客看见的位置，出于心理原因需要被修复的情况。

(3) 结构修理。如果分层大于门槛值，则必须修复，以恢复原始结构的强度和刚度。这是不容易的，因为在分层之间简单地注入树脂或黏合剂并不能保证它们之间的粘接与产生分层之前的键合一样好。

循环加载下的分层增长将在第 6 章进行一定程度的讲述。就目前而言，应该指出，在通常情况下，在循环载荷下分层的增长速度非常快。这意味着根据刚刚描述的方法建立检测间隔，并且测试数据的趋势与图 4.7 中的趋势相似，可能会导致检测间隔很短。此外，确定模型参数(如模式Ⅱ中的临界能量释放率)所需的这些测试和测试相关的试验发散性很大，需要大型数据库来建立可靠的检测间隔。最后，分析方法本身(参见后面的章节)仍在开发中，并且除了最简单的结构形式，在许多情况下分析方法还不够先进，不能提供可靠的预测结果。出于这些原因，并没有首选的增长方法用于证明门槛值大小的分层在结构寿命中不增长，所述分层被适当调整以包含安全因素并能对试验发散性进行解释。

4.3 构建存在分层的不同结构细节模型

分析方法认可将分层的层压板分成两个子层压板，并试图确定每个子层压板的结构响应以及两者在分层可能增长的界面处的相互作用。为了更精确地建模，应该对两个子层压板之间的薄树脂层进行建模。在面内加载下，采用两个子层压板中的局部应力和应变来确定一个或两个子层压板是否会弯曲及分层是否会增大。在平面外载荷下，断裂力学方法主要用于量化分层增长。这些例子将在随后的章节中给出。

4.3.1 通宽分层的屈曲

分层如何影响结构性能？这是矩形复合材料层压板中的通宽分层的一维问题，如图 4.8 所示。

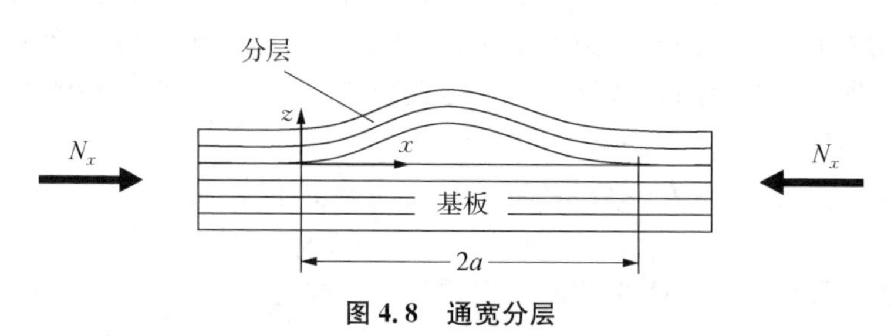

图 4.8 通宽分层

在这种情况下，分层在垂直于载荷的方向上从层压板的一个边缘延伸到另一个边缘。单位宽度的层压板承受的压缩载荷为 N_x，并且分层将层压板分成相对薄的剥离层和厚基层。这是一种“薄膜”分层，在基板扣紧之前会出现早期弯曲。Kardomateas 和 Schmueser [2] 研究了两个剥离子层板厚度相当的情况。

假定分层在分层方向上很长从而没有依赖性；因此，$\partial/\partial y=0$。然后将单位宽度 N_x 的施加载荷分成 $(N_x)_d$（分层上的载荷）和 $(N_x)_s$（基板上的载荷），如图 4.9 所示，则有

$$N_x=(N_x)_s+(N_x)_d \tag{4.1}$$

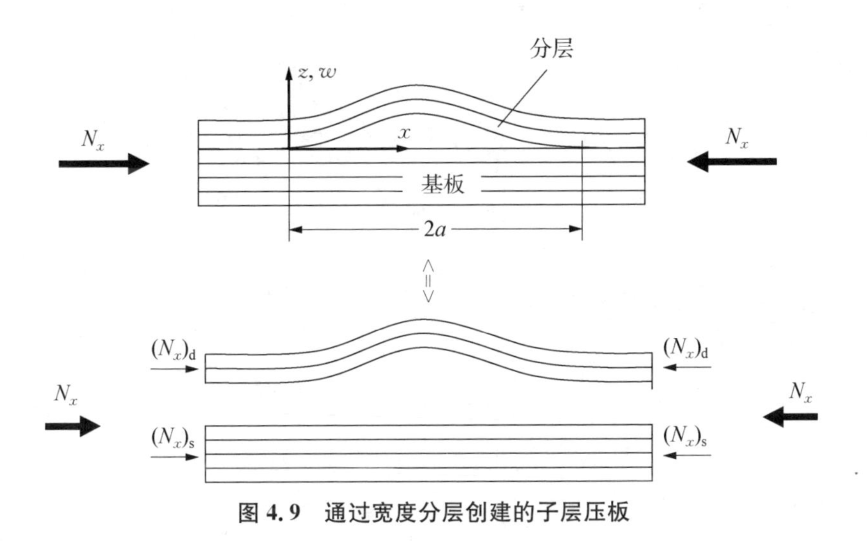

图 4.9 通过宽度分层创建的子层压板

参考图 4.9 上面的坐标系，假设分层的边缘简支，分层的面外位移 w 可写为

$$w=w_0\sin\frac{\pi x}{2a} \tag{4.2}$$

式中，$2a$ 为分层长度；w_0 为 w 的未知幅度。

需要注意的是，对于复合材料层压板中的典型分层，边界条件更接近固支。简支边界条件的应用是保守的。

通常，分层是不对称的，因此其 $\boldsymbol{B}$ 矩阵将不为零。考虑分层中不对称铺层的近似方式是对于层压板采用带有上划线的缩减 $\boldsymbol{D}$ 矩阵来表示：

$$(\overline{D_{ij}})_d=(D_{ij})_d-(B_{ij})_d(A_{ij})_d^{-1}(B_{ij})_d \tag{4.3}$$

式中，下标 $ij\,(i,j=1,2,6)$ 表示对应矩阵的条目。对于 $\boldsymbol{B}$ 矩阵不为零的普通层板，缩减 $\boldsymbol{D}$ 矩阵的逆矩阵将层压板曲率与弯矩关联起来[3]。

对于一阶问题，图 2.9 中的分层不会影响层压板的性能，直到其屈曲。这对于

对称的子层压板是有效的，但对于不对称的子层压板仅仅是近似考虑。在后一种情况下，即使小的压缩载荷也会导致分层屈曲前先发生弯曲或扭曲。

因此，分层的屈曲载荷可以近似用作设计载荷，其与分层边缘的简支边界条件相结合，使得保守设计成为可能。采用能量最小化来确定分离子层压板的屈曲载荷，减去做功后所储存的能量由下式给出：

$$\Pi_{\mathrm{p}}=\frac{1}{2}\int_{0}^{2a}\int_{0}^{b}(\overline{D_{11}})_{\mathrm{d}}\left(\frac{\partial^{2}w}{\partial x^{2}}\right)^{2}\mathrm{d}x\,\mathrm{d}y+\frac{1}{2}\int_{0}^{2a}\int_{0}^{b}(N_{x})_{\mathrm{d}}\left(\frac{\partial w}{\partial x}\right)^{2}\mathrm{d}x\,\mathrm{d}y \tag{4.4}$$

式中，$(N_x)_{\mathrm{d}}$ 为分层上施加的载荷(见图 4.9)。

由于假设 $\partial/\partial y=0$，问题已成为一个一维问题。用式(4.2)代替式(4.4)可以评估两个积分：

$$\int_{0}^{2a}\left(\frac{\partial^{2}w}{\partial x^{2}}\right)^{2}\mathrm{d}x=\frac{w_{0}^{2}\pi^{4}}{16a^{3}} \tag{4.5}$$

$$\int_{0}^{2a}\left(\frac{\partial w}{\partial x}\right)^{2}\mathrm{d}x=\frac{w_{0}^{2}\pi^{2}}{4a} \tag{4.6}$$

这反过来推导出以下能量表达：

$$\Pi_{\mathrm{p}}=\frac{1}{2}(\overline{D_{11}})_{\mathrm{d}}\,\frac{w_{0}^{2}\pi^{4}b}{16a^{3}}+\frac{1}{2}(-N_{x\,\mathrm{buck}})_{\mathrm{d}}\,\frac{w_{0}^{2}\pi^{2}b}{4a} \tag{4.7}$$

为方便起见，用$(-N_{x\,\mathrm{buck}})_{\mathrm{d}}$ 代替$(N_x)_{\mathrm{d}}$。$(N_{x\mathrm{buck}})_{\mathrm{d}}$ 为正意味着压缩。为了使能量最小化，式(4.7)的右边对 w_0 求导，其结果等于零：

$$\frac{\partial\Pi_{\mathrm{p}}}{\partial w_{0}}=0\Rightarrow\frac{2w_{0}\pi^{2}b}{4a}\left[\frac{\pi^{2}}{4a^{2}}(\overline{D_{11}})_{\mathrm{d}}-(N_{x\,\mathrm{buck}})_{\mathrm{d}}\right]=0 \tag{4.8}$$

求解式(4.8)获得分层的屈曲载荷，假设 $w_0\neq 0$(非平凡解)，得到

$$(N_{x\,\mathrm{buck}})_{\mathrm{d}}=\frac{\pi^{2}}{4a^{2}}(\overline{D_{11}})_{\mathrm{d}} \tag{4.9}$$

式(4.9)与简支梁单位宽度上的屈曲载荷有很多相似之处：

$$N_{x\mathrm{crit}}=\frac{\pi^{2}EI}{bL^{2}} \tag{4.10}$$

如果分层的长度 $2a$ 等于梁的长度 L，并且设单位宽度的弯曲刚度 $(\overline{D_{11}})_{\mathrm{d}}$ 为 EI/b，其中 b 是垂直于图 4.9 中的页面的梁宽度，则两个表达式相同。因此，式(4.9)的结果可以从梁的屈曲理论中预测得到。

值得注意的是，式(4.9)只给出了会引起分层失稳的局部载荷。该载荷必须与

施加到整个层压板的载荷 N_x 相关。

看图 4.9 的底部，由应变兼容性得到

$$\varepsilon_x = (\varepsilon_x)_d = (\varepsilon_x)_s \tag{4.11}$$

式(4.11)指出，在分层边缘，整个层压板的轴向应变等于分层和基板中的相应应变。这些应变可能与施加的压缩载荷有关：

$$\begin{aligned}(\varepsilon_x)_d &= (\alpha_{11})_d (N_x)_d \\ (\varepsilon_x)_s &= (\alpha_{11})_s (N_x)_s\end{aligned} \tag{4.12}$$

式中，α_{11} 为整个 ***ABD*** 矩阵的倒数第 11 项。只有当 ***B*** 矩阵为零（分层或基板对称）时，α_{11} 才等于 **A** 矩阵的逆的 a_{11}。

为了将 $(N_x)_d$ 和 $(N_x)_s$ 与 N_x 联系起来，将式(4.11)、式(4.12)与式(4.1)结合，得到

$$(N_x)_s = \frac{(\alpha_{11})_d}{(\alpha_{11})_s}(N_x)_d \tag{4.13}$$

和

$$(N_x)_s = \frac{(\alpha_{11})_s}{(\alpha_{11})_s + (\alpha_{11})_d} N_x \tag{4.14}$$

最后，结合式(4.14)和式(4.9)，并且认识到屈曲时 $(N_x)_d$ 的大小等于分层的屈曲载荷 $(N_{x\,\mathrm{buck}})$ 时，给出的载荷 N_x 会导致分离层发生弯曲：

$$N_{x\,\mathrm{buck}} = \frac{(\alpha_{11})_s + (\alpha_{11})_d}{(\alpha_{11})_s} \frac{\pi^2}{4a^2} (\overline{D_{11}})_d \tag{4.15}$$

用一个例子来看式(4.15)与复合层压板中其他失效模式的关系。准各向同性 $[45/-45/0/90]_S$ 层压板采用如表 4.1 所示的基本材料特性。

表 4.1 基本材料特性

性能	值
E_x/GPa	131.0
E_y/GPa	11.37
G_{xy}/GPa	5.17
ν_{xy}	0.29
t_{ply}/mm	0.305

如图 4.10 所示，层压板在压缩状态下加载通宽分层。分层在厚度方向上的位

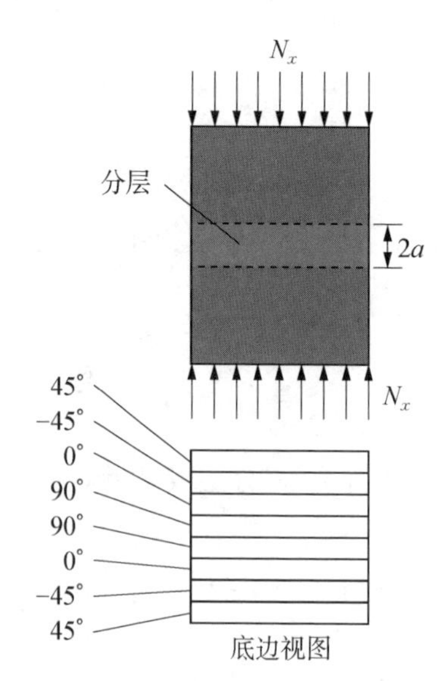

图 4.10 压缩载荷下带有通宽分层的准各向同性层压板

置是未知的。

如果分层在厚度方向上的位置是未知的，则必须检查所有可能的位置。由于这是一个对称的层压板，因此只需检查前四层板每层界面是否有分层。这意味着要确定导致分层屈曲的载荷 N_x，如果分层不存在，则将其与最关键的失效载荷进行比较。简单起见，假定层压板尺寸相对较小并且层压板的整体屈曲载荷高于与材料失效所对应的载荷。保守地说，材料失效被认为对应于 4 500 微应变截止值[4]。

式(4.15)用于确定导致分层屈曲的 N_x 值，作为分层长度和厚度方向位置的函数。

结果如图 4.11 所示。需要注意的是，对于在中性面分层的情况，分层和基板是相同的，因此两者会同时弯曲。

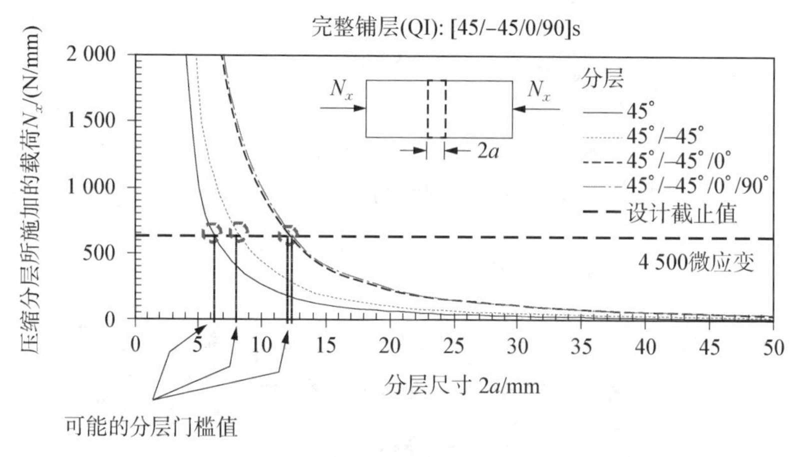

图 4.11 分层的屈曲载荷与材料失效对比图

对于分层的每个厚度方向的位置，图 4.11 中显示了不同的曲线。显然，随着分层尺寸的增加，分层的屈曲载荷降低。随着分层位置向层压板更深处移动，分层变得更厚并且因此更硬，分层的屈曲载荷增加。对应于第三层界面(分层 45°/−45°/0°)和中性面(分层是层压板一半)的分层曲线几乎是相同的。原因在于，第三层和第四层界面之间是 90°铺层，刚度非常小，其厚度几乎不增加三层分层的等效厚度。因此，在这种特殊情况下，从三层到四层的分层的刚度增加可以忽略不计，并且两条屈曲曲线彼此非常接近。这里应该注意的是，在该层压板的中性面上发生分层是不太可能的，因为与中性面相邻的两层是相同的，并且它们之间没有纯树脂层，或者其厚度很小并且不能视为不同方向铺层之间的定义。因此，除非在制造过程中，在两个 90°层之间留下一些异物（如剥离层），否则不可能发生分层。

材料强度曲线是图 4.11 中的水平线，与分层尺寸无关。材料强度曲线与屈曲曲线的交点确定了设计中重要的分层尺寸。所选的检测方法必须能够可靠地检测这些尺寸。最小尺寸略大于 6 mm，对应于第一层界面处的分层。如 4.2 节所述，当使用超声波检测方法时，这恰好处于可靠检测的分层尺寸范围内。如果这个尺寸明显更小，为 1～2 mm，那么超声波检测方法可能无法可靠地检测到它。在这种情况下，必须证明在第一层界面上出现分层的层压板等于最小可靠检测值（4～6 mm），将达到极限载荷。如果无法实现，则必须改变检测方法或设计。

一般来说，安全系数可以用于图 4.11 的分层尺寸。假定分层大于这些尺寸，那么可以设计层压板。使用的安全系数（如果有的话）取决于结构的关键性和应用的类型。

如前所述，本例中的结果是近似的。对于大多数分层位置，分层是不对称的，除了使用式(4.3)中缩减的弯曲刚度矩阵之外，分层没有明确说明。此外，基板也是不对称的，并且对于厚的分离层，它可能在分层失稳之前不再保持直线，因此与先前推导的基本假设不符。此外，分层的加载边缘被认为是简支的，这是保守的。关于这个问题更详细的处理可以在参考文献[5]中找到。

4.3.2　椭圆分层的屈曲

上一节中的讨论集中在一个实践中不常遇到的简单例子。然而，完全嵌入式分层更为常见。特别是由于冲击或疲劳载荷在使用期间产生的分层被包含在结构中，并倾向于具有椭圆形状。即使形状不是椭圆形的，保守起见，仍可以采用椭圆分层来模拟结构中出现的实际分层，该椭圆分层大小能完全覆盖实际分层。这种情况可以从图 4.12 所示的压缩载荷下嵌入层压板中的椭圆分层得到直观认识。

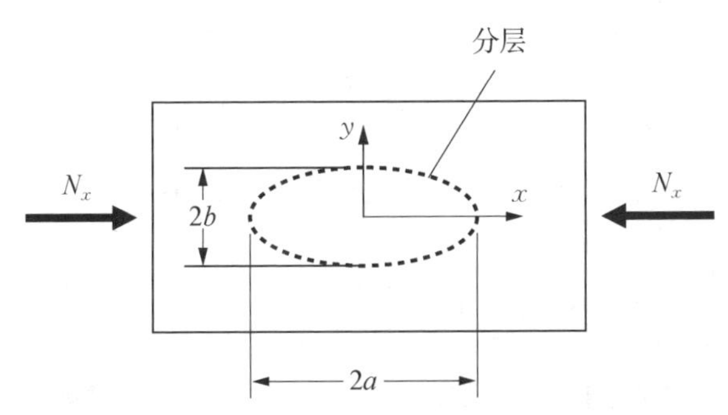

图 4.12　压缩载荷下嵌入层压板中的椭圆分层

此外，如在通宽分层的情况下，假设分层具有比基板更低的刚度，分层首先出现屈曲。这里的讨论遵循 Chai 和 Babcock [6]以及 Kassapoglou 和 Hammer [7]的方法。

椭圆分层具有长轴 $2a$（平行于 x 轴）和短轴 $2b$。分层边缘的确切边界条件未知。测试结果显示分层的边缘相比简支更接近于固支。对于一个保守的分析，分层的边界可以被视为简支。

通过瑞利-里兹方法获得分层的屈曲载荷。假定分层的面外位移为幂级数，并且分层的能量关于未知系数 w 被最小化。

对于简支的分层边界，可以使用以下表达式：

$$w=\left(1-\frac{x^2}{a^2}-\frac{y^2}{b^2}\right)(w_{00}+w_{10}x^2+w_{01}y^2+w_{11}x^4+\cdots) \tag{4.16}$$

第一个括号中是分别具有半主轴 a 和半副轴 b 的椭圆方程。因此，在满足简支边界条件的分层边界上 w 为零。

对于固支的分层边界，相应的表达式为

$$w=\left(1-\frac{x^2}{a^2}-\frac{y^2}{b^2}\right)^2(w_{00}+w_{02}x^2+w_{20}y^2+w_{40}x^4+\cdots) \tag{4.17}$$

在这种情况下，右侧括号中的第一项是平方项，保证边界上的挠度和斜率均为零，符合固支的边界条件。未知数 w_{00}、w_{10}、w_{01} 等通过能量最小化决定。

在这些简单的形式中，x 和 y 在式(4.16)和式(4.17)中没有奇数幂。这意味着分层的屈曲形状被假定为相对于 x 轴和 y 轴对称。如果分层的 D_{16} 和 D_{26} 项可忽略不计，则将是一个有效的假设。式(4.16)和式(4.17)右边第二个括号中的系列的项数取决于所要求的准确度水平。在通常情况下，前 5 项就能给出令人满意的准确度，当使用更多项时，以及当分层纵横比满足 $0.5<a/b<2$ 时，解答误差最大也在 10%以内。最小化能量表达式为[8]

$$\Pi_c=\frac{1}{2}\iint\left[\begin{aligned}&D_{11}\left(\frac{\partial^2 w}{\partial x^2}\right)^2+2D_{12}\frac{\partial^2 w}{\partial x^2}\frac{\partial^2 w}{\partial y^2}+D_{22}\left(\frac{\partial^2 w}{\partial y^2}\right)^2+\\&4D_{66}\left(\frac{\partial^2 w}{\partial x\,\partial y}\right)^2+4D_{16}\frac{\partial^2 w}{\partial x^2}\frac{\partial^2 w}{\partial x\,\partial y}+4D_{26}\frac{\partial^2 w}{\partial y^2}\frac{\partial^2 w}{\partial x\,\partial y}\end{aligned}\right]\mathrm{d}x\,\mathrm{d}y+$$

$$\frac{1}{2}\iint N_x\left(\frac{\partial w}{\partial x}\right)^2\mathrm{d}x\,\mathrm{d}y+\frac{1}{2}\iint N_y\left(\frac{\partial w}{\partial y}\right)^2\mathrm{d}x\,\mathrm{d}y+\iint N_{xy}\frac{\partial w}{\partial x}\frac{\partial w}{\partial y}\mathrm{d}x\,\mathrm{d}y \tag{4.18}$$

需要注意的是，式(4.18)表示 N_x、N_y 和 N_{xy} 均为非零的一般面内加载。此外，可以对具有非零 D_{16} 和 D_{26} 的层压板进行建模。

采用式(4.16)或式(4.17)，取决于所选择的边界条件，替换式(4.18)，进行积分，对未知量 w_{00}、w_{10} 等进行微分，并将导数设置为零，得到如下广义特征值问题的形式：

$$\boldsymbol{C}\{x\}=\lambda \boldsymbol{F}\boldsymbol{x} \tag{4.19}$$

式中，$\boldsymbol{C}$ 为包括$\boldsymbol{D}$ 矩阵的式(4.18)进行积分得到的矩阵；$\boldsymbol{x}$ 为未知系数的特征向量：

$$\boldsymbol{x}^{\mathrm{T}}=\{w_{00}\quad w_{02}\quad w_{20}\quad w_{40}\quad w_{22}\cdots\}$$

$\boldsymbol{F}$ 为涉及几何和 N_x、N_y 和 N_{xy} 的相对大小等问题的矩阵。

需要注意到，由于积分具有椭圆边界的限制，因此使用高斯积分在数值上执行积分是有利的。在 Cairns 之后[9]，这里使用了一个 21×21 点的高斯积分，它将精确地整合任何多项式到 10 阶。这意味着，如果在式(4.17)中使用高于 10 的阶数，则应该使用更多的高斯积分点。

式(4.19)的最小特征值 λ 给出了屈曲载荷。对于一般情况，其中 N_y 和 N_{xy} 非零，则载荷向量$\{N_x\quad N_y\quad N_{xy}\}^{\mathrm{T}}$ 的所有条目都乘以 λ。

举一个例子，考虑与前一部分相同的层压板，但是这次不是通宽分层，而是存在嵌入式椭圆分层。分层的纵横比 $a/b=1.25$。分层被连续地放置在每个层界面中，并且将载荷 N_x 施加到整个层压板以引起分层屈曲，N_x 通过刚刚描述的方法确定。对于这个例子，未知数是式(4.17)中的 w_{00}、w_{20}、w_{02}、w_{11} 和 w_{22}。结果如图 4.13 所示。

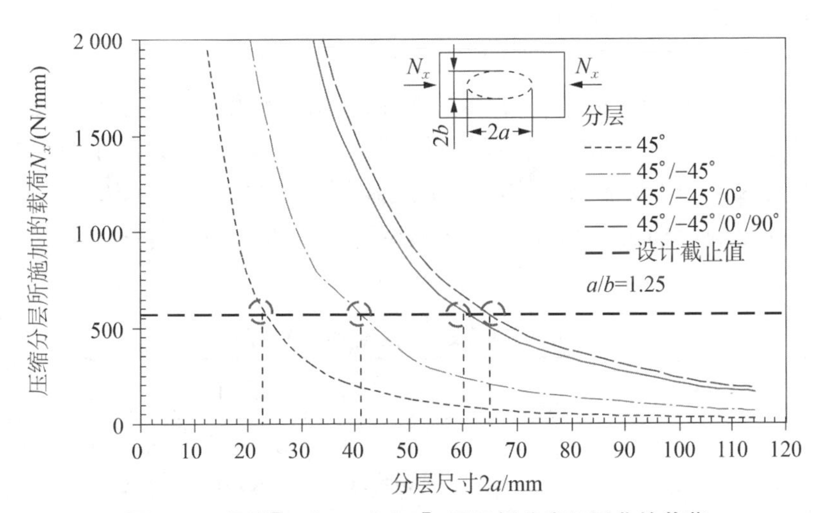

图 4.13 导致$[45/-45/0/90]_S$ 层压板分离层屈曲的载荷

可以将该图中的结果与图 4.11 中的结果进行比较。应该指出的是，尽管设计截止值相同，即 4 500 微应变，但两个图中的截止载荷稍微不同。原因是图 4.11 中

的结果适用于一维情况，其中

$$N_x = A_{11}\varepsilon_x$$

而在图 4.13 中它们相当于存在泊松效应的二维情况如下：

$$N_x = \left(A_{11} - \frac{A_{12}^2}{A_{22}}\right)\varepsilon_x$$

正如所预期的那样，图 4.13 中椭圆分层的分层尺寸门槛值明显大于图 4.11 中的门槛值。造成这种情况的原因有两个：①椭圆分层假定为固支，而通宽分层假定为简支；②二维椭圆分层在其边界附近受到约束，并具有比沿两个未加载边缘无约束的分层更高的屈曲载荷。

下面是预测值与测试结果的比较。基于薄膜理论的假设，即分层的屈曲载荷远低于基板的屈曲载荷，夹层试样由 19 mm(0.75 in)厚的蜂窝板和各向铺层构成，如表 4.2 所示。试样长 533.4 mm，宽 152.4 mm。取下试样两端的芯部，并用实心铝块(每边长 152.4 mm)代替，以便在夹紧和引入载荷的过程中不会压碎芯部。使用两种不同的分层尺寸：25.4 mm×19.05 mm 和 57.15 mm×50.18 mm，最长边与载荷方向和叠层的 0°方向对齐。分层位于芯部旁边的第一层及其附近。对于夹紧的分层边缘，使用式(4.17)可获得解析预测值，在有关 w 的表达式中具有以下未知数：w_{00}、w_{20}、w_{11}、w_{02} 和 w_{22}。在分层边缘处使用应变相容性条件以将分层的屈曲载荷与夹层上的总施加载荷相联系。

将测试结果与表 4.3 中的分析预测进行比较。有趣的是，两个较大尺寸的分层的预测值均低于测试结果。而对于其他剩余的情况，预测值均高于测试结果，这是意料之中的，因为此处使用的模型仅使用了 5 个未知数，并且应该比测试试样更硬。无论它们是保守的还是非保守的，预测值与测试结果的误差都在 12%以内。这表明本节中提出的屈曲分析可用于在平面载荷下具有分层的平板层压板的初步设计。

表 4.2　夹层结构试验件的面板铺层

样件名称	面板铺层
2	5HS(45°)/T0/W(0°)/T0/5HS(45°)
5	W(45°)/T0/5HS(45°)/T0/W(45°)
6	W(45°)/T0/W(45°)/T0/W(45°)
21	W(45°)/W(45°)/W(45°)/W(45°)

注：0°方向沿着载荷方向；“5HS”表示五缎纹织物，单层厚度为 0.368 3 mm；“T”表示单向带，单层厚度为 0.139 7 mm；“W”表示平纹织物，单层厚度为 0.228 6 mm。

表 4.3　分层屈曲预测值与测试结果的对比

板	测试结果/(N/mm)	预测值/(N/mm)	误差/%
25.4 mm×19.05 mm 分层			
2	379.5	421.7	10
5	414	429.6	3.6
6	422	433.9	2.7
57.15 mm×50.8 mm 分层			
2	305.2	294.2	−3.7
5	316.6	303	−4.5
6	379.7	402.8	5.7
21	269	305.6	12

4.3.3　应用——在混合载荷下椭圆分层的屈曲

考虑[45/−45/0/90/A]层压板的情况。如图 4.14 所示，其中 A 是任一叠层的刚性子层压板，只需满足整个层压板的对称条件。椭圆分层位于第四层界面处，低于 90°层。这里假设分层边界被夹紧。长度 $2a$ 和宽度 $2b$ 分别设为 25 mm 和 20 mm，较长的一边与载荷 N_x 平行，坐标系与图 4.12 相同。随后按照式(4.17)～式(4.19)所述进行求解。但由于式(4.3)中缩减 $\boldsymbol{D}$ 矩阵中 D_{16} 和 D_{26} 的存在，因此式(4.17)现在包括 x 和 y 的奇次幂：

$$w=\left(1-\frac{x^2}{a^2}-\frac{y^2}{b^2}\right)^2(w_{00}+w_{10}x+w_{01}y+w_{20}x^2+w_{02}y^2)\qquad(4.17a)$$

由于可能存在弯-扭耦合效应，因此或许会出现不对称的屈曲模式。

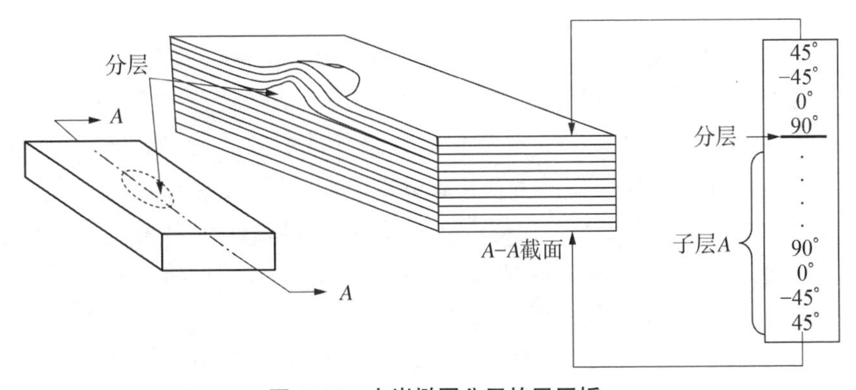

图 4.14　内嵌椭圆分层的层压板

对于典型的碳纤维/环氧树脂材料，子分层[45/－45/0/90]铺层状态中典型的缩减 **D** 矩阵参数如下：

D_{11}＝2 505 N·mm
D_{12}＝1 891 N·mm
D_{16}＝550 N·mm
D_{22}＝5 142 N·mm
D_{26}＝768 N·mm
D_{66}＝966 N·mm

求解式(4.19)的特征值问题，结果如图 4.15 所示，对应于双轴压缩剪切混合载荷作用下的情况。图 4.15 中的每条曲线都对应于不同的剪切载荷 N_{xy}，并定义了 N_x 和 N_y 载荷的组合形式，对应于使得子分层屈曲的某一 N_{xy} 值。

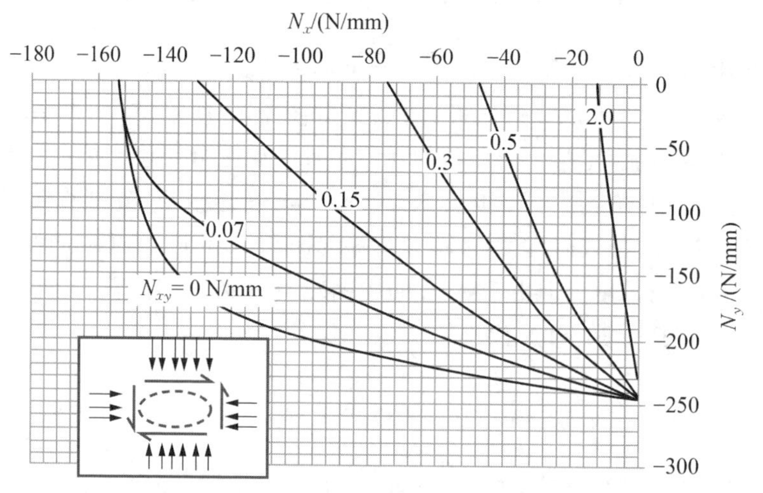

图 4.15　含椭圆分层的子层在面内混合载荷下的屈曲曲线

在给定曲线中加载组合，越接近原点，越不会导致屈曲。而在给定曲线的靠外部分，远离原点的载荷组合对应于已经屈曲的子层。值得注意的是，N_{xy} 的小幅增加，如从 0 N/mm 增加到 2.0 N/mm，可以大幅降低屈曲载荷，如可分别观察到将 N_{xy}＝ 2.0 N/mm 的曲线和 N_{xy}＝ 0 N/mm 的曲线与原点的接近程度。此外，在此处的特定测定配置下，增加 N_{xy} 使得 N_x 负载能力比起 N_y 负载能力下降更多：在检测的 N_{xy} 值范围内，N_x 从 156 N/mm 降至 12 N/mm，而在相同的 N_{xy} 范围内，N_x 仅从 250 N/mm 下降至 230 N/mm。

最后需要注意的是，图 4.15 中的屈曲载荷并不对应于整体层压板载荷。为了将它们转化为层压板载荷，必须使用特定的子层压板 A 和类似于式(4.12)的兼容关系，确保分层的子层压板和基板沿分层的边界具有相同的应变。

4.3.4 层压板自由直边界处的起始分层

正如本章开头所提到的，由于泊松比不匹配或耦合因子的影响，复合材料层压板的自由边界处将产生层间应力。在载荷足够高的情况下，这些应力就会导致分层现象，如图 4.16 所示。

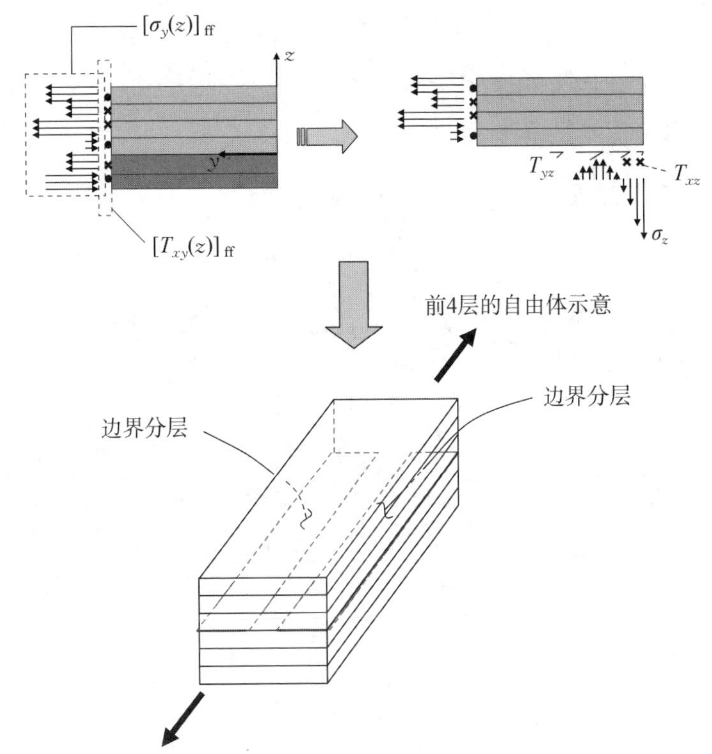

图 4.16　层压板在拉伸载荷下自由边界的分层扩展

解决这个问题的最佳方案是确定图 4.16 中边界分层扩展的控制参量，即应变能释放率 G。在弹性体的虚拟裂纹生长过程中，应变能释放率（或裂纹驱动力）G 等于应变能 U 的衰减率[10]。

假设分层经过成核阶段，则可以用面积 A 来量化它。此外，我们假设图 4.16 中的层压板是线弹性的，且无体力作用。通常分为两种情况：一种是施加位移，另一种是施加载荷（混合位移和载荷的情况将在后文做简要讨论）。如果图 4.16 中的拉伸载荷是施加均匀位移的结果，那么应变能 U 可以视为仅依赖于在施加位移情况下，面积 A 和内部位移 u_i 引起的分层。在这种情况下，应变能 U 的增量变化可表示为

$$dU = -\left(\frac{\partial U}{\partial A}\right)_{u_i} dA + \left(\frac{\partial U}{\partial u_i}\right)_A du_i \tag{4.20}$$

dU 也是应变能 U 的总差分。注意右侧第一项中的负号，因为随着分层区域 A 的增大，应变能 U 相应减小。等式右边的下标“u_i”和“A”表示这些量保持不变。将应变能释放率 G 定义为式(4.20)右侧乘以 dA：

$$G = -\left(\frac{\partial U}{\partial A}\right)_{u_i} \tag{4.21}$$

与式(4.21)不同，有时用层压板的余能 U_p 来表示 G 会更方便。这种情况下，通常施加的是载荷而不是位移，如图 4.16 所示。

层压板中的余能 U_p 定义为

$$U_p = \frac{1}{2}\int_{A_\sigma} \sigma_i u_i dA_\sigma \tag{4.22}$$

式中，σ_i 为界面 A_σ 上的预设(受控)应力(或载荷)；u_i 为由这些应力产生的相应位移。请注意，这里忽略了可以包含在式(4.22)中的体力。

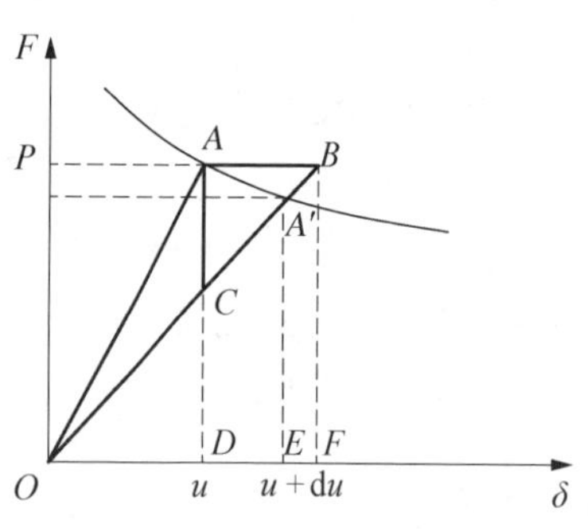

图 4.17 分层扩展过程中力和位移的关系

对于线性系统，当层压板处于平衡状态时，内部应变能并不等于余能 U_p。然而，虽然分层扩展意味着内部应变能 U 的减小，但它同时代表着余能 U_p 的增加。这可以从图 4.17 中得到印证，为简单起见，这里用力 F 而不是应力对应每一个位移 δ。

随着分层的面积从 A 增大到$(A+dA)$，载荷 F 将成为 δ 的一个函数，其曲线如图 4.17 所示。负载从对应于点 A 的原始值 P 减小到对应于点 A' 的较低值。$F(\delta)$ 的实际关系通常是未知的。此处有两种极端情况：一种是载荷 P 恒定，如 AB 段所示；另一种是位移恒定，如 AC 段所示。

通常，应变能的变化是 $OAA'O$ 的面积。由于 AA' 的形状未知，因此在极限情况下，当 du 趋于零时，它可以通过三角形 OAC 的面积(恒定位移)或三角形 OAB(恒定载荷 P)的面积近似得到。考虑后一种情况，分层扩展前的余能可由下式给出：

$$U_p = \int_0^{F(u)} \delta dF(\delta) = \text{Area}(OAD) = \frac{1}{2}Pu \tag{4.23}$$

当分层增大到$(A+dA)$时，位移大小也从 u 增大到了$(u+du)$，此时的余能可由下式表示：

$$U_p(u+du) = \int_0^{F(u+du)} \delta dF(\delta) = \text{Area}(OA'E) \tag{4.24}$$

当 $\mathrm{d}u$ 趋于零时，A'点和 B 点将重合，此时三角形 $OA'E$ 的面积与三角形 OBF 的面积相等，则式(4.24)可以改写为

$$U_{\mathrm{p}}(u+\mathrm{d}u)=\mathrm{Area}(OBE)=\frac{1}{2}(u+\mathrm{d}u)P \tag{4.25}$$

利用式(4.24)和式(4.25)，当分层区域由 A 增大到$(A+\mathrm{d}A)$时，余能的变化量可表示为

$$\mathrm{d}U_{\mathrm{p}}=U_{\mathrm{p}}(u+\mathrm{d}u)-U_{\mathrm{p}}(u)=\frac{1}{2}P\,\mathrm{d}u \tag{4.26}$$

式(4.26)在恒定载荷 P 下是有效的。显然，从式(4.26)可以看出，随着分层的扩展，余能也会增大。如上所述，由于内部应变能等于余能，以及余能的变化对于给定的分层面积增加有正向影响，因此可以利用式(4.21)得出：

$$G=\left(\frac{\partial U_{\mathrm{p}}}{\partial A}\right)_{\mathrm{p}} \tag{4.27}$$

因此，恒定载荷作用下的应变能释放率可由式(4.27)计算得到。

值得注意的是，一般情况下位移和应力可能会在结构的不同边界部分施加，因此将式(4.21)以及式(4.27)进行推广可得

$$G=-\frac{\partial \Pi}{\partial A} \tag{4.28}$$

式中，

$$\Pi=U-\int_{A_s}\sigma_i u_i\,\mathrm{d}A_s \tag{4.29}$$

应变能释放率 G 是一个标量，它包含了所有三种加载模式(模式Ⅰ、Ⅱ和Ⅲ)产生单位面积分层所需的能量，如图 4.18 所示。对于给定的加载组合，即三种模式的

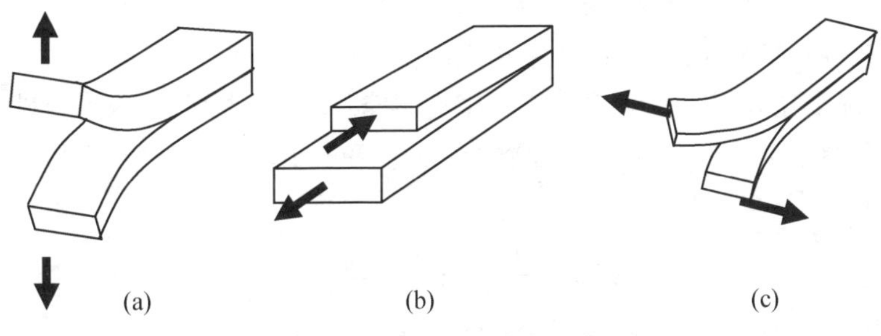

图 4.18 加载分层的三种模式

(a) 张开 (b) 挤开 (c) 撕开

任何混合，存在 G 的临界值，由 G_c 表示，其将导致给定分层的扩展。扩展条件为

$$G = G_c \tag{4.30}$$

或者，如果各个模式是单独作用的，则式(4.30)可写为如下形式：

$$\begin{aligned} G &= G_{\mathrm{Ic}} \\ G &= G_{\mathrm{IIc}} \\ G &= G_{\mathrm{IIIc}} \end{aligned} \tag{4.31a - c}$$

式中，G_{Ic}、G_{IIc}、G_{IIIc} 的大小都需要通过试验确定。

回到当前的问题，我们的目标是计算边界分层层压板的能量释放率，以便将其与临界能量释放率进行比较并确定分层扩展时的载荷大小。这种方法是由 O'Brien [11]开创的。将层压板分为不同的区域，如图 4.19 所示。

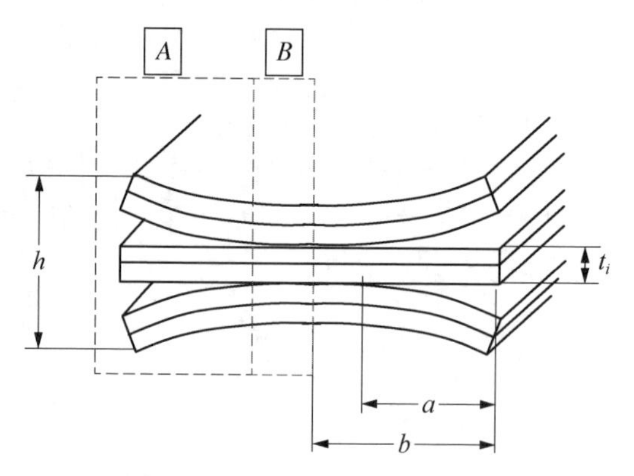

图 4.19 根据分层的发生将受拉伸层压板分区

假设层压板是对称的，如果在中间平面上方的层压板界面处出现分层，那么它也将在中间平面下方和相对边界处的相应层压板界面处对称地出现。因此，通常会产生 4 个边界分层，如图 4.19 所示。每个分层长度均为 a。分层将层压板分成几个子层。第二层层压板的厚度为 t_i。整个层压板的宽度为 $2b$，厚度为 h。区域 A 是层压板中包含一半分层的区域，B 是相应的内部区域，如图 4.19 所示。

首先，确定在分层存在的情况下层压板的等效刚度。轴向应变相容性要求层压板任何部分的膜刚度 EA（杨氏模量乘以横截面积）都等于其各个成分的 EA 值的总和[12]。因此，对于整个层压板有

$$(EA)_{\mathrm{eq}} = 2(EA)_A + 2(EA)_B \tag{4.32}$$

式中，下标 eq 表示整个层压板的等效膜刚度，而因子 2 表示图 4.19 中的两个层压板半部(左和右)。

同理，有

$$(EA)_A = \Sigma_{i=1}^{n} E_i t_i a \Rightarrow E_A a h = \Sigma_{i=1}^{n} E_i t_i a \tag{4.33}$$

式中，EA 为层压板分层部分的整体轴向刚度。

$$(EA)_B = E_{LAM}(b-a)h \tag{4.34}$$

式中，E_{LAM} 代表层压板未分层部分的刚度。

与此同时，有

$$(EA)_{eq} = E_{eq} 2bh \tag{4.35}$$

联立式(4.32)～式(4.35)即可得到整个层压板的等效刚度 E_{eq}：

$$E_{eq} 2bh = 2\Sigma_{i=1}^{n} E_i t_i a + 2E_{LAM}(b-a)h \Rightarrow E_{eq} = E_{LAM} + \left(\frac{\Sigma_{i=1}^{n} E_i t_i}{h} - E_{LAM}\right)\frac{a}{b} \tag{4.36}$$

式(4.36)构成了解决当前问题的基础。它涉及分层后层压板的刚度与没有分层的层压板的刚度，以及与分层长度成比例的校正因子和由分层产生的各个子层刚度。该式可以与式(4.21)联立得到该情况的能量释放率。

通常，应变能可由下式计算：

$$U = \frac{1}{2}\iiint \sigma\varepsilon \, \mathrm{d}V \tag{4.37}$$

式中，V 代表层压板的体积。对于承受单轴拉应力 $\sigma = E\varepsilon$ 的对称层压板而言，U 可表示为

$$U = \frac{1}{2}\iiint E\varepsilon^2 \, \mathrm{d}V = \frac{1}{2}\varepsilon^2 E_{eq} V \tag{4.38}$$

层压板中轴向应变为常数，此积分变量只有 V(层压板体积)。

联立式(4.28)和式(4.21)可得

$$G = -\frac{1}{2}\varepsilon^2 2bhL \frac{\mathrm{d}E_{eq}}{\mathrm{d}A} \tag{4.39}$$

式中，L 为层压板长度；A 为分层区域面积。对于中面分层的情况，总分层区域的面积可表示为

$$A = 2aL \tag{4.40}$$

式中，2 代表层压板的左边界和右边界部分，如图 4.19 所示。若不是中面分层，则因数 2 需考虑到中面上、下区域的分层。

因此，有

$$\frac{\mathrm{d}E_{\mathrm{eq}}}{\mathrm{d}A}=\frac{1}{2L}\frac{\mathrm{d}E_{\mathrm{eq}}}{\mathrm{d}a} \tag{4.41}$$

将式(4.41)代入式(4.39)，得到能量释放率的最终表达式为

$$G=\frac{1}{2}\varepsilon^2 h\left(E_{\mathrm{LAM}}-\frac{\sum_{i=1}^{n}E_i t_i}{h}\right)\quad(\text{中面分层}) \tag{4.42a}$$

如果不是中面分层的情况，则式(4.42a)可改写为

$$G=\frac{1}{4}\varepsilon^2 h\left(E_{\mathrm{LAM}}-\frac{\sum_{i=1}^{n}E_i t_i}{h}\right)\quad(\text{非中面分层}) \tag{4.42b}$$

式(4.42a)中的 G 与分层大小无关。这意味着它应该适用于任何分层尺寸，包括没有分层的限制情况($a=0$)。通过假定 $G=G_c$(临界能量释放率)，求解式(4.42a)中引发分层的应变 ε，可确定分层开始时的载荷大小。

$$\varepsilon_{\mathrm{crit}}=\sqrt{\frac{2G_c}{h[E_{\mathrm{LAM}}-(\sum_{i=1}^{n}E_i t_i/h)]}}\quad(\text{中面分层}) \tag{4.43a}$$

或

$$\varepsilon_{\mathrm{crit}}=\sqrt{\frac{4G_c}{h[E_{\mathrm{LAM}}-(\sum_{i=1}^{n}E_i t_i/h)]}}\quad(\text{非中面分层}) \tag{4.43b}$$

O'Brien 通过与测试结果进行比较，验证了式(4.43a)预测分层起始的准确性。他在$[\pm 30/\pm 30/90/90]_S$ 层压板上进行了测试，反推该层压板中面分层开始时的临界能量释放率。然后，他使 n 在 1～3 之间变化，利用 G_c 和式(4.43a)的推导值来预测$[45_n/-45_n/0_n/90_n]_S$ 层压板中面分层的起始，结果如图 4.20 所示。理论预测结果与测试结果之间有很好的一致性。

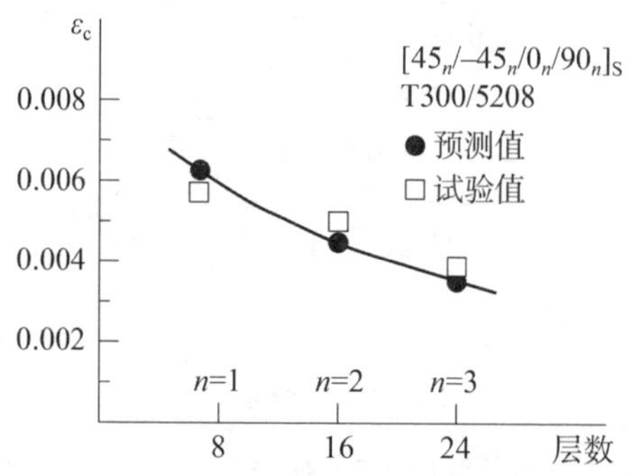

图 4.20 $[45_n/-45_n/0_n/90_n]_S$ T300/5208 层压板中面分层起始应变

这时就出现了一个问题：式(4.43a)和式(4.43b)中的 E_i 该取多大的值？在子层是对称的情况下，其轴向刚度由参考文献[12]给出：

$$E_i = \frac{1}{t_i (a_{11})_i} \tag{4.44}$$

式中，t_i 为子层厚度；$(a_{11})_i$ 为子层**A** 阵逆矩阵 11 位置处的数。

在更一般的子层为非对称结构的情况下，如果子层 $N_y = N_{xy} = M_x = M_y = M_{xy} = 0$，则 E_i 可由下式计算：

$$E_i = \frac{1}{t_i (\alpha_{11})_i} \tag{4.45}$$

这里，α_{11} 是层压板的 ***ABD*** 阵逆矩阵 11 位置处的数。子层仅 N_x 不为零的情况可能不够一般化，尤其是在子层不对称导致拉伸-弯曲耦合，以及由于拉力载荷产生非零弯矩的时候。在这种情况下，结构的实际边界条件将起到重要作用。例如，如果图 4.16 中的层压板受到外载和周围结构约束，其 $N_y = M_y = \gamma_{xy} = \kappa_x = \kappa_{xy} = 0$，则子层的本构关系将具有如下形式：

$$\begin{Bmatrix} N_x \\ 0 \\ N_{xy} \\ M_x \\ 0 \\ M_{xy} \end{Bmatrix} = \begin{bmatrix} A_{11} & A_{12} & A_{16} & B_{11} & B_{12} & B_{16} \\ A_{12} & A_{22} & A_{26} & B_{12} & B_{22} & B_{26} \\ A_{16} & A_{26} & A_{66} & B_{16} & B_{26} & B_{66} \\ B_{11} & B_{12} & B_{16} & D_{11} & D_{12} & D_{16} \\ B_{12} & B_{22} & B_{26} & D_{12} & D_{22} & D_{26} \\ B_{16} & B_{26} & B_{66} & D_{16} & D_{26} & D_{66} \end{bmatrix} \begin{Bmatrix} \varepsilon_x \\ \varepsilon_y \\ 0 \\ 0 \\ \kappa_y \\ 0 \end{Bmatrix} \tag{4.46a - f}$$

式中，ε_x 和 ε_y 代表子层中面的应变。

消去式(4.46b)和式(4.46e)中的 κ_y，即可得到关于 ε_x 和 ε_y 的关系式：

$$\varepsilon_y = \frac{B_{11} B_{22} - A_{12} D_{22}}{A_{22} D_{22} - B_{22}^2} \varepsilon_x \tag{4.47}$$

通过式(4.46b)或式(4.46e)，我们可以确定 κ_y 的大小：

$$\kappa_y = \frac{A_{12} B_{22} - A_{22} B_{12}}{A_{22} D_{22} - B_{22}^2} \varepsilon_x \tag{4.48}$$

将式(4.47)和式(4.48)代入式(4.46a)中，可得到关于 N_x 和 ε_x 的关系式：

$$N_x = \left(A_{11} + A_{12} \frac{B_{11} B_{22} - A_{12} D_{22}}{A_{22} D_{22} - B_{22}^2} + B_{12} \frac{A_{12} B_{22} - A_{22} B_{12}}{A_{22} D_{22} - B_{22}^2} \right) \varepsilon_x \tag{4.49}$$

再将式(4.40)等号两边同时除以子层厚度 t 可得

$$\frac{N_x}{t}=\sigma_x=\frac{1}{t}\left(A_{11}+A_{12}\frac{B_{11}B_{22}-A_{12}D_{22}}{A_{22}D_{22}-B_{22}^2}+B_{12}\frac{A_{12}B_{22}-A_{22}B_{12}}{A_{22}D_{22}-B_{22}^2}\right)\varepsilon_x$$

从上式中可得有关应力-应变的常比例系数，也即子层的轴向刚度：

$$E=\frac{1}{t}\left(A_{11}+A_{12}\frac{B_{11}B_{22}-A_{12}D_{22}}{A_{22}D_{22}-B_{22}^2}+B_{12}\frac{A_{12}B_{22}-A_{22}B_{12}}{A_{22}D_{22}-B_{22}^2}\right)\tag{4.50}$$

需要注意的是，式(4.50)中的所有量指的都是第 i 个子层。同理，我们可以分析其他载荷-应变组合以确定子层刚度(见参考文献[13])。

最后，关于从式(4.42a)得到的 G 与分层大小 a 无关的结论，虽然这使得我们可以确定分层载荷的起始值，但它与应变能量释放率相关联的隐含假设是矛盾的，即若在施加载荷之前已经存在分层(或裂缝)，那么当载荷施加上去之后，裂纹(分层)定会增长一定的量。4.3.5 节简要介绍了从分层不存在突变到有限值的情况。应该指出的是，在自由直边界的分层等问题中，当分层变得非常小时，本节推导中使用的一些假设便会失效。例如，式(4.38)忽略了泊松比效应和局部平面外效应。然而可以预见，并且也被测试结果证明的是，在非常短的分层长度范围内，能量释放率可以从 0 变化到式(4.42a)预测的值，因此式(4.42a)仅对这些分层尺寸非常小之外的情况有效。

4.3.5 复合材料加筋板法兰-筋条界面的分层

一种容易分层的非常重要的结构细节是复合材料加筋板的法兰-蒙皮的界面。这是一个带有组合载荷的复杂三维问题，尤其是蒙皮发生后屈曲时。为了有助于理解这种情况下的分层增长，图 4.21 给出了在剪切载荷 V 下，法兰和一部分蒙皮的一维截面图。这也与外侧丢层的情况相同，也就是拉脱试样的情况，此外，它可以看作是 Radcliffe 和 Reeder 提出的用于夹芯面板脱粘评估的单悬臂梁试样的一种变化[14]。

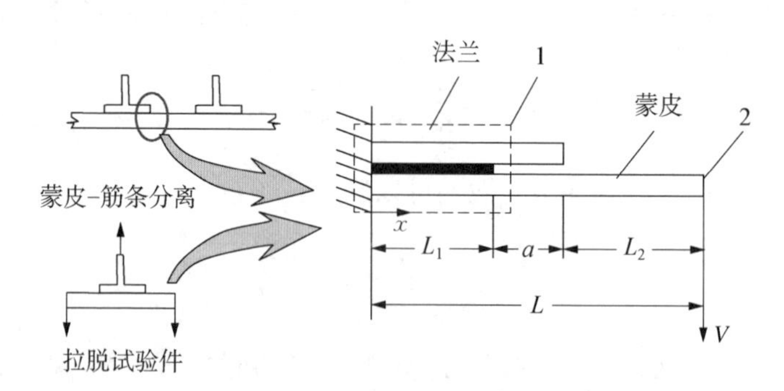

图 4.21 法兰-蒙皮界面分层

法兰和蒙皮之间存在长度为 a 的分层，如图 4.21 所示。分层之前的树脂层由黑色粗线表示。法兰和蒙皮一起的属性用下标 1 表示，蒙皮属性用下标 2 表示。

区域：$L_1 + a < x < L$

弯矩由下式给出：

$$M = V(L - x) \tag{4.51}$$

忽略剪切能，应变能（仅由弯曲）可以写为

$$U_3 = \int_{L_1+a}^{L} \frac{M^2}{2(EI)_2} dx = \int_{L_1+a}^{L} \frac{V^2(L^2 - 2Lx + x^2)}{2(EI)_2} dx = \frac{V^2}{2(EI)_2}\left[L^2 x - Lx^2 + \frac{x^3}{3}\right]_{L_1+a}^{L}$$

$$= \frac{V^2}{2(EI)_2}\left[\frac{L^3}{3} - L^2(L_1 + a) + L(L_1 + a)^2 - \frac{(L_1 + a)^3}{3}\right] \tag{4.52}$$

类似地，在区域 $L_1 < x < L_1 + a$ 内，应变能为

$$U_2 = \int_{L_1}^{L_1+a} \frac{M^2}{2(EI)_2} dx = \int_{L_1}^{L_1+a} \frac{V^2(L^2 - 2Lx + x^2)}{2(EI)_2} dx = \frac{V^2}{2(EI)_2}\left[L^2 x - Lx^2 + \frac{x^3}{3}\right]_{L_1}^{L_1+a}$$

$$= \frac{V^2}{2(EI)_2}\left[L^2(L_1 + a) - L(L_1 + a)^2 + \frac{(L_1 + a)^3}{3} - L^2 L_1 + LL_1^2 - \frac{L_1^3}{3}\right] \tag{4.53}$$

以及，在区域 $0 < x < L_1$ 内，有

$$U_1 = \int_{0}^{L_1} \frac{M^2}{2(EI)_1} dx = \int_{0}^{L_1} \frac{V^2(L^2 - 2Lx + x^2)}{2(EI)_1} dx = \frac{V^2}{2(EI)_1}\left[L^2 x - Lx^2 + \frac{x^3}{3}\right]_{0}^{L_1}$$

$$= \frac{V^2}{2(EI)_1}\left(L^2 L_1 - LL_1^2 + \frac{L_1^3}{3}\right) \tag{4.54}$$

式(4.52)～式(4.54)可以合并得到总应变能 U：

$$\begin{aligned} U &= U_1 + U_2 + U_3 \\ &= \frac{V^2}{2(EI)_2}\left(\frac{L^3}{3} - L^2 L_1 + LL_1^2 - \frac{L_1^3}{3}\right) + \frac{V^2}{2(EI)_1}\left(L^2 L_1 - LL_1^2 + \frac{L_1^3}{3}\right) \\ &= \frac{V^2}{2(EI)_2}\frac{L^3}{3} - \frac{V^2}{2}\left(L^2 L_1 - LL_1^2 + \frac{L_1^3}{3}\right)\left[\frac{1}{(EI)_2} - \frac{1}{(EI)_1}\right] \end{aligned} \tag{4.55}$$

代入 $L_1 = L - L_2 - a$，得到：

$$U = \frac{V^2}{2(EI)_2}\frac{L^3}{3} - \frac{V^2}{2}\left[L^2(L - L_2 - a) - L(L - L_2 - a)^2 + \frac{(L - L_2 - a)^3}{3}\right] \times \left[\frac{1}{(EI)_2} - \frac{1}{(EI)_1}\right] \tag{4.56}$$

然后，根据式(4.21)，我们得到：

$$G=\frac{\partial U}{\partial A}=-\frac{\partial U}{w\ \partial a}$$
$$=\frac{1}{w}\left(-\frac{V^2}{2}\right)\left[-L^2+2L(L-L_2-a)-(L-L_2-a)^2\right]\left[\frac{1}{(EI)_2}-\frac{1}{(EI)_1}\right]$$
$$=\frac{V^2}{2w}\left[\frac{1}{(EI)_2}-\frac{1}{(EI)_1}\right](L_2+a)^2=\frac{V^2(L_2+a)^2}{2w}\left[\frac{1}{(EI)_2}-\frac{1}{(EI)_1}\right] \tag{4.57}$$

式中，w 为垂直于图 4.21 中页面的梁的宽度。在该式中引入了一个额外的负号，以说明分层面积 A 随 x 减小而增加的事实。弯曲刚度 $(EI)_1$ 和 $(EI)_2$ 由复合材料梁的标准等效属性确定[12]。

对于不施加剪切力 V 而施加弯矩 M 的情况，也可以用类似的方式解决。在此特定情况下，对于 $L_1<x<L$，蒙皮中的弯矩等于 M。对于 $x<L_1$ 的蒙皮和法兰部分，弯矩也等于 M。相应的应变能为

$$U_3=\int_{L_1+a}^{L}\frac{M^2}{2(EI)_2}\mathrm{d}x=\frac{M^2}{2(EI)_2}(L-L_1-a)$$
$$U_2=\int_{L}^{L_1+a}\frac{M^2}{2(EI)_2}\mathrm{d}x=\frac{M^2}{2(EI)_2}(L_1+a-L_1)=\frac{M^2a}{2(EI)_2} \qquad (4.58\text{a-c})$$
$$U_1=\int_{0}^{L_1}\frac{M^2}{2(EI)_1}\mathrm{d}x=\frac{M^2L_1}{2(EI)_1}$$

合并式(4.58a－c)，我们得到总应变能 U 为

$$U=U_1+U_2+U_3$$
$$=\frac{M^2}{2(EI)_2}(L-L_1-a)+\frac{M^2a}{2(EI)_2}+\frac{M^2L_1}{2(EI)_1}=\frac{M^2}{2(EI)_2}(L-L_1)+\frac{M^2L_1}{2(EI)_1}$$
$$=\frac{M^2L}{2(EI)_2}+\frac{M^2L_1}{2}\left[\frac{1}{(EI)_1}-\frac{1}{(EI)_2}\right] \tag{4.59}$$

代入 $L_1=L-L_2-a$，得到：

$$U=\frac{M^2L}{2(EI)_2}+\frac{M^2(L-L_2-a)}{2}\left[\frac{1}{(EI)_1}-\frac{1}{(EI)_2}\right]$$
$$=-\frac{M^2(L_2+a)}{2}\left[\frac{1}{(EI)_1}-\frac{1}{(EI)_2}\right]+\frac{M^2L}{2(EI)_1} \tag{4.60}$$

然后，根据式(4.21)，我们得到：

$$G=-\frac{\partial U}{\partial A}=-\frac{\partial U}{w\ \partial a}=\frac{M^2}{2}\left[-\frac{1}{(EI)_1}+\frac{1}{(EI)_2}\right] \tag{4.61}$$

当施加剪切力和弯矩时，总的应变能释放率可通过将式(4.57)和式(4.62)相加得出。

式(4.57)和式(4.62)中的上述结果可用于导出几个重要的特殊情况下的能量释放率表达式。考虑图 4.21 和式(4.57)，可以看出，当 $a=0$ 时，能量释放率为一个有限值：

$$G_{\text{onset}}=\frac{V^2L_2^2}{2w}\left[\frac{1}{(EI)_2}-\frac{1}{(EI)_1}\right] \tag{4.62}$$

这可以看作是分层起始时的 G 值。在某种程度上，图 4.21 可以看作是附着在蒙皮上的加筋法兰的一部分，式(4.62)可用于预测在横向剪切载荷 V 下的分层起始。请注意，4.3.4 节最后一段的讨论和假设内容也在此延续。假设式(4.62)的极限值不违反任何已经做出的假设，则可以将右侧等同于试验确定的临界能释放速率 G_{onset}，以确定何时在蒙皮和筋条之间发生分层。

另一个感兴趣的特殊情况是对图 4.21 的形式进行了水平镜像以获得双悬臂梁(DCB)结构，如图 4.22 所示。

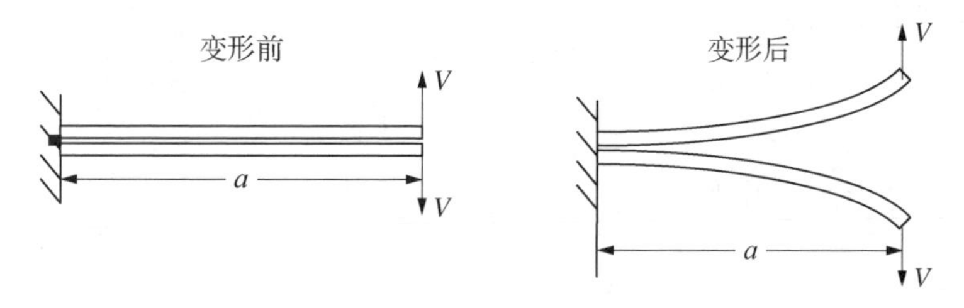

图 4.22　长度为 *a* 的双悬臂梁

比较图 4.21 和图 4.22，可以看到图 4.21 中的(L_2+a)与图 4.22 中的 a 相同。同样，区域 1 不再存在。现在，如果两个梁(或蒙皮和法兰)具有相同的几何形状和刚度，则可以简写成 $(EI)_2=EI$。最后，将式(4.57)的结果乘以 2 来计算第二个梁，该梁裂纹扩展时的能量加倍，从而得出

$$G_I=2\frac{V^2a^2}{2w}\left[\frac{1}{(EI)}\right]=\frac{V^2a^2}{wEI} \tag{4.63}$$

式中，w 为垂直于图 4.22 中页面的宽度；EI 为两个梁中每个梁相对于其自身中性轴的刚度。

从式(4.63)可以看出，当分层大小 a 趋于零时，G 也趋于零。这不同于式(4.42a)和式(4.62)的结果，其中 $a=0$ 时 G 是一个有限值。在此还应指出，式(4.63)中 DCB 的表达式仅考虑了弯曲能量。对于横向剪切效应显著的深梁，必须对该方程进行校正(见 4.3.6 节)。同样地，对于非对称梁，如果用$\overline{D}_{11}$，即组成每个

梁的层压板的减缩弯曲刚度矩阵的 11 个项[见式(4.3)]，代替式(4.63)中的 $w(EI)$，则可以获得近似表达式。

4.3.6 双悬臂梁与末端缺陷弯曲样本

在复合材料表征中，双悬臂梁与末端缺陷弯曲样本对于分层的生长具有非常重要的意义。

1) 双悬臂梁(DCB)

这一小节的内容其实在 4.3.5 节中作为特例已简单介绍过。在确定材料特性时这一点非常有用，因为可以用它来确定模式 I 中的临界能量释放率 G_{Ic}(见图 4.18)。这里我们提供了另一种方式，用来解出式(4.63)。其中的原因与内部势能和所做功之间的转化有关，而两者中的任意一者都可用来确定 4.3.4 节中提到的应变能释放率。考虑图 4.22 中右边部分的情况，在恒定载荷作用下，外力 V 所做的功与内部应变能大小相等。这根悬臂梁端部的挠度可通过下式确定：

$$\delta_{tip}=\frac{Va^3}{3EI} \tag{4.64}$$

式中，力 V 所做的功为

$$W_1=\frac{1}{2}V\delta_{tip}=\frac{V^2a^3}{6EI} \tag{4.65}$$

如图 4.22 中两个力共同作用，所做的总功 W 为

$$W=2W_1=\frac{V^2a^3}{3EI} \tag{4.66}$$

承认应变能 U 和所做功相等，并且当分层进一步发展时应变能的变化是所做功的相反数时[见式(4.26)]，我们便可确定能量释放率。因此可得：

$$G=-\frac{\partial U}{\partial A}=\frac{\partial W}{\partial A}=\frac{1}{w}\frac{\partial W}{\partial a}=\frac{V^2a^2}{wEI} \tag{4.67}$$

在使用式(4.66)的场合，式(4.67)得到的结果与式(4.63)相同。

利用参数 C 我们可以得到一种经常被用来确定能量释放率的方法。这种方法能够有效减少测试数据量，能作为联系力与位移的稳定纽带。对于一个双悬臂梁，与总开口位移 $2\delta_{tip}$ 相关的 C 可从式(4.64)中得到：

$$C=2\frac{a^3}{3EI} \tag{4.68}$$

对于一个线性系统，力和变形之间遵循一定的准则：

$$\delta=CV \tag{4.69}$$

因此,这部分由于外力作用,与内能 U 相等的额外能量可以表示为

$$U=\frac{1}{2}V\delta=\frac{1}{2}CV^2 \tag{4.70}$$

在一个恒定外力作用下,能量释放率可表示为

$$G=-\frac{\partial U}{\partial A}=-\frac{1}{2}V^2\frac{\partial C}{\partial A}=-\frac{V^2}{2w}\frac{\partial C}{\partial a} \tag{4.71}$$

利用式(4.68),我们可以得到:

$$G=\frac{V^2a^2}{wEI}$$

上式得到的结果与式(4.63)及式(4.67)得到的结果相同。注意式(4.71)中的负号并没有继续出现在上式之中,这是由于随着 a 的增大,C 却减小了,因此 $\partial C/\partial a$ 变成了负值。式(4.71)中导数 $\partial C/\partial a$ 的值可通过试验测得。利用双悬臂梁试验得到 G_{Ic} 的过程在参考文献[15]中有更详细的论述。

正如前面章节中所提到过的,式(4.67)与式(4.63)是双悬臂梁对于能量释放率的第一次近似(对于长一些的梁效果更好)。通常会以增加梁长度的方式对公式进行修正,不过这也会导致梁端部的旋转[16]。

式(4.63)可用来预测分层的发展。图 4.23 中展示了作为分层长度函数的参数 G 在各种外载 V_1、V_2 作用下的变化图像。观察其左半部分,假设分层的长度为 a_1,在一个行程控制试验中(施加位移载荷),在其能量释放率 G 与临界能量释放率 G_{Ic} 相等之前,分层现象将不会有进一步发展。需要注意的是 G_{Ic} 是一个材料参数,在图 4.23 中是一条水平线。当分层现象开始加剧时,根据 $G-a$ 曲线中当 $G=G_{\mathrm{Ic}}$ 时长度 a_1 所对应的载荷情况可知,此时所施加的载荷大小为 V_1。现在假设分层长度增加到了 a_2。在试验过程中我们进行位移控制,并使其保持恒定。这意味着这时所施加的载荷将由 V_1 减小到 V_2。根据 a_2 的大小,样本数据也许会随着图 4.23 左半

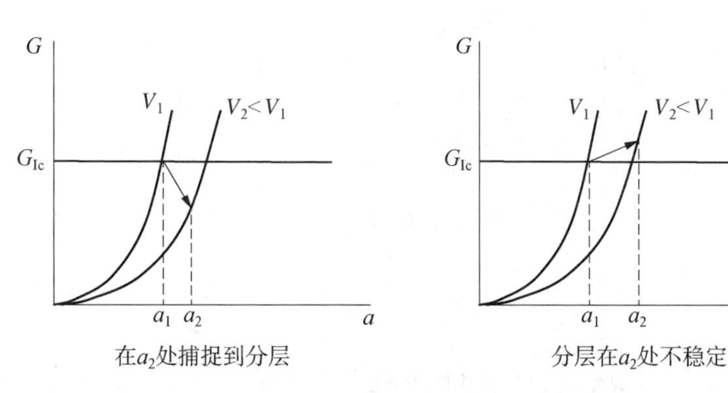

图 4.23 采用能量释放率来确定分层扩展

部分的箭头方向变化，最后终止于低于 G_{Ic} 的某一个 G 值处。在这种情况下，分层将会停止发展。若样本数据按图 4.23 右半部分箭头方向发展变化，则新的 G 值将大于 G_{Ic}，与此同时，分层现象将会进一步加剧。分层的不稳定生长或停止取决于测试过程的动力学性能，以及在任何一个新长度下 G 与 G_{Ic} 的大小关系。

显然，为了延缓分层的发生和发展，在各自模式下拥有高 G_c 值且硬度大的材料将是我们的首选。

2）末端缺陷弯曲样本(ENF)

如图 4.24 所示，我们将进行三点弯曲试验，以便在分层的样本中引入纯剪力。通常来说，我们将优先考虑在厚度方向穿过梁的分层。

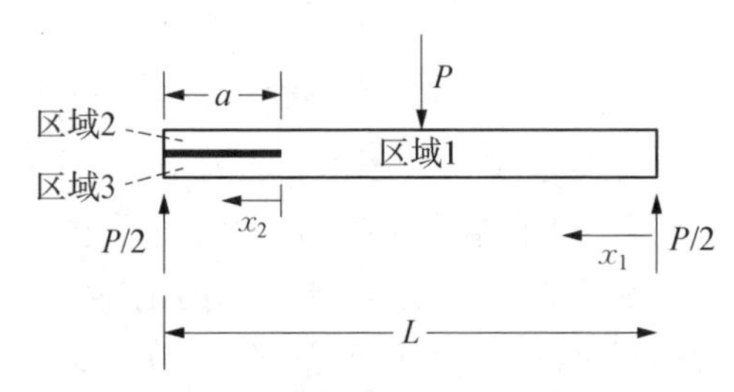

图 4.24　受载端部缺口挠曲试样

如图 4.24 所示，梁被分成了三个部分。从基本的梁理论出发，区域 1 中梁的挠度 w_1 可以表示如下：

$$w_1=-\frac{P}{12EI_1}x_1^3+C_1x_1,\ 0\leqslant x_1\leqslant\frac{L}{2}$$

$$w_1=-\frac{P}{2EI_1}\left(\frac{Lx_1^2}{2}-\frac{x_1^3}{6}\right)+\frac{PL^2}{8EI_1}x_1+C_1x_1-\frac{PL^3}{48EI_1},\ \frac{L}{2}\leqslant x_1\leqslant(L-a) \tag{4.72}$$

式中，C_1 为未知常数。从物理意义上来说，C_1 是梁最右端的转角。值得注意的是，分层现象的存在使得梁两个端部的转角大小不相同。

方便起见，我们在区域 2 中定义一个新的坐标轴 x_2，$x_2=0$ 的地方就代表分层的尖端(此时 $x_1=L-a$)。设 M_2、M_3 分别为区域 2 和区域 3 的弯矩。此时，区域 2、区域 3 的曲率半径 R_2 和 R_3 与区域 1 的曲率半径 R 之间有如下的关系成立：

$$R_2=R-\frac{2h-t_2}{2}$$

$$R_3=R+\frac{2h-t_3}{2}$$

式中，t_2 和 t_3 分别为区域 2 和区域 3 的厚度。显然，在小变形以及梁比较薄的情况下，$R \approx R_2 \approx R_3$。

由梁的基本理论我们可以得到：

$$M = \frac{EI}{R}$$

其中隐含了条件 $M_2 + M_3 = M_1$，因此我们有

$$M_2 = \frac{R + [(2h - t_3)/2]}{\{R - [(2h - t_2)/2]\}EI_3 + \{R + [(2h - t_3)/2]\}EI_2} EI_2 M_1 = r_1 EI_2 M_1$$

$$M_3 = \frac{R - [(2h - t_2)/2]}{\{R - [(2h - t_2)/2]\}EI_3 + \{R + [(2h - t_3)/2]\}EI_2} EI_3 M_1 = r_2 EI_3 M_1$$

式中，我们引入 r_1 和 r_2 是为了方便缩短等式右边冗长的结构。

区域 2 中的位移 w_2 可以通过梁理论以及在 $x_2 = 0$ 处的边界条件（梁的挠度及其斜率）求得，所得结果为

$$w_2 = -\frac{Pr_1}{2}\left(a\frac{x_2^2}{2} - \frac{x_2^3}{6}\right) - \frac{P}{4EI_1}(L^2 - a^2)x_2 + \frac{PL^2}{8EI_1}x_2 + C_1 x_2 - \frac{P}{12EI_1}(L-a)^2(2L+a) + \frac{PL^2}{8EI_1}(L-a) + C_1(L-a) - \frac{PL^3}{48EI} \tag{4.73}$$

未知常数 C_1 可通过在 $x_2 = a$ 处使 $w_2 = 0$ 求出，所以可以得到：

$$C_1 = \frac{1}{L}\left[\frac{Pr_1 a^3}{6} - \frac{P}{4EI_1}\left(-\frac{L^3}{4} + \frac{2}{3}a^3\right)\right]$$

由此我们可以求出在 $x_1 = L/2$ 处梁在垂直方向上的变形情况，也即在整根梁的中点处：

$$w_1\left(x_1 = \frac{L}{2}\right) = -\frac{PL^3}{96EI_1} + \frac{1}{2}\left[\frac{Pr_1 a^3}{6} - \frac{P}{4EI_1}\left(-\frac{L^3}{4} + \frac{2}{3}a^3\right)\right] \tag{4.74}$$

在载荷 P 作用下所做的功 W（通过载荷及其对应位移得到的半成品）为

$$W = \frac{1}{2}Pw\left(x_1 = \frac{L}{2}\right) = -\frac{P^2L^3}{192EI_1} + \frac{P^2 r_1 a^3}{24} - \frac{P^2}{16EI_1}\left(-\frac{L^3}{4} + \frac{2}{3}a^3\right)$$

对于一个线性系统，这个功与物体内部的应变能是相等的。因此，利用式(4.21)我们可以得知，随着应变能的释放以及物体做正功，有

$$G = \frac{1}{w}\frac{\partial W}{\partial a} = \frac{P^2 a^2}{8b}\left(r_1 - \frac{1}{EI_1}\right) \tag{4.75a}$$

那么这个中面分层的末端缺陷弯曲样本实际上就可以视为式(4.75a)的一个特

例。在这种情况下，假设这三个区域的曲率半径相较于厚度来说都很大，$r_1=1/(EI_2+EI_3)$；同时，$EI_2=EI_3=EI_1/8$，那么由式(4.75a)我们就能得到：

$$G=\frac{3}{8}\frac{P^2a^2}{bEI_1}=\frac{9}{16}\frac{P^2a^2}{b^2h^3} \tag{4.75b}$$

其中利用了 $I_1=b(2h)^3/12$ 的条件。

我们可以通过末端缺陷弯曲试验来确定临界能量释放率 G_{Ic}。不同于双悬臂梁试验中我们可以使用美国材料与试验协会(American Society for Testing and Materials, ASTM)所制定的规范，对于末端缺陷弯曲试验，ASTM 还没有出台相应的标准。末端缺陷弯曲试验操作的具体过程可以参考文献[17]。对于双悬臂梁试验，这里由式(4.75a)所得到的结果是一阶近似的，适用于可以忽略根部扭转的细长梁。如果需要一个更精确的结果可以参考文献[18]。

需要提醒的一点是，这里所进行的讨论都是大致的综述，只是复合材料分层分析的一个起点，更多更详细的论述要在其他文献[19-21]中去寻找。

4.3.7 裂纹闭合方法

4.3.4 节到 4.3.6 节中所用到的分析方法适用于应变能释放率能被数值计算出来的情况，而这种情况还只是少数。对于一般的复合材料结构，其几何与外载的关系不可能用那么简单的式子就能表达清楚，通常还需要一些数值方法来辅助。

为了能够把远场的载荷与局部能量释放率相联系，Williams[22] 以及后来的 Schapery 和 Davidson[23] 利用经典层压板理论，将分层前缘处的局部载荷-弯矩，正/切应力-总体能量释放率三者联系起来，甚至还将其分为两种模式进行讨论。当有超过一种模式在作用时，了解这种混合模式的相关内容就显得非常重要了。其所采用的生长准则是一个含 G_{I}、G_{II}、G_{III} 相对值的函数。

这种方法很有用，但同时也需要一个联系远场载荷与局部载荷的“桥梁”。对于现实中的复合材料结构来说，这就意味着需要利用有限元的方法来解决问题。一旦有限元模型被建立起来，通过裂纹闭合的方法就可以利用有限元得到能量释放率，这在实际中经常使用。

裂纹闭合技术能够对式(4.21)或式(4.27)中的导数进行数值评估。它相当于先在结构中放置一个长度为 a 的分层，然后再让分层长度生长到 $a+\Delta a$。计算两种情况下的应变能，用它们的差值除以 Δa 得到 $\Delta U/\Delta a$，而 $\Delta U/\Delta a$ 在 Δa 趋于 0 时的极限就是我们所求的能量释放率 G。不过这种方法中也存在一些有趣的地方。第一点是分层生长的方向必须是已知的，只要分层现象一直停留在两个特定的层之间，那么即使想要追踪分层尖端的路线，了解某一分层(如椭圆分层)的发展方式也不是一件很难的事情。这一点也可以算作 4.3.2 节中的一种情况。第二点是计算效率的问题，因为这里需要同时运行两个相互分离的有限元进程。为了尽量避免第二点的发生，目前已经出现了一种虚拟裂纹闭合技术（VCCT），它只需要运行一个有限元程序就可以得到我们想要的能量释放率。

当分层尖端的应力场是奇异的，对于各向异性的线弹性复合材料结构（每层的基体和纤维都是均质的），利用 VCCT 或是裂纹闭合技术进行有限元计算时，经常会遇到一些数值方面的问题，如由于裂纹穿透了平面造成的裂纹尖端计算结果的波动。不过，目前也出现了一种很有前景的，可以消除这种数值计算问题的方法，这种方法是由 Zou 等人[24]提出的。他们利用应力的合力以及位移的导数来得到每种模式下的能量释放率。各位读者也可通过 Krüger[25]的文章来了解有关 VCCT 更加详细的产生和发展过程，以及不同的建模技术。

这里，在给出利用 VCCT 确定 G 时所使用的相关方程前，有必要再回顾一下单悬臂梁的有关内容。这是因为用不同的方式解决这个问题可以帮助我们更好地理解 VCCT 的内涵。如图 4.25 所示，一根长度为 $a+\Delta a$，弯曲刚度为 EI 的单悬臂梁尖端承受载荷 P，同时，在 $x=\Delta a$ 处施加某一外力 F。首先，我们要求出使得梁在 $x=\Delta a$ 处挠度为零的外力 F 的大小。这也就相当于闭合了裂纹，并将梁的长度由 $a+\Delta a$ 减小到 a。

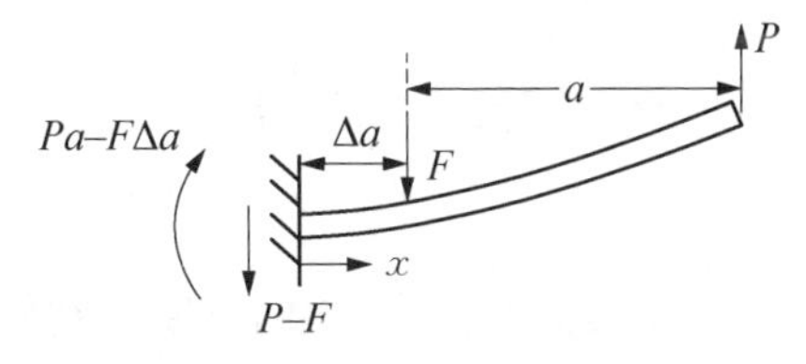

图 4.25　悬臂梁：令 $x=\Delta a$ 处的变形为 0

外力作用之后梁的弯矩和剪力如图 4.25 所示。当只施加作用力 P 时，在梁上任意 x 处的挠度 $\delta(x)$ 都可通过基本梁理论得出：

$$\delta(x)=\frac{P}{EI}\left[(a+\Delta a)\frac{x^2}{2}-\frac{x^3}{6}\right] \tag{4.76}$$

那么在 $x=\Delta a$ 处梁的挠度为

$$\delta(\Delta a)=\frac{P}{EI}\left[(a+\Delta a)\frac{\Delta a^2}{2}-\frac{\Delta a^3}{6}\right] \tag{4.77}$$

在 $x=a+\Delta a$ 处梁端部的挠度为

$$\delta(a+\Delta a)=\frac{P(a+\Delta a)^3}{3EI} \tag{4.78}$$

现在我们根据 $\delta(a+\Delta a)=0$ 来确定 F 的值。利用卡氏第二定理，沿 F 方向梁的变形大小为

$$\delta(\Delta a)=\frac{\partial U}{\partial F}=\frac{\partial}{\partial F}\left(\frac{1}{2}\int_a^{a+\Delta a}\frac{M^2}{EI}\mathrm{d}x\right) \tag{4.79}$$

其中梁的弯矩可由下式得到：

$$M(x)=\begin{cases}P(a+\Delta a)-F\Delta a-(P-F)x,\ 0\leqslant x\leqslant \Delta a\\ P(a+\Delta a)-Px,\ \Delta a<x\leqslant a+\Delta a\end{cases} \tag{4.80}$$

将式(4.80)代入式(4.79)，进行积分运算，并令 $\delta(\Delta a)=0$，我们便可解出 F：

$$F=P\left(\frac{3}{2}\frac{a+\Delta a}{\Delta a}-\frac{1}{2}\right) \tag{4.81}$$

因此，外力 F 在闭合裂纹时所做的功使得梁的变形式(4.77)中解出的值变为零，也即

$$\Delta W=\frac{1}{2}F\delta(\Delta a)=\frac{P^2}{24EI}\Delta a[3a+2(\Delta a)^2] \tag{4.82}$$

与此同时，在力 F 作用后梁的内能 U 可由式(4.79)右半边括号中的内容求得。求解并合并同类项后可得：

$$U_a=\frac{1}{2EI}\left(\frac{F\Delta a^3}{3}-2P^2\Delta a^3-\frac{2}{3}PF\Delta a^3-PFa\Delta a^2-P^2a\Delta a^2+P^2\frac{a^3}{3}+P^2a^2\Delta a\right) \tag{4.83}$$

用类似的方式，我们可以得到外力 F 作用前梁的内能为

$$U_{a+\Delta a}=\frac{1}{2EI}\frac{P^2(a+\Delta a)^3}{3} \tag{4.84}$$

为了能够求出能量释放率 G，我们必须先明确这里的力 F 并不是一个常数。F 在裂纹闭合前从零开始增大，并在裂纹闭合后达到由式(4.81)所确定的最大值。因此，在计算过程中式(4.28)和式(4.29)是肯定会被用到的。而内能 U 对裂纹表面积的导数可由下式确定：

$$\begin{aligned}-\frac{\partial U}{\partial A}&=\lim_{\Delta a\to 0}\left(-\frac{U_a-U_{a+\Delta a}}{w\Delta a}\right)\\&=\frac{1}{2EI}\lim_{\Delta a\to 0}\left(F^2\frac{\Delta a^2}{3}-2PF\frac{\Delta a^2}{3}-PFa\Delta a-P^2a\Delta a-2P^2\Delta a^2+P^2a^2\right)\end{aligned} \tag{4.85}$$

类似地，我们可由式(4.82)得出：

$$\frac{\partial W}{\partial A}=\lim_{\Delta a\to 0}\left(\frac{\Delta W}{w\Delta a}\right)=\lim_{\Delta a\to 0}\frac{P^2}{24wEI}[3a+2(\Delta a)^2] \tag{4.86}$$

所以，利用式(4.28)和式(4.81)，在求出式(4.85)和式(4.86)的极限之后，我们便得到了 G 的最终表达式：

$$G = \lim_{\Delta a \to 0} \frac{1}{2wEI} \left\{ \left(\frac{P^2 a^2}{4} - 4P^2 a \Delta a - 2P^2 \Delta a^2 \right) + \left[\frac{1}{12} (3a + 2\Delta a)^2 \right] \right\} = \frac{P^2 a^2}{2wEI} \tag{4.87}$$

上式乘以 2 便可得到双梁结构的 G，这同之前由式(4.63)得到的有关 DCB(双悬臂梁)的 G 是一样的。

VCCT 使用是有前提的，即必须保证裂纹扩展了 Δa 时结构所释放的能量与闭合裂纹时所需能量相等，同时也与裂纹长度缩减 Δa 时结构所需能量相等。因此，先前得到的导数就可以直接使用了。外力 F 闭合裂纹所做的功对于得到能量释放率非常重要。

利用前一步得到的导数，考虑一个在分层尖端处的局部有限元模型。为了简便，我们假设这只是一个二维问题，如图 4.26 所示。

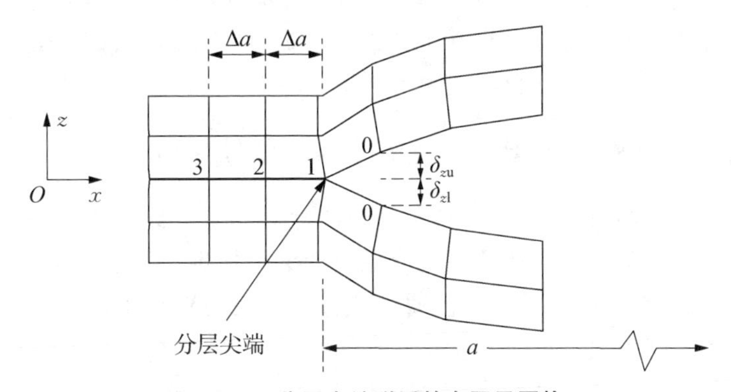

图 4.26 分层尖端附近的有限元网格

若图 4.26 中的裂纹长度由 a 扩展到了 $a+\Delta a$，那么节点 1 就会被分成两半，我们假设其张开的位移大小与裂纹长度由 $a+\Delta a$ 扩展到了 $a+2\Delta a$ 时，节点 2 的位移相同。同样地，我们也假设两种情况下节点 1 处闭合裂纹所需能量与节点 2 处闭合裂纹所需能量相等。以上假设在 Δa 足够小时均能够成立。如图 4.26 所示，若裂纹在节点 a 处停止扩展，那么在该点的前一点节点 0 处的位移 δ 约等于当节点 1 分成两半时，节点 1 的位移。同时，闭合节点 1 所需的外力 F_z 也约等于闭合节点 0 所需外力。因此，能量释放率便可近似地表示为

$$G_I \approx \frac{\Delta U}{\Delta A} = \frac{1}{2} \left[\frac{F_z (\delta_{zu} - \delta_{zl})}{w \Delta a} \right] \tag{4.88}$$

当对 $\Delta a \to 0$ 取极限时，上式得到的就是精确解。

需要注意的是，式(4.88)中的 1/2 来源于 $dw = F_z d\delta$ 的积分，这时的力和位移是线性相关关系。对于使用四节点单元的二维平面问题，w 是图 4.26 中垂直于纸

面方向结构的宽度，Δa 是两个连续节点(0 和 1)之间的横向间距。而且式(4.88)给出的是在模式Ⅰ下的能量释放率，对于模式Ⅱ，可以用一个与式(4.88)类似的表达式表示，只不过里面还需包含每一节点处的横向外力以及横向位移 δ_x。类似地，我们也可以将其推广到模式Ⅲ，但必须使用 solid 单元。对应于不同单元类型(shell，solid)或不同模式下的表达式，可以参见文献[25]。

最后，还要提一提关于 Δa 的大小以及结果潜在的网格独立性的问题。正如之前所述，分层尖端无限大的应力可能会导致该处位移的震荡。因此，当 Δa 变化时，变形 δ_{zu} 和 δ_{zl} 有可能会出现很大差异，导致收敛性不好。所以我们要谨慎选择合适的网格以及计算方法，文献[24]或许会给你一些思路。

震荡问题在两种不同材料界面处常常出现，而且这两种通常都是不同的正交各向异性材料。比如某一层压板结构，其外层和内层的材料特性迥异。要建立一个脱胶，或者说是外层和内层之间分层的模型时，有特别需要注意的地方，但是这里就不展开了。各位读者可以参阅一些更加专业的文献，如 Carlsson 和 Kardomateas[26]的工作，来详细了解这一块的内容。

4.4 材料强度和断裂力学——粘聚力单元的使用

到目前为止我们所讨论的大部分内容都是假设分层在结构中已经存在，然后用屈曲或者能量释放率为切入点评估其分层发展的可能性。分层的发生仅仅被视作一些问题的特例，在这些问题中他们通常让分层的尺寸趋近于零，同时让能量释放率取一个非零的有限值。正如 4.3.5 节所提到的，在某种确定的环境下，令 G 的大小等于试验测得的临界能量释放率，我们便可预测分层的开始。

其中非常重要的一点在于，当我们讨论分层的开始时，其实也可以利用材料强度的方法来确定它。若结构受到外界压力作用，包括面外压力，我们都可以利用这种方法的失效准则来预测分层的开始。出于这种目的，除了有限元之外，也可以利用文献[27]中所提到的方法。

由于这两种方法显著不同，因此有必要将他们的预测结果进行对比。对于材料强度方法，Kassapoglou 和 Lagacé[28]提出的方法被 Brewer 和 Lagacé[29]结合二次分层准则(QDC)用于预测分层的发生。QDC 准则具有如下形式[29]：

$$\left(\frac{\overline{\tau_{xz}}}{Z_{xz}}\right)^2+\left(\frac{\overline{\tau_{yz}}}{Z_{yz}}\right)^2+\left(\frac{\overline{\sigma_z}}{Z_t}\right)^2=1 \tag{4.89}$$

式中，z 代表面外的方向；层间应力的上划线表示应力在特征距离 x_{avg} 上的平均。所以有

$$\bar{\sigma}=\frac{1}{x_{avg}}\int_0^{x_{avg}}\sigma \mathrm{d}x \tag{4.90}$$

Z_{xz}、Z_{yz} 以及 Z_t 分别表示面外的切应力强度和正应力强度。若层间正应力 σ_z 在层间是压缩的，那么式(4.89)中的最后一项就可以消掉。这样得到的结果偏保守，因为面外的压缩产生的层间剪应力通常会延缓分层的发生。

在平均距离的利用上，与 Whitney-Nuismer 预测带孔层压板失效问题时所采用的方法类似(见 2.4 节)。从某种意义上说，平均距离意味着损伤即将开始，但不一定会导致最终失效，它将产生一个损伤区域，该区域将保持层间应力达到通过各向异性弹性解预测得到的最大值。x_{avg} 的大小可通过试验测得[29]，其与 2.4 节和 2.6 节中带孔的平均距离是不同的。

为了得到能量释放率，我们可以使用 4.3.4 节中的方法和式(4.43a)来反算临界能量释放率 G_c，并验证后来的试验结果。之后我们便可利用 G_c 对不同的样本进行额外的预测。将文献[29]中用材料强度法(QDC)和能量释放率(G_c)方法得到的预测结果进行比对，如图 4.27～图 4.29 所示。在试验的过程中，相邻的层之间数 n 是变化的。

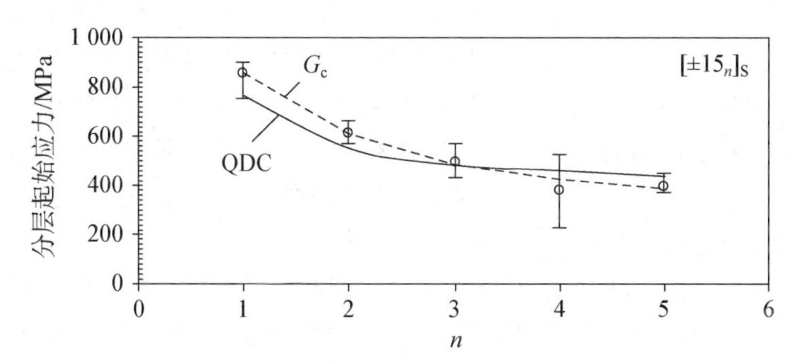

图 4.27　对$[\pm15_n]_S$ 层压板通过材料强度和断裂力学方法预测的分层起始与测试结果的对比

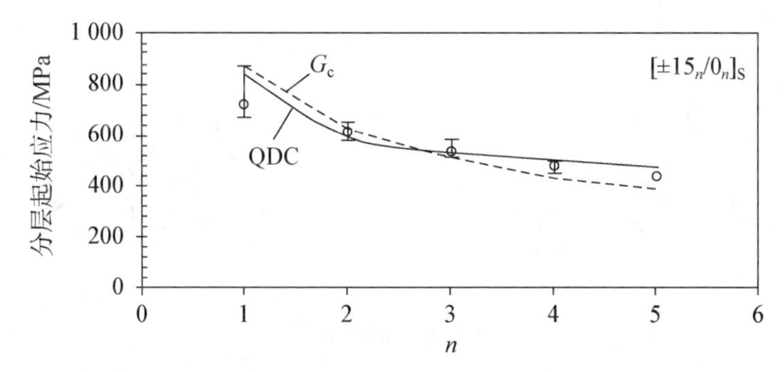

图 4.28　对$[\pm15_n/0_n]_S$ 层压板通过材料强度和断裂力学方法预测的分层起始与测试结果的对比

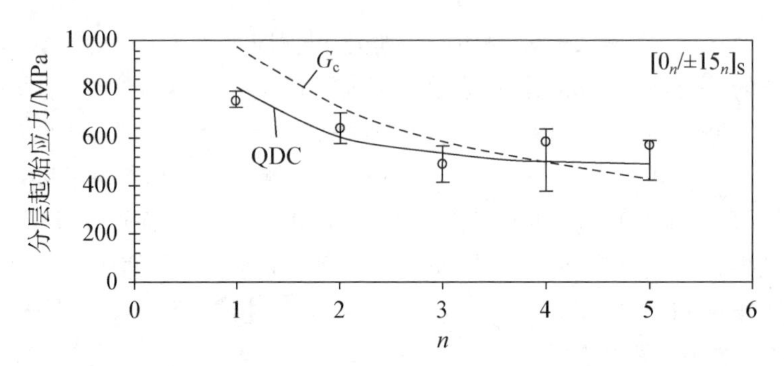

图 4.29　对$[0_n/\pm15_n]_S$层压板通过材料强度和断裂力学方法预测的分层起始与测试结果的对比

从图 4.27～图 4.29 中我们可以看出，两种方法具有相近的精确性。材料强度法(QDC)在图 4.29 中所示的$[0_n/\pm15_n]_S$层压板中的结果要稍好一些，而对于图 4.27 和图 4.28 所示的层压板，两种方法都同样有效。然而需要强调的是，两种方法都需要进行试验，以确定模型参数或是材料系数。材料强度法需要确定平均距离 x_{avg} 以及 Z_{xz}、Z_{yz} 以及 Z_t 的大小，当纤维处于 x 方向时，会对一些位置处 Z_{yz} 和 Z_t 的求解造成困难。而断裂力学方法需要确定对应于某一层压板特定层间的 G_c 值。此外，式(4.43a)中所用的断裂力学方法含有一些关于子层刚度 E_i 的内容，这也在 4.3.4 节中讨论过，它的大小取决于载荷、边界条件以及铺层方式。我们将在下文中简单介绍一种结合了材料强度法和断裂力学的新方法。

利用粘聚力单元，我们能够有效地建立分层起始及发展的模型。这样的有限元模型会将无厚度的粘聚力单元置于所求的层之间来达到目的。每个单元都有自己的本构方程，描述层间应力或摩擦与局部分离方向位移的关系。图 4.30 给出了使用粘结准则的两个例子。

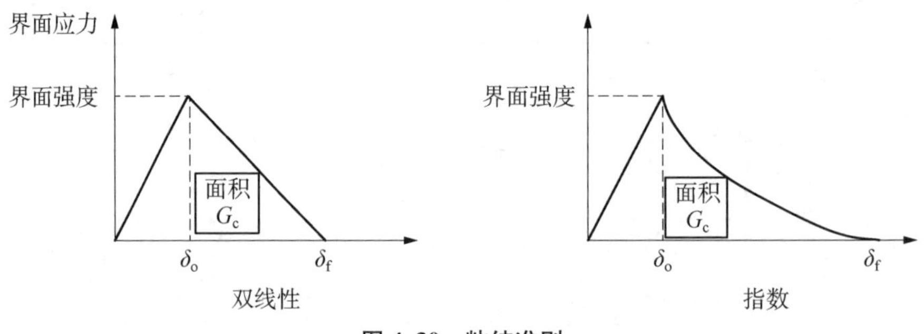

图 4.30　粘结准则

粘结准则初始的线性部分是标准的应力-应变曲线，当达到界面极限强度时，位移达到 δ_o，此时也代表着失效的开始。但这并不代表结构的最终失效，因为只有当两个界面之间的距离达到 δ_f 时，才能算完全失效。图中在 δ_o 与 δ_f 之间的曲线部分表示的是结构刚度的折减。显然，了解了初始失效后结构刚度折减的具体形式，就可以定义图 4.30 中 $\delta > \delta_o$ 部分图线的样貌(线性、指数形式或其他)。其中对于修正该部分图线有利的一点是，我们可以利用断裂力学中的内容，根据 J 积分，整条曲线与 x 轴围成的图形面积要与我们所求模式的临界能量释放率 G_c 相等。这种修正对于图 4.30 中双线性的情况是有用的，而对于指数形式就显得不那么理想了。我们还需要其他一些补充条件。在同一粘结准则下，层间强度与能量释放率结合也相当于材料强度法和断裂力学的结合。

粘聚力单元是一种强有力的工具，它既可以用来预测分层的开始，也可以预测分层的生长。根据不同的情况，可能要对有限元模型进行大量计算。同时，在某些情况下，计算的结果取决于网格的尺寸，因为这些粘聚力单元是置于标准单元之间的，所以裂纹的生长只能沿着层间标准单元允许的路径。各位读者若想了解更多这方面的内容，可以将文献[30]作为参考。

练习

4.1 工业上常用敲击硬币法检测结构中长度大于 38 mm，宽度大于 34.5 mm 的分层。现有一块以$[45/-45/0_3/45/-45/-90]_S$ 方式铺设的层压板，其铺层材料参数如下：

$E_x = 137.9$ GPa
$E_y = 11.72$ GPa
$\nu_{xy} = 0.29$
$G_{xy} = 5.17$ GPa
$t_{ply} = 0.1524$ mm
$X_t = 2\,068$ MPa
$X_c = 1\,379$ MPa
$Y_t = 68.94$ MPa
$Y_c = 303.3$ MPa
$S = 124.1$ MPa

该蒙板的尺寸为 558.8 mm×431.8 mm。这是一种压力敏感结构，且压缩载荷沿长度方向。

(1) 对于出现在第二层与第三层之间的椭圆分层，其长短轴长度之比为 1.1(压力载荷沿长轴方向)，试确定导致结构失效的临界分层尺寸。同样地，试求当分层出现在第 5 层和第 6 层之间时的结果，并用图将两种情况下的结果表示出来。

(2) 若已知(1)中的结果，那么此时用敲击硬币法是否能满足我们检测分层的需要呢？

(3) 若椭圆分层中椭圆长短轴长度之比是 2 而不是 1.1 时，结果如何？（不要重复求解，只需注意此时分层的变化）

注意：若 D_{16} 和 D_{26} 大于 $\boldsymbol{D}$ 矩阵中最大输入量的 17%，则该问题中不能将 D_{16} 和 D_{26} 忽略。

4.2 (1) 对一个典型的 8 层石墨/环氧树脂准各向同性层压板进行拉伸测试。铺层仅由 45°、−45°、0°和 90°层构成。结构中存在一处边界分层，这可能导致在还未达到材料拉伸强度时结构就失效了，如图 E4.1 所示。

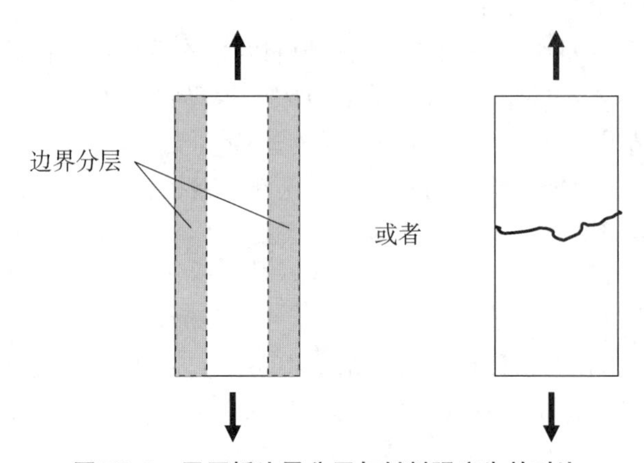

图 E4.1 层压板边界分层与材料强度失效对比

这里有 4 种不同的铺层方式：①$[45/-45/0/90]_S$；②$[45/-45/90/0]_S$；③$[45/0/-45/90]_S$；④$[45/90/-45/0]_S$。假设材料参数如下：

单向带 石墨/环氧树脂
$E_x = 131$ GPa
$E_y = 11.4$ GPa
$\nu_{xy} = 0.31$
$G_{xy} = 5.17$ GPa
$t_{\text{ply}} = 0.3048$ mm

试确定这 4 种铺层方式中哪一种最容易发生边界分层以及在哪两个子层之间最容易发生。同样地，试确定哪一种最不容易发生边界分层以及它的临界层界面在哪里。假设在两侧都有两层的中面不会发生分层。

(2) 若材料的强度参数如下所示，试确定上述哪种铺层方式导致结构失效的原因是材料强度不足，而不是边界的分层。

$X_t = 2\ 068$ MPa
$X_c = 1\ 723$ MPa
$Y_t = 68.9$ MPa
$Y_c = 303.3$ MPa
$S = 124.1$ MPa
$G_c = 112.9\ J/m^2$

4.3　一块机翼蒙板由 6.35 mm 厚的夹心及面板材料制成，铺层方式为$[45/-45/0_4/90]_S$。面板的材料参数如下：

$E_x = 137.9$ GPa
$E_y = 11.7$ GPa
$\nu_{xy} = 0.31$
$G_{xy} = 4.82$ GPa
$t_{ply} = 0.152\ 4$ mm

该蒙板的长度为 508 mm，并沿长度方向施加压缩载荷。但它的宽度方向尺寸还未确定，在 100～350 mm 之间变化。无论最终宽度如何，所得到的面板都将具有一定形状或增强或附加内容，这相当于在面板边缘施加简支的边界条件。该面板是屈曲控制的(为简化问题，忽略所有其他的失效模式)。因为结构的加工过程不可能是完美的，所以椭圆分层可能会出现在下面任何两层平面之间：45°/－45°、－45°/0°、0°/90°或 0°/－45°。在某一时刻只可能出现一种分层。

(1) 将分层边界视作固支条件，假设短轴与长轴长度之比 b/a 的值分别为 0.3、1 或 1.5，就会得到三个图表(对应于每个 b/a)，表示单位面板宽度所承受的导致从分层到结构失效的载荷，而这个载荷同时也是分层长度 a 的一半的函数(见图 E4.2)。

在每个图表中，试确定不同宽度下(从 100～350 mm，以 50 mm 为一个单位)，上述每个分层位置处的最小分层尺寸。

(2) 设计图表。设计一个图表，其 x 轴表示分层长度的一半，y 轴表示长短半轴的长度之比。在这种情况下，我们假设分层只发生在 45°/－45°的界面上。图中应表现出在常分层屈曲载荷作用下(每块面板)的图线变化情况，有三种载荷分别是 437.5 N/mm、934.5 N/mm 以及 1 312.5 N/mm。设计这样的图表有很大的作用，之后可以根据损伤尺寸或是给定载荷需求的损伤尺寸来确定结构的承载能力。

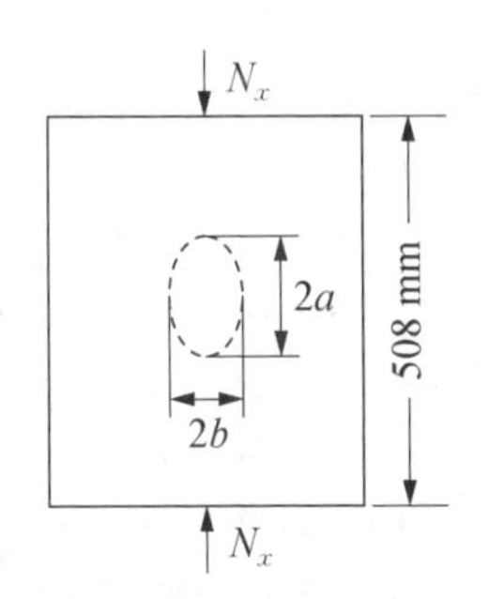

图 E4.2　内嵌椭圆分层层压板受压缩载荷作用

(3) 与检验能力相配合。基于之前所做的准备工作，假设面板的宽度为 250 mm。为了减小成本，我们决定使用敲击硬币法来进行检测工作。根据先前的经验，该方法能有效地检测到分层及与直径 12 mm 的圆面积相等的损伤区域(但分层本身可以不为圆形，可以是椭圆或是面积近似为 πab 的区域)。我们将其与(2)中得到的图表进行叠加，将会得到一条表示最小分层检测能力的曲线。那么设计者应该考虑的最小分层长度是多少？

参考文献

[1] Kassapoglou, C. (2013) Design and Analysis of Composite Structures, 2nd ed, Chapter 10, John Wiley & Sons, Inc., New York.

[2] Kardomateas, G. A. and Schmueser, D. W. (1988) Buckling and Postbuckling of delaminated composites under compressive loads including transverse shear effects. AIAA J., 26 (3), 337-343.

[3] Kassapoglou, C. (2013) Design and Analysis of Composite Structures, 2nd ed, chapter 3.3, John Wiley & Sons, Inc, New York.

[4] Kassapoglou, C. (2013) Design and Analysis of Composite Structures, 2nd ed, chapter 5.1.6, John Wiley & Sons, Inc, New York.

[5] Chai, H., Babcock, C. D. and Knauss, W. G. (1981) One-dimensional modeling of failure in laminated plates by delamination buckling. Int. J. Solids Struct., 17, 1069-1083.

[6] Chai, H. and Babcock, C. D. (1985) Two-dimensional modeling of compressive failure in delaminated laminates. J. Compos. Mater., 19, 67-98.

[7] Kassapoglou, C. and Hammer J. (1989) Design and analysis of composite structures with manufacturing flaws. Proceedings of 45th AHS Forum and Technology Display, Boston MA, May 1989, pp. 1075-1082. Also in (1990) J. Am. Helicopter Soc., 35, 46-52.

[8] Kassapoglou C. (2013) Design and Analysis of Composite Structures, 2nd ed, chapter 5.4, John Wiley & Sons, Inc, New York.

[9] Cairns, D. S. (1987) Impact and post-impact response of graphite/epoxy and kevlar/epoxy structures. PhD thesis. Department Aeronautics and Astronautics, Massachusetts Institute of Technology, Appendix B.

[10] Hellan, K. (1983) Introduction to Fracture Mechanics, Chapter 3, McGraw-Hill.

[11] O'Brien, T. K. (1980) Characterization of delamination onset and growth in a composite laminate, in Damage in Composite Materials, ASTM STP 775, American Society for Testing and Materials, pp. 140-167.

[12] Kassapoglou, C. (2013) Design and Analysis of Composite Structures, 2nd ed, chapter 8.2, John Wiley & Sons, Inc, New York.

[13] O'Brien, T. K. (1991) Local Delamination in Laminates with Angle Ply Matrix Cracks: Part II Delamination Fracture Analysis and Fatigue Characterization. NASA Langley Research Center TM 104076.

[14] Radcliffe, J. G. and Reeder, J. R. (2011) Sizing a single cantilever beam specimen for characterizing facesheet-core debonding in sandwich structure. J. Compos. Mater., 45,

2669 - 2684.

[15] ASTM (2013) Standard D5528 - 13. Standard Test Method for Mode I Interlaminar Fracture Toughness of Unidirectional Fiber-Reinforced Polymer Matrix Composites, ASTM.

[16] Williams, J. G. (1989) End corrections for orthotropic DCB specimens. Compos. Sci. Technol., 35, 367 - 376.

[17] O'Brien, T. K., Johnston, W. M. and Tolland, G. J. (2010) Mode II Interlaminar Fracture Toughness and Fatigue Characterization of a Graphite Epoxy Composite Material. NASA TM - 2010 - 216838.

[18] Wang, Y. and Williams, J. G. (1992) Corrections for mode II fracture toughness specimens of composites materials. Compos. Sci. Technol., 43, 251 - 256.

[19] Sridharan, S. (ed) (2008) Delamination Behaviour of Composites, Woodhead Publishing, Cambridge.

[20] Gillespie, J. W., Jr, Carlsson, L. A., Pipes, R. B. et al. (1986) Delamination Growth in Composite Materials. NASA Langley Research Center CR 178066.

[21] Sheinman, I. and Kardomateas, G. A. (1997) Energy release rate and stress intensity factors for delaminated composite laminates. Int. J. Solids Struct., 34, 451 - 459.

[22] Williams, J. G. (1988) On the calculation of energy release rates for cracked laminates. Int. J. Fract., 36, 101 - 119.

[23] Schapery, R. A. and Davidson, B. D. (1990) Prediction of energy release rate for mixed-mode delamination using classical plate theory. Appl. Mech. Rev., 43, S281 - S287.

[24] Zou, Z., Reid, S. R., Li, S. and Soden, P. D. (2012) General expressions for energy-release rates for delamination in composite laminates. Proc. R. Soc. A, 458, 645 - 667.

[25] Krüger, R. (2004) Virtual crack closure technique: history, approach, and applications. Appl. Mech. Rev., 57, 109 - 143.

[26] Carlsson, L. A. and Kardomateas, G. A. (2011) Structural and Failure Mechanics of Sandwich Composites, Springer.

[27] Kassapoglou, C. (2013) Design and Analysis of Composite Structures, 2nd ed, chapter 9.2.2, John Wiley & Sons, Inc, New York.

[28] Kassapoglou, C. and Lagacé, P. A. (1986) An efficient method for the calculation of interlaminar stresses in composite materials. J. Appl. Mech., 53, 744 - 750.

[29] Brewer, J. C. and Lagacé, P. A. (1988) Quadratic stress criterion for initiation of delamination. J. Compos. Mater., 22, 1141 - 1155.

[30] Camanho, P. P., Dávila, C. G. and De Moura, M. F. (2003) Numerical simulation of mixed-mode progressive delamination in composite materials. J. Compos. Mater., 37, 1415 - 1438.

[31] Camanho, P. P. and Dávila, C. G. (2002) Mixed-mode Decohesion Finite Elements for the Simulation of Delamination in Composite Materials. NASA Technical Paper 211737.

[32] Dávila, C. G., Rose, C. A. and Camanho, P. P. (2009) A procedure for superposing linear cohesive laws to represent multiple damage mechanisms in the fracture of composites. Int. J. Fract., 158, 211 - 223.

[33] Camanho, P. P., Dávila, C. G., Pinho, S. T. and Remmers, J. J. C. (eds) (2008) Mechanical Response of Composites, Chapter 4, Springer.

5 冲 击 损 伤

冲击损伤(见图 5.1)结合了前几章所述的所有损伤形式:开孔、裂纹、分层和纤维断裂。因此,我们希望首先了解各种类型的损伤,将前几章中总结的最佳模型结合起来,得到一个相对简单可靠的组合形式的复合材料冲击损伤模型。但是非常遗憾的是,事实上并非如此,所有已经讨论过的各种模型其实是不够准确或不完备的;此外,以前的章节中也没有介绍不同损伤类型之间的相互作用影响,而事实证明它对损伤形式的影响和建模分析是至关重要的。对于各种损伤类型,我们需要更精细的模型作为后续研究的基础,以获得可靠的冲击损伤模型。在这种模型方便使用之前,设计的基础主要还是以近似模型来模拟冲击损伤。

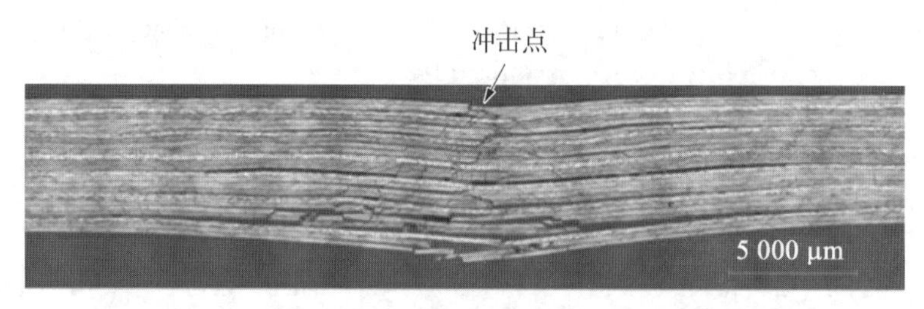

图 5.1 25 J 冲击后在准各向同性层压板中产生的损伤剖面

本章中考虑的影响将侧重于冲击头质量和能量的组合,这些组合通常为低速-大质量冲击。与受冲击的表面上容易看到大量损伤的高能量冲击不同,低速撞击在复合材料表面上不容易表现出损坏的迹象。然而,在层压板内部,在冲击部位之下,可能以基体裂纹、分层和纤维断裂的形式存在严重的损伤(见图 5.1)。这种损伤可以将第一代热固性复合材料的压缩和剪切强度降低 60%(第二代为 30%～45%),并成为设计过程中重要的考虑因素。

5.1 冲击的来源和对设计的影响意义

在制造过程中可能发生冲击。制造工具可能掉落在正在制造的部件上,或者零件本身可能掉落在地上或工作台上。此外,零件与实验室设备的意外碰撞也可能发生冲击损伤。

由于各种原因,在服役过程中也可能产生冲击损伤:维修过程中的工具掉落、人流、行李箱或其他设备跌落、冰雹损伤、轮胎引起的跑道碎片、与地面或地面设备碰撞都是一些可能的冲击损伤源。

很明显,这些冲击无论是在制造过程中还是在服役过程中,都会产生分布广泛的能量和冲击形式。此外,不同冲击类型的发生概率是不同的。建立不同能量与特定冲击发生概率的关系是量化冲击威胁并确定设计条件的一种重要途径。表 5.1 总结了制造过程中的典型冲击威胁。表 5.1 所示的冲击能量对应于从最可能的高度掉落的情况。

表 5.1 工具掉落的冲击能量

工具	能量/J	钝冲击	尖锐冲击
金属尺	3.0	—	√
测量卡尺	3.0	—	√
棘轮扳手	4.1	√	—
钻头	5.0	—	√
软锤子	6.0	√	—
锉刀	6.0	√	—
钳	7.1	√	—
螺丝刀	7.1	—	√
扳手	10.0	√	—
活动扳手	12.1	√	—
铆钉枪	24.9	√	—
电动设备	24.9	√	—

典型能量及其在服役过程中产生冲击的可能性如图 5.2 所示。从图中可以看出,常见的威胁,如工具跌落、物体跌落和人流等对应低于 25 J 的低能量;最高冲击能量约为 60 J,对应于撞上地面或与地面设备相撞。

表 5.1 和图 5.2 给出了典型的冲击威胁。除此之外,还有一些罕见的极端情况必须予以考虑。最极端的情况是整个工具箱掉落到飞机结构上,相当于 135 J 的能量。

根据冲击威胁类型和能量级别,造成的损伤可能很容易或不容易被检测到。检测能力取决于所选的检测方法。先进的方法如超声波检测或 X 射线检测可以检测到更小的损伤尺寸(见图 4.6)。简单的方法如目视检测则相对不太可靠,只能检测到较大尺寸的损伤。此外,尖锐冲击(见表 5.1)往往会刺破结构表面,这使得检

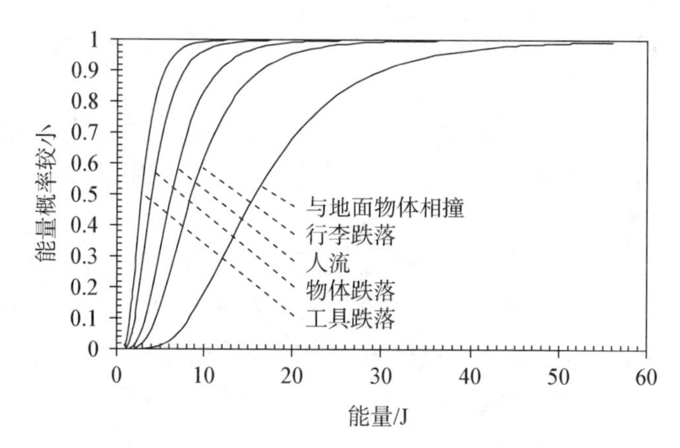

图 5.2 不同冲击威胁的能量水平和发生概率

测更容易，而钝冲击往往不会在表面留下痕迹，因此需要更精细的检测方法进行检测。

给定了损伤威胁和类型的范围以及各种检查方法（见图 4.6）后，就需要建立损伤与承载能力之间的关系。一旦选择了确定的检测方法，结构中就可能存在用该特定方法不能检测到的不可知损伤。从用户的角度来说，结构是“原始的”，必须能够承受极限载荷。这意味着带有所选检测方法“可检门槛值”（TOD）以下损伤的结构均被等效为“原始”结构，不能在极限载荷下失效。

此外，所选检测手段对应的易检损伤对用户来说是较容易在检测中获知的，如目视可检的尖锐冲击（见表 5.1）损伤。在没有特殊原因的情况下，限制载荷和极限载荷之间的安全系数 1.5（主要是为了涵盖与未知损伤有关的不确定性）就不再需要采用了。因此，带有可检损伤的结构必须能承受限制载荷。注意，这不包括大面积离散源损伤，如可能由鸟撞或雷击造成的损伤，这些是飞行员应该立即知道的，因此要求的承载能力低于限制载荷，我们称之为安全返航载荷。

通常的做法是使用目视检测作为日常检测的方法。这样，前面提到的 TOD 即为目视勉强可见的冲击损伤（BVID）。这意味着具有 BVID 的复合材料结构必须满足极限载荷。如果损伤可见，则结构必须满足限制载荷。

BVID 的一个常见问题是它受检测人员、照明条件、油漆（或没有涂漆）的受冲击表面等因素的影响。为了使 BVID 的定义更加客观，定义 BVID 为从大约 1 m 远处看到的凹坑深度为 1 mm 的损伤。应该指出，凹坑深度随时间增长而松弛。因此，BVID 通常被定义为在三天后达到 1 mm 凹坑深度的损伤，这时候大部分松弛效果已经产生。

冲击损伤对压缩强度的影响与其他类型损伤的比较如图 5.3 所示。

从图 5.3 可以看出，冲击损伤是以下不容易目视检测的最重要的损伤类型。这

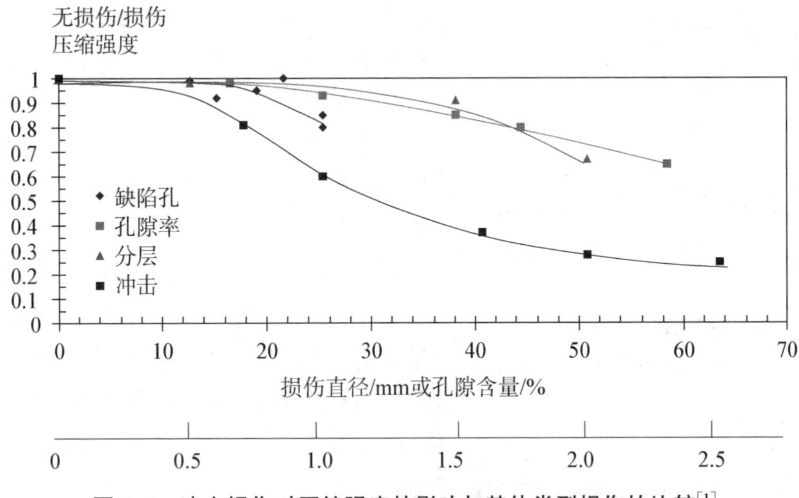

图 5.3　冲击损伤对压缩强度的影响与其他类型损伤的比较[1]

些损伤类型包括孔隙含量、孔隙率、分层和冲击损伤。孔是目视可检损伤中最严酷的,如缺陷孔和开孔。这表明,如果使用 BVID 来设计极限载荷和用一定直径的孔来设计限制载荷,则可以覆盖在制造或服役过程中产生的大多数类型的损伤。

有人可能认为对于一些保护起来不受冲击威胁的复合材料零部件,尝试不采用 BVID 作为设计条件。例如,被其他部件包住的零部件或未受到典型威胁(如冰雹损伤或跑道碎片)的部件可以等效为免除 BVID 设计要求。但是,这是不正确的。因为在制造过程中,不可能保证在有关部件被其他部件包围之前,不会无意中受到冲击;或者,在拆卸部分结构的维修过程中,这些部件可能再次受到冲击威胁。因此,必须在每个复合材料零件的设计中都考虑 BVID。此外,由于冲击事件具有随机性,因此不可能保证 BVID 不会发生在设计的零部件承载最大的位置。因此,即便不太可能发生,设计也必须在承载最大的位置处考虑 BVID。

除了难以准确地定义之外,如上所述,在设计较厚复合材料结构时定义 BVID 也会引起问题。因为随着结构厚度的增加,产生 BVID(如定义为 1 mm 凹坑)所需要的能量也随之增加。对于足够厚的结构,所需的能量可能"太高",超过在结构寿命期间预计可能的任何能量水平。在这种情况下,使用 BVID 作为厚结构的极限载荷设计要求过于保守。对于更具代表性的设计,应该使用前面提到的 135 J 截止能量和结构寿命期间可能面临的冲击威胁两者中较高的值来进行设计。

5.2　耐久性与损伤容限

与冲击有关的内容包含两个区别明显但又相互关联的部分。第一个是损伤产生时的程度和类型,第二个是遭受这种损伤后结构的强度。

结构的损伤程度与剩余强度之间并不是唯一相关的,认识到这一点对我们来说

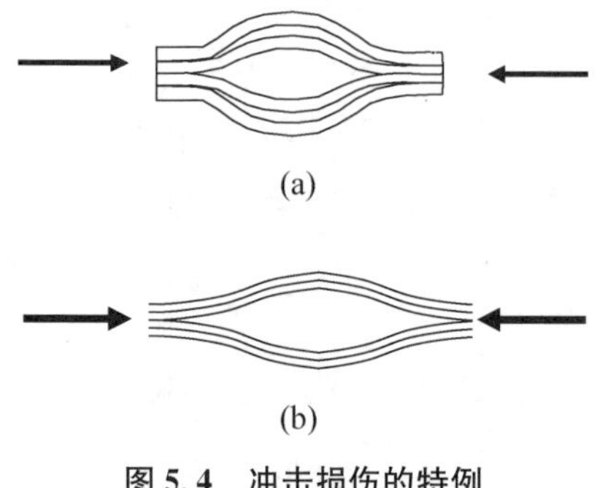

图 5.4 冲击损伤的特例

(a) 产生许多小的分层 (b) 产生单一的大分层

非常重要。通常，损伤程度是通过超声波对分层和纤维断裂覆盖的区域尺寸进行检测得到的。即使从检测结果中得知厚度方向上每个分层的确切位置，损伤程度也可能会误导我们对剩余强度的预测。图 5.4 展现的就是这样一个例子。

在冲击之后产生了许多小的分层，如图 5.4(a)所示。如果施加压缩载荷，则所有或大部分由分层产生的子层压板将由于具有较低的弯曲刚度而较早地失稳，最终失效将在失稳后很快发生。而图 5.4(b)中所示的情况有所不同，虽然产生的分层较大，但是所产生的子层压板较厚，并且与图 5.4(a)的多个子层压板相比具有较高的弯曲刚度。因此，图 5.4(b)中的子层压板能承受更高的失稳载荷，最终失效载荷也会更高。

图 5.4 的例子只是复合材料具有较大的损伤程度，不一定意味着是较低的冲击后压缩(CAI)强度的许多特例之一。因此，区分产生损伤程度相关的机理和如果存在一定程度损伤时导致最终失效的机理都非常重要。

正如之前提到的，有良好的抗损伤性能并不总意味着该结构也拥有良好的损伤容限。但是，当我们没有其他方式(精确的分析或试验结果)来量化结构的损伤容限时，要想得到一个良好的损伤容限，首先要做的就是做好抗损伤设计。因为使用了增韧的基体材料，所以结构拥有优秀的抗损伤性能，某些时候这也可以转变为良好的损伤容限。热塑性材料就是一个典型的例子，韧性热塑性基体在冲击过程中将避免大的分层。

极端情况下，增加韧性可能会导致相反的结果[2]。例如，对于采用 BVID 设计的热塑性层压板而言，由于其基体韧性很强，因此需要更高的能量来生成对应于 BVID 的压痕。这就意味着同样采用 BVID 设计的层压板，热塑性层压板比起热固性层压板将有更多纤维发生断裂，也就是说能够承受压载荷作用的完好纤维将更少，造成 CAI 强度更低。

简单起见，为了能够比较不同层压板的试验结果，我们对试验过程进行了标准化。冲头通常都是钢制的，并且采用一个半径为 0.8～2.5 cm 的球形冲头。同样地，我们也需要对试验样本进行标准化[3]，但是这在设计中的作用比较有限，因为它们的几何形状、边界条件及厚度与典型的复合材料结构并不是一一对应的。

冲击损伤效应的完整表达由两部分组成，第一部分是结构的抗损伤性能，由冲头的几何形状和冲击能量确定冲击的类型、范围以及厚度方向的损伤位置。第二部分是结构的损伤容限，用于确定在给定载荷作用下结构的剩余强度。

问题的复杂性使得我们有必要利用现今的计算机进行大规模数值计算来建模。但是如果需要针对大量不同层压板结构中各个位置损伤进行建模计算并比较以获得最优解，则这种设计优化方法就不是那么有效了。因此，这些年人们一直在试图得到一些简洁高效但可能没有那么精确的方法，来帮助设计师、分析人员选择最好的模型，减小为后续验证设计所要付出的试验成本。接下来，为了增加复杂度，我们将列举其中几种简单的方法。分别为：①将冲击损伤等效为一个孔；②将冲击损伤等效为分层；③将冲击损伤等效为某区域刚度的减小；④将损伤作为连续体模型的一部分来分析结构，本书重点介绍了前 3 种方法。

5.3　将冲击损伤等效为一个孔

在极限情况下，若冲击能量足够高以致冲头完全穿透层压板，则结构的损伤将由一个周围带有损伤的不规则孔构成。我们可以将损伤模型简化为一个等效的孔模型，这种方法之前被成功地应用在炮弹损伤中[4]。因此，在某种意义上，我们也可以将这种建模方式理解为低能量下炮弹损伤的延伸[5,6]。

其中有一个重要观点是，总会有一个孔尺寸，使得不同结构在给定的冲击损伤下拥有相同的剩余强度。之后我们就可以用第 2 章中的方法对孔进行分析，这比起分析冲击损伤要简单得多，具体的例子如图 5.5 所示。

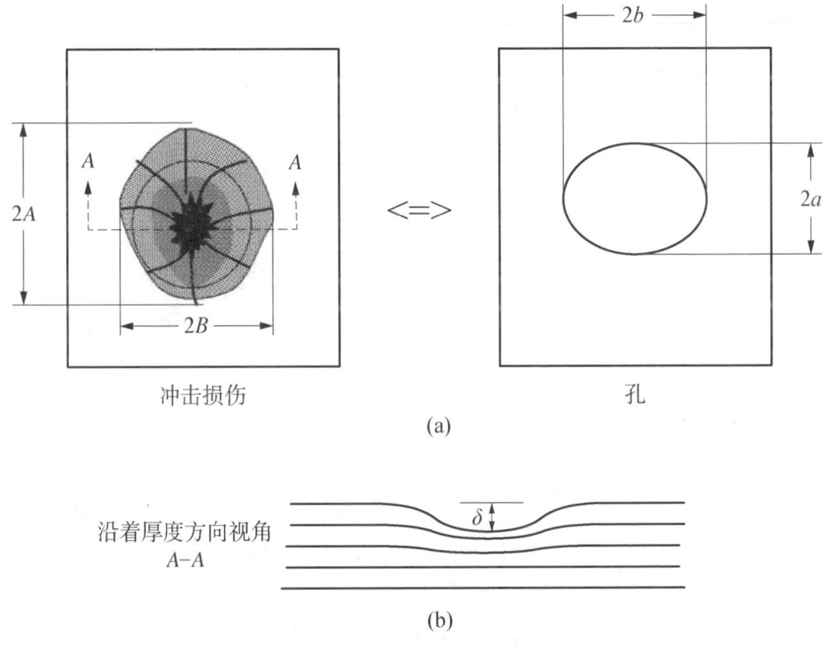

图 5.5　将冲击损伤等效为一个孔

针对图 5.5，主要的问题在于如何确定等效孔的尺寸大小。通常，等效孔的形状是一个长短轴分别为 $2a$ 和 $2b$ 的椭圆，这与实际冲击损伤的总体尺寸 $2A$ 和 $2B$ 存在某种关系；此外，通过超声波扫描测量的冲击损伤也建模为椭圆形。

对于 CAI，研究人员[6]提出了一种方法，将 $2b$ 方向的轴线垂直于所施加的压载荷，大小等于 $2B$，之后 $2A$ 的大小就可由压痕 δ 以及冲头半径 R 的函数确定。举例来说，如果假设冲头相对于层压板来说是一个绝对刚体，那么就可以假设压痕的形状是贴合冲头的，如图 5.6 所示。

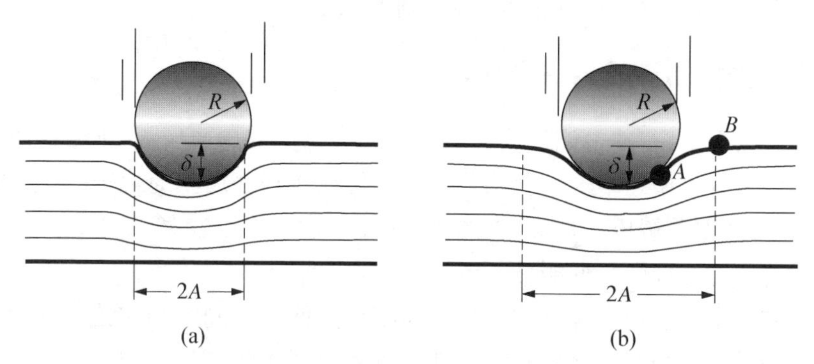

图 5.6　冲击时冲击表面可能的形状，两种情况下的凹陷均相同

在图 5.6(a)所示的极限情况下，受冲击的层压板上表层与冲头对应于压痕 δ 的部分完全贴合，不过这针对的只是非常软的层压板。通常，层压板上表层只会有一小部分与冲头相接触，如图 5.6(b)所示。

$2A$ 与受冲击层压板大变形下的区域相关。对于图 5.6(a)中的情形，$2A$ 近似等于：

$$2A = 2\sqrt{R^2 - (R - \delta)^2} = 2\sqrt{2R\delta - \delta^2} \tag{5.1}$$

对于图 5.6(b)中的情形，需要额外的相关曲线 AB 的形状信息，这与冲头和层压板的切点 A 有关，点 B 是层压板上表面变平的起始位置。我们可以假设不同的曲线形状，或是利用试验数据来定义这条曲线。

在定义了 $2A$ 和 $2B$ 之后，受冲击的层压板就等效为一个带有椭圆孔的层压板，其 $2A$ 方向与加载方向相平行。若 $2A$ 与 $2B$ 近似相等，那么等效孔形状就变成了圆形，此时我们可以直接利用第 2 章中的分析方法。若 $2A$ 与 $2B$ 相差过大，那么依然可以利用第 2 章中 Whitney-Nuismer 的方法，只不过在孔边缘的应力分布必须从正交各向异性弹性解中得到[7,8]。

对于夹层结构，冲击载荷的等效孔可以通过一个确定的层压板结构、特定的冲击水平以及 BVID 来精确地定义。若面板层接近准各向同性，其任何方向上的面板刚度在准各向同性层压板刚度的 20%以内，则可以使用直径为 6.35 mm 的孔近似 BVID。

我们对含有直径为 6.35 mm 的孔或是 BVID 的两个不同尺寸（15.2 cm×15.2 cm，53.3 cm×53.3 cm）的夹芯板进行试验。面板包括准各向同性铺层以及刚度偏硬和偏软 20%的层，试样如图 5.7 所示。注意，大尺寸的试样在从夹芯板到整块层压板的过渡中有一个斜坡，而小尺寸的试样在加载端厚度不变，并带有发泡胶。

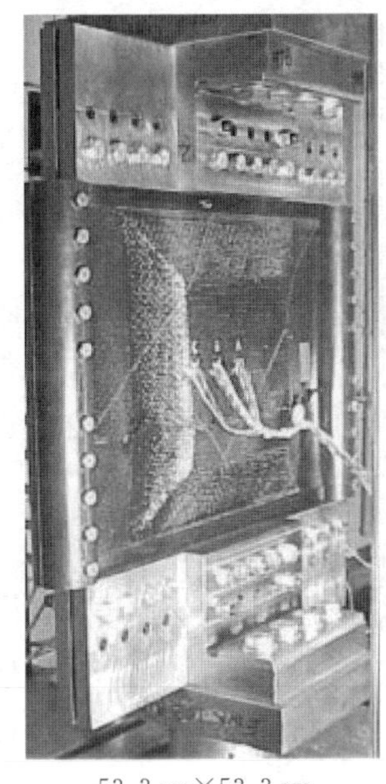

53.3 cm×53.3 cm

(a)

15.2 cm×15.2 cm

(b)

图 5.7 夹芯结构压缩试验

试验获得了两点重要结论：

(1) BVID 失效的小尺寸样本的平均失效强度为其静强度的 67%，而大尺寸样本则达到了 76%。这样的偏差是在试验离散度之外的。这意味着其中存在着尺寸和边界效应。带有损伤的更小尺寸样本将在更低的载荷水平下失效。能解释这种现象的原因在于大尺寸样本通过面外变形来吸收更多能量，而不是让这些能量造成结构损伤。此外，小尺寸样本可能存在一些有限宽度效应，因为结构支撑边界的加强增加了局部刚度，并且使其离受冲击位置更近。

(2) 具有 BVID 的大尺寸的样本和具有直径为 6.35 mm 孔的相同尺寸的 OHC（开孔压缩）样本具有相同的失效强度。试验的数据分析表明，BVID 与 OHC 的两组数据能够等效为具有相同平均强度（76%的未损伤静态强度）的等效数据。因此，对于这些夹层结构，可以认为直径为 6.35 mm 的开孔层压板与带 BVID 的层压板具有相同的残余强度。面板铺层、夹芯材料、密度等信息如图 5.8 所示，涵盖厚度小于 1 mm 的面板结果。

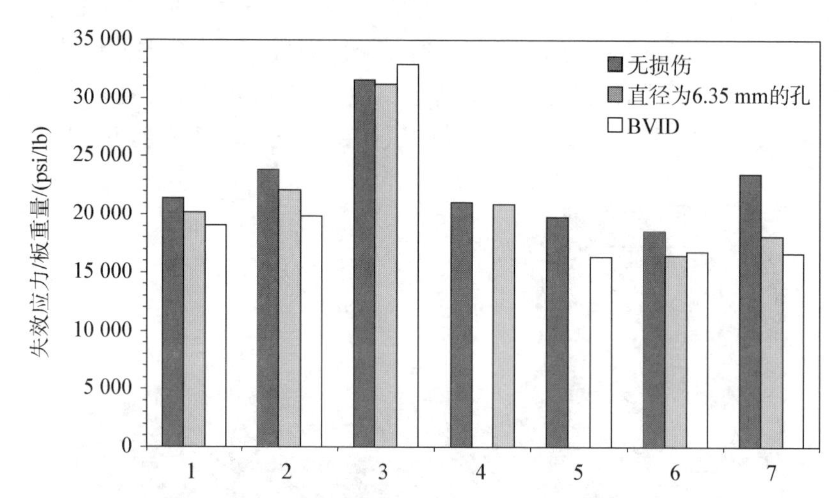

图 5.8　带有 BVID 或者直径为 6.35 mm 的孔的夹芯结构与不同的铺层和芯无损结构的压缩强度对比（夹芯结构尺寸为 53 cm×53 cm）

观察受冲击后剪切强度（SAI）也出现了类似的情况。从带有直径为 6.35 mm 的孔，尺寸为 53.3 cm×53.3 cm 的样本试验中得到的结果与带 BVID 的相应结果之间差别并不明显。因此，在剪力载荷作用下开孔结构的分析方法可以用来替代 SAI 的分析方法。此外，该结论仅对厚度不超过 0.8 mm 的准各向同性面板成立。试验样本以及芯材密度/面板铺层的不同组合测试结果如图 5.9 所示。

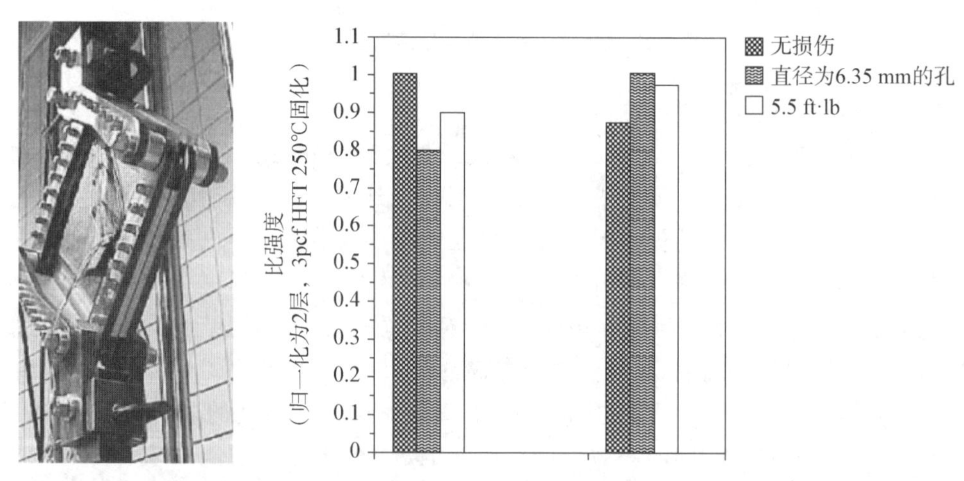

图 5.9　带有 BVID 或者直径为 6.35 mm 的孔的夹芯结构与采用不同的铺层和芯的无损结构的剪切强度对比（夹芯结构尺寸为 53.3 cm×53. 3cm）

5.4 将冲击损伤等效为分层

这里，我们认为受损伤的区域依然可以承受载荷作用。我们不对冲击阶段产生的所有分层进行建模研究，而是将某一等效尺寸的分层置于一个特定的层界面处[9,10]进行研究，这也是我们所做的第一次近似，如图 5.10 所示。图 5.10(b)的一个子层压板的屈曲载荷必须等于图 5.10(a)中的 CAI 载荷。这也就产生了两个问题：等效的分层尺寸是多少？穿透厚度方向的分层应被放置在何处？

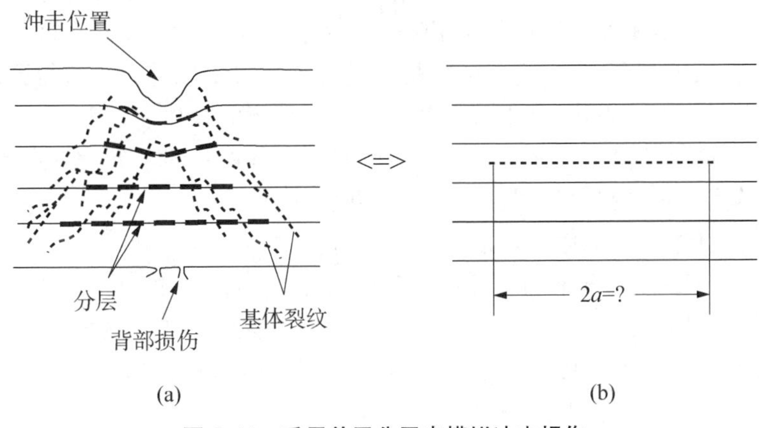

图 5.10　采用单层分层来模拟冲击损伤

分层的等效尺寸及位置主要取决于铺层方式及厚度。需要大量的试验来建立其可用值，以便在足够大的变化范围内给出最佳的 CAI 载荷近似值。

对于厚度达到 1.3 mm 的层压板，试验显示距离冲击点越远，冲击造成的分层尺寸越大。最大的分层通常出现在靠近芯材的分层处及其附近。在某些情况下，芯材与面板间的胶接连接强度不够高，两者间会出现脱粘现象。现在我们假设芯材与面板间有足够的粘接强度，那么最大的分层会出现在远离芯材的第一个分层界面处，如图 5.11 所示。如果每个面板只有两层，那么造成 BVID 的冲击能量将对冲击点下的芯材造成损伤，造成芯材与面板处的等效脱胶。因此，对于只有两层的面板，等效分层就是芯材与面板处的等效脱胶。

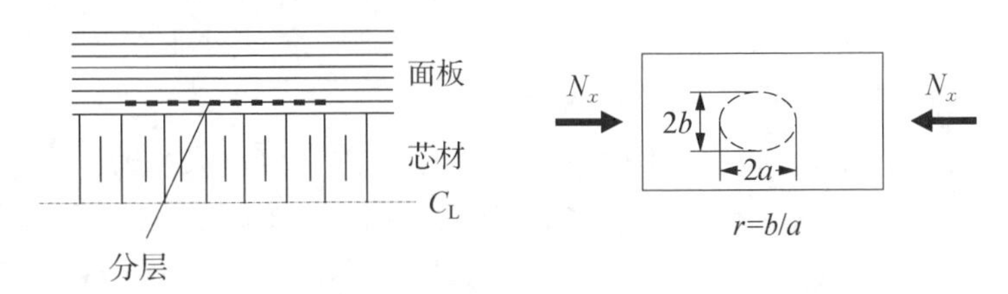

图 5.11　在夹芯结构中将 BVID 进行分层等效

正如之前所提到的，我们假设表现冲击损伤的分层是椭圆形的，长宽比 b/a 的大小已知。通常，它与在模拟结构中的椭圆形外围 BVID 具有相同的长宽比，可通过对同一或相似层压板进行试验得到。这样，这个模型中就只剩 $2a$ 未知了。

$2a$ 的大小可通过层压板中的板内分层的屈曲与其他失效模式（无损伤或分层）相关联得到。如果没有损坏，则必须评估其他层压板的失效模式，如面板强度、起皱、凹陷或面板屈曲[11]，以确定关键失效模式。之后，如图 5.11 所示，我们将长宽比 b/a 置于一个临界位置。长度 $2a$ 将一直变化，直到椭圆分层面在一个不含损伤层压板的失效压缩载荷的作用下发生屈曲为止。这种分层的屈曲情况对应的尺寸刚好与不含损伤面板失效时的尺寸相吻合。为了对应 BVID，我们将这个尺寸乘上一个系数，扩大了 1.22 倍。这个系数是通过对大量层压板进行试验得到的[9]。不过，如果该损伤不是 BVID，那么我们就得换用一个新的系数了。因此，一个每个面板都为 12 层铺层的夹芯结构，以及在任何方向上的刚度都在准各向同性铺层的 20%以内的铺层的 CAI 强度可以采用以下办法近似估计：

(1) 若没有损伤，则确定层压板在压缩载荷下的失效载荷大小。

(2) 在 BVID 的情况下确定长宽比 b/a 的大小（见图 5.11 中 b/a 的定义）。

(3) 将分层的长宽比 b/a 置于层间界面靠近于核及其附近的位置（见图 5.11）。

(4) 确定(3)中 $2a$ 的大小，如可利用分层的屈曲载荷与(1)中的失效载荷相吻合的特点。

(5) 将尺寸 $2a$ 放大 1.22 倍，并利用新的 $2a$ 确定作为分层屈曲应力的 CAI 强度。

5.5　将冲击损伤等效为某区域刚度的减小

将冲击损伤等效为某区域刚度的减小也是一种冲击损伤建模的提升方法。基体裂纹、断裂的纤维以及受损区域的分层改变了层压板的面内局部刚度。通常，受损区域的局部刚度不是恒定不变的，它会从受损区域的中心处一直增长到受损区域边界，相应的刚度大小从一个比较小的值或是零（如果有穿刺的话）到未受损层压板对应的值。其刚度的变化在不同的半径方向上也不都是一样的。我们在这里所做的第一个近似，就是假定受损区域刚度的减小量恒定不变。这就意味着若未受损区域层压板的刚度是由式 2.4 定义的 E_{11}^L、E_{12}^L、G_{12}^L、ν_{12}^L，那么受损区域的层压板刚度就变为 rE_{11}^L、rE_{12}^L、rG_{12}^L、$r\nu_{12}^L$，其中，r 是由冲击损伤造成的刚度的恒定减小系数，同时也是模量保持率[12]，如图 5.12 所示。比例系数 r 的大小取决于能量水平。对于高冲击能量，r 更趋于零，反之 r 更趋于 1。

现在，面前的问题被简化为求某带有一个正交异性椭圆形夹杂的正交各向异性板中应力，其中夹杂区域刚度为其周围材料刚度的 r 倍。这个问题已经被 Lekhnitskii[13] 用复杂变量解决了。若 $r<1$，那么应力最大点位于夹杂区域的边界。在某特殊情况下，夹杂区域接近于圆形，那么描述受损区域边界应力的应力集中系数(SCF)可

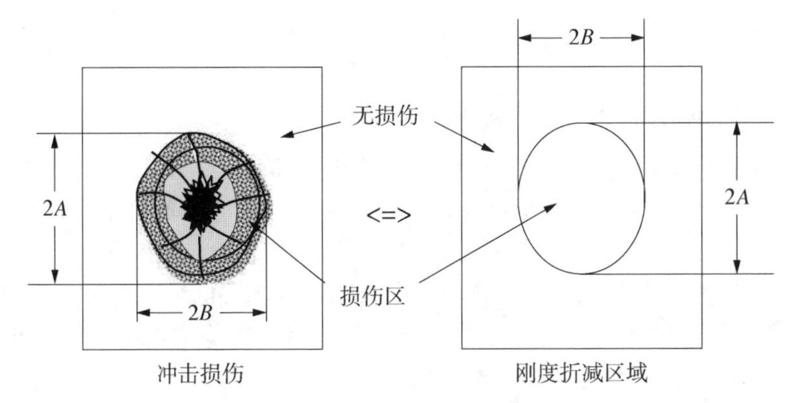

图 5.12 冲击损伤区域近似为刚度折减的区域

以表示为

$$\mathrm{SCF}=1-(1-\lambda)\frac{1+\left[\lambda+(1-\lambda)\nu_{12}^{2}\left(\frac{E_{22}}{E_{11}}\right)\right]\sqrt{2\left(\sqrt{\frac{E_{11}}{E_{22}}}-\nu_{12}\right)+\frac{E_{11}}{G_{12}}}+\left(\frac{E_{11}}{G_{12}}-\nu_{12}\right)\sqrt{\frac{E_{22}}{E_{11}}}}{1+\lambda\left[\lambda+\left(1+\sqrt{\frac{E_{22}}{E_{11}}}\right)\sqrt{2\left(\sqrt{\frac{E_{11}}{E_{22}}}-\nu_{12}\right)+\frac{E_{11}}{G_{12}}}\right]+\left(\frac{E_{11}}{G_{12}}-2\lambda\nu_{12}\right)\sqrt{\frac{E_{22}}{E_{11}}}-(1-\lambda)^{2}\nu_{12}^{2}\left(\frac{E_{22}}{E_{11}}\right)} \tag{5.2}$$

式中，E_{11}、E_{22}、G_{12}、ν_{12} 为未受损层压板面内刚度的定量描述；$\lambda=1/r$ 代表未受损区域刚度与受损区域刚度的比值($\lambda>1$)。

由式(5.2)得到的 SCF 针对的是无限大平面。若受损区域占冲击平面的比例较大，那么就必须用一个有限宽度修正系数来修正 SCF 的大小。在这第一次近似中，我们可以使用式(2.5)。

有趣的是式(5.2)重现了某些特殊情况下的结果。举个例子，假如受损区域是一个洞，$r=0$，$\lambda=\infty$，那么代入式(5.2)中可得

$$\mathrm{SCF}=1+\sqrt{2\left(\sqrt{\frac{E_{11}}{E_{22}}}-\nu_{12}\right)+\frac{E_{11}}{G_{12}}}\quad 开孔 \tag{5.3}$$

这与当 θ 取 90°时得到的式子一致。

同样，当没有冲击损伤存在，也就是 $r=1$ 时，由式(5.2)得到的 SCF=1 符合预期。

一旦确定了 SCF，就可以由下式得到 CAI 强度：

$$\sigma_{\mathrm{CAI}}=\frac{\sigma_{\mathrm{c}}^{u}}{\mathrm{SCF}} \tag{5.4}$$

式中，$\sigma_{\mathrm{c}}^{\mathrm{u}}$ 为未受损层压板的抗压强度。

模量保持率 r 依旧未知。正如我们之前所提到的，r 取决于冲击能量。通常来说，我们还需要一些额外的分析(参见 5.7.2.2 节以下内容)或试验结果来确定它的大小。在这里我们将对 r 的值进行定性讨论，给读者提供一些思路。

一般说来，受损区域的刚度在中心处及其附近区域可低至 0，然后又在受损区域边缘增加到 1。假设刚度是线性变化的，那么受损区域可能的表现形式如图 5.13 所示。若冲击能量足够高，冲头在受冲击区域的中心打了一个孔，那么该处的刚度大小就为零，刚度将从孔边缘的零一直变化到未受损区域的远场刚度 E_{ff}，如图 5.13(a)所示。若冲击能量相对较低，那么冲击中心处的刚度将介于 0 和 E_{ff} 之间，如图 5.13(b)所示。

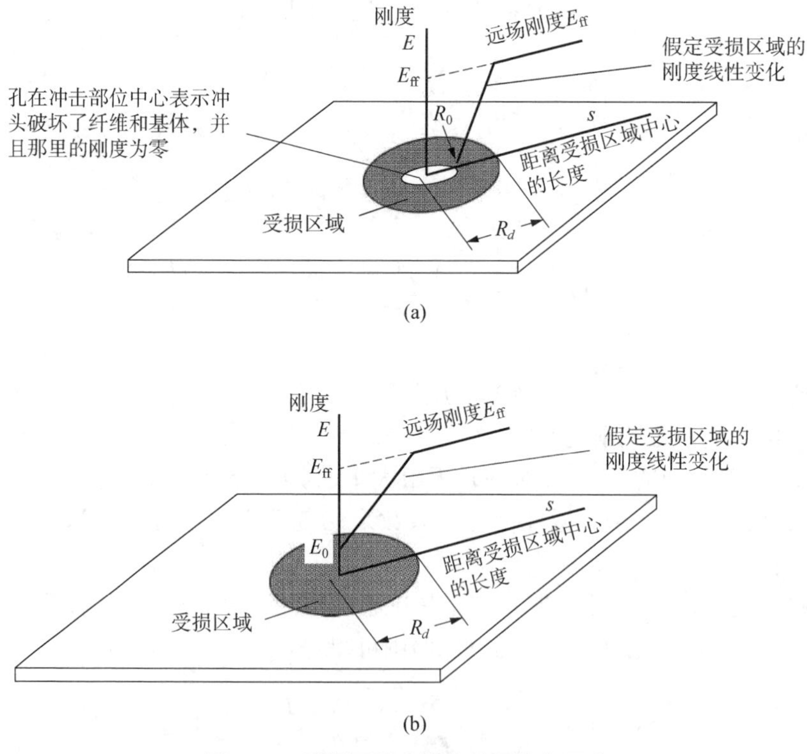

图 5.13　受损区域中刚度的可能表示法

(a) 高能量冲击(在受损区域的中间穿透)　(b) 低能量冲击

若受损区域刚度的起始值 E_0 已知，那么在 E_0 与 E_{ff} 之间刚度的线性分布规律可用来近似径向的平均刚度：

$$E_{\text{dam}}=\frac{1}{R_d}\int_0^{R_d}\left[E_0+(E_{\text{ff}}-E_0)\frac{s}{R_d}\right]\mathrm{d}s \tag{5.5}$$

值得注意的是，如果在受损区域的中心出现了一个孔，那么式(5.5)中的积分下限须更换为图 5.13(a)中到孔边缘的径向距离 R_0。

若在不同铺层方式下用不同的 r 值(模量保持率)来看 SCF 的变化，那么我们就可以得到一个更加定量的评估结果，如图 5.14 所示。图中的铺层方式从高度正交各向异性(所有都是 0°单向铺设)到由基体主导(所有都是 45°纤维的材料)。

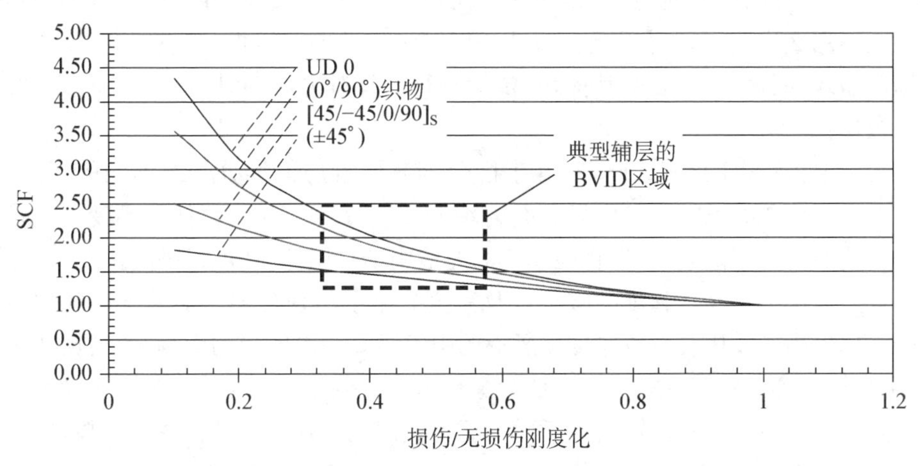

图 5.14 边缘圆形弹性夹杂的应力集中系数为刚度比 r 和铺层顺序的函数

我们可以从图 5.14 中得到几个有趣的结论。第一个结论是所有沿±45°方向铺设的板的 SCF 最低，对应的 BVID 范围为 1.2～1.5。带有缺陷的，沿±45°方向铺设的板的特点就在于其非常低的 SCF 值，这一点在表 2.1 中也有体现。基于上述发现，我们可以增加层压板中 45°层的层数，以此减小由于冲击(或开孔)造成的 SCF。然而需要强调的是，仅由±45°层组成的层压板在给定的厚度和冲击能量下 CAI 强度并不是最高的。这种层压板在具有较低 SCF 的同时，又有非常低的未受损抗压强度。这意味着式(5.4)中的分子和分母都缩小了。通常，从增加层压板中 45°层的层数造成的影响来说，未受损强度比起在现有冲击损伤下的 SCF 减小得更快一些。从 CAI 强度的角度来看，最优的铺层方式是既有 0°层又有 45°层。0°层可以减小未受损强度，而 45°层可以减小冲击之后的 SCF。关于这种 0°和 45°混合铺层方式带来的影响，在 2.7 节中有一些详细的论述。当然，除了上述两种方向之外，为了满足其他载荷的需要以及设计规则，我们也引进了一些其他的方向，如 10%准则。

我们从图 5.14 中得到的第二个结论是若一个层压板中不含 0°层(这在现实生活中很少见)，那么其剩余层压板的刚度将与所期望的结果范围吻合得非常好。也就是说在 BVID 的情况下，它的 SCF 范围为 1.2～2.2。

从图 5.14 中能得出的第三个结论是关于损伤抗性和损伤容限差异性的内容。(0°/90°)层和(±45°)层在层压板中所处的层数位置是相同的。唯一的差异在于其中的一个相对于其他层压板转过了 45°。这表明在一个给定的冲击能量下，它们将产生同种类型和同样范围的损伤。但是，我们可以从图 5.14 中位置第二高的曲线和位置最低的曲线对比中，明显地看出两者 SCF 的差异。这与(0°/90°)层有沿纤维方向的载荷，而(±45°)层却没有的事实相照应。

我们必须牢记由式(5.3)、式(5.4)以及图 5.14 得到的结果都是近似的。式(5.3)针对的是圆形的损伤。如果损伤轮廓与圆形差别过大的话，那么得到的结果可能就不那么准确了。对于所有都是 0°层铺设的单向层压板(对应图 5.14 中位置最高的曲线)而言，试验表明其损伤(包括平行的纤维方向的纵向劈裂)将沿着纤维方向被拉长。

另外值得一提的是，式(5.3)并未区分拥有同种层但堆叠方式不同的层压板。当堆叠方式变化时，式(5.3)中只有面内刚度 E_{11}、E_{22}、G_{12}、ν_{12} 保持不变。这是一个非常重要的限制因素，我们将在 5.7.2.3 节中结合图 5.40 进行讨论。

上述讨论都是基于强度的减小以及完全忽略了出现分层的那一子层的屈曲得到的。如果由于作用在单位厚度层压板的中等至高冲击能量的影响，使得层压板中分层足够大，那么鉴于受损区域的应力集中效应，层压板可能会在失效前发生分层屈曲，并可能导致最终失效。在这种情况下，我们就必须对其进行强度分析，同时使用类似于 4.3.2 节中的方法进行屈曲分析。

5.6 应用：简化模型预测与试验结果的对比

为了检验上述三种简化方式(孔、等效分层以及某区域的刚度减小)对冲击损伤的预测效果，我们将它们与试验结果相比较。

分别用下面三种不同的铺层方式：

(1) [(±45)/(0/90)]。

(2) [(±45)/(0/90)/ (±45)]。

(3) [(±45)/$(0/90)_2$/ (±45)]。

制作带有直径为 2.5 cm 的核，尺寸为 15.2 cm×15.2 cm 的层压板样本。样本在他们的两个相对端进行封装并受到冲击作用，大小对应于其 BVID 水平。之后，使用图 5.7(b)中的夹具对样本进行压缩试验。

纤维的基本材料参数如下：

$$E_x = 73.0\ \text{GPa}$$

$$E_y = 84.0\ \text{GPa}$$

$$G_{xy} = 5.3\ \text{GPa}$$

$$\nu_{xy}=0.05$$
$$单层厚度=0.1905\ \text{mm}$$

试验测得的未受损层压板在压缩作用下的失效强度分别为

(1) 328.1 MPa。

(2) 297.5 MPa。

(3) 291.3 MPa。

5.6.1 将BVID等效为一个孔

为了能将BVID等效为一个孔，我们根据5.3节中的内容，假设能用一个直径为6.35 mm的孔代替BVID，那么我们就可以使用式(2.11)了。为了使其适用式(2.11)的条件，我们必须先得到铺层方式与之前相同，且含直径为6.35 mm的孔的有限大层压板对应的SCF。为此，我们得先利用式(2.6)，所得到的SCF列在了表5.2中的最后一列。

表5.2 含孔的有限大平板的SCF

面板铺层	E_{11}/Pa	E_{22}/Pa	G_{12}/Pa	ν_{12}	SCF
(±45°)/(0°/90°)	53.77×10^9	58.74×10^9	2.1234×10^{10}	0.307	2.96
(±45°)/(0°/90°)/(±45°)	44.60×10^9	47.57×10^9	2.6542×10^{10}	0.429	2.66
(±45°)/(0°/90°)$_2$/(±45°)	53.77×10^9	58.74×10^9	2.1234×10^{10}	0.307	2.96

将2.6节中简要提到的方法应用于确定压缩特征距离，得到$d_0=2.1$ mm。利用式(2.11)来确定三种层压板中从孔边缘到远场施加应力的应力比。相应的应力比分别如下：

(1) 1.380。

(2) 1.398。

(3) 1.380。

之后我们就可以得到远场处CAI应力，它使得在d_0处的应力等于先前已知的未受损失效强度。因此，对于层压板A来说，有

$$\frac{\sigma(y=d_0)}{\sigma_{\mathrm{ff}}}=1.38\Rightarrow\frac{\sigma_c^u}{\sigma_{\mathrm{CAI}}}=1.38\Rightarrow\sigma_{\mathrm{CAI}}=\frac{328.1}{1.38}=237.8\ \text{MPa}$$

同样地，我们可以得到剩下两种层压板的近似CAI失效应力，结果如下：

面板铺层	σ_{fCAI}/MPa
(±45°)/(0°/90°)	237.8
(±45°)/(0°/90°)/(±45°)	212.8
(±45°)/(0°/90°)$_2$/(±45°)	211.1

5.6.2 将 BVID 等效为一个单独的分层

超声波检测结果显示受损区域近似于圆形，因此我们假设分层是圆的。利用5.4节中的内容，设 $2a$ 是分层的长度，它在远场载荷作用下造成分层屈曲，类比未受损强度的表达式为

$$\sigma_c^u = \frac{f(\text{layup})}{(2a)^2}$$

式中，$f(\text{layup})$为分层铺层方式与涉及 $\boldsymbol{D}$（弯曲刚度）和 $\boldsymbol{\alpha}$（$\boldsymbol{ABD}$ 的倒数）矩阵的整个面板的函数。根据5.4节的内容，将 $2a$ 放大1.22倍后分层屈曲载荷刚好等于CAI应力：

$$\sigma_{CAI} = \frac{f(\text{layup})}{(1.22a)^2}$$

将两个式子合并后消去 $f(\text{layup})/(2a)^2$ 项，得到：

$$\sigma_{CAI} = \frac{\sigma_c^u}{1.22^2}$$

利用上式得到的CAI强度预测值分别为

面板铺层	无损伤失效强度/MPa	CAI 预测失效强度/MPa
$(\pm45°)/(0°/90°)$	328.1	220.4
$(\pm45°)/(0°/90°)/(\pm45°)$	297.5	199.9
$(\pm45°)/(0°/90°)_2/(\pm45°)$	291.3	195.7

5.6.3 将 BVID 等效为一个刚度变小的椭圆形夹杂

正如5.5节中提到的那样，为了使用这个模型，我们必须先知道受损区域的平均刚度。在这里我们所讨论的三种层压板中，假设BVID在冲击区域的中心造成了一个针孔。这就意味着在受损区域中心的刚度为零，受损区域边缘的刚度与未受损时的刚度相等。如果假设受损区域中刚度沿着一条直线变化，如图5.15所示，那么径向的平均刚度就是未受损刚度的一半大小。

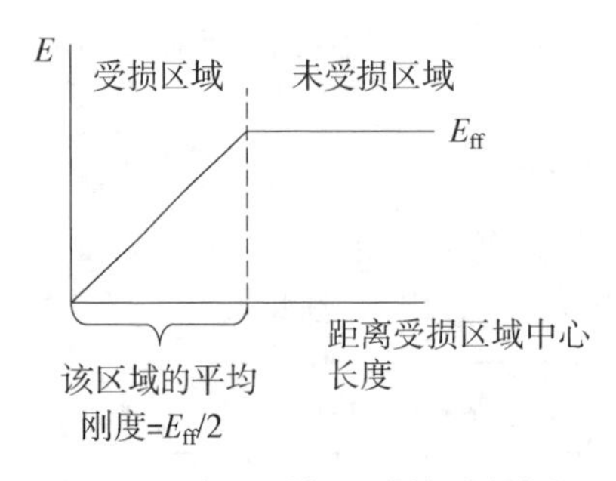

图 5.15 假设受损区域的刚度变化

三种层压板的参数如下：

面板铺层	E_{11}/Pa	E_{22}/Pa	G_{12}/Pa	ν_{12}
(±45°)/(0°/90°)	53.77×10^{9}	58.74×10^{9}	2.1234×10^{10}	0.307
(±45°)/(0°/90°)/(±45°)	44.60×10^{9}	47.57×10^{9}	2.6542×10^{10}	0.429
(±45°)/$(0°/90°)_2$/(±45°)	53.77×10^{9}	58.74×10^{9}	2.1234×10^{10}	0.307

将上面的数据代入式(5.2)和式(5.4),由此得到的CAI强度预测值如下:

面板铺层	无损伤失效强度/MPa	SCF	CAI预测失效强度/MPa
(±45°)/(0°/90°)	328.1	1.493 39	219.7
(±45°)/(0°/90°)/(±45°)	297.5	1.459 08	203.9
(±45°)/$(0°/90°)_2$/(±45°)	291.3	1.493 39	195.1

5.6.4 分析预测值与试验结果的对比

使用三种方法对三种层压板CAI强度的预测结果与试验结果的对比如表5.3所示。

表5.3 预测的带有BVID的夹芯结构的CAI强度与试验结果的对比

面板铺层	试验失效/MPa	用孔模拟损伤/MPa	误差/%	用分层模拟损伤/MPa	误差/%	用刚度减小模拟损伤/MPa	误差/%
(±45°)/(0°/90°)	254	237.7	−6.4	220.4	−13.2	219.7	−13.5
(±45°)/(0°/90°)/(±45°)	201	212.8	5.9	199.9	−0.6	203.9	1.4
(±45°)/$(0°/90°)_2$/(±45°)	181	211.1	16.6	195.7	8.1	195.1	7.8

从表5.3中我们可以看出,将冲击损伤等效为孔时,预测值与试验结果的误差在±17%以内;将冲击损伤等效为分层或某区域刚度的减小时,误差在±14%以内,其中后者的结果稍好一些。大体上来说,这些方法都给出了一个合理的预测值,考虑到它们的易用性,在初级设计阶段这些方法还是有用的。

5.7 将冲击损伤等效为某区域刚度减小的改进模型

我们曾在5.6节中提到过,虽然将冲击损伤等效为某区域的刚度减小也许能给出一个合理的精确预测值(见表5.3),但它受到诸如不知道受损区域的形状,以及不知道受损区域内的刚度分布等若干条件的限制。本节将介绍一种基于文献[14]和[15]的改进模型,对于单片层压板具有更好的精度。

5.7.1 给定冲击能量下损伤的类型和规模

为了得到一个高效又准确地求解 CAI 强度的模型，我们必须先确定在给定冲击能量水平下损伤的规模。我们假设低速冲击损伤的条件成立，这条假设在本章后面的部分也同样适用，那么就可以以处理准静态问题的方式来进行研究。从概念上讲，方法如下：

(1) 对于一个给定的冲击能量，确定所施加作用力的峰值以及它作用的区域。

(2) 确定当作用力峰值作用时，层压板各处的应力分布。

(3) 利用这些应力并综合面内外失效准则，确定穿透厚度的失效发生在何处，以及它是何种类型(基体裂纹、分层、纤维断裂)。

5.7.1.1 冲击过程中的峰值作用力

基于能量守恒原理，我们可以利用 Cairns[16] 和 Olsson[17] 提出的方法。假设冲击力在受冲击板达到其最大面外位移的时刻达到峰值，并且板和冲头在它们开始弹回之前暂时静止。同时，我们还假设在那个时刻冲头所有的动能已全部转化为板的应变能和使板发生局部凹陷的能量。则能量守恒原理可表达为如下形式

$$\frac{1}{2}m_{\mathrm{i}}\nu_{\mathrm{i}}^{2}=U_{\mathrm{p}}+E_{\mathrm{ind}} \tag{5.6}$$

式中，下标 i 表示冲头；U_{p} 表示板的应变能；E_{ind} 表示储存在面内凹坑中的压势能。需要注意的是，我们忽略了冲击过程中的任何能量损失。

储存在面内的能量与线性系统中所做的功相等，这也是我们所做的一阶近似：

$$U_{\mathrm{p}}=W_{\mathrm{p}}=\int_{0}^{w_{\max}}F\,\mathrm{d}w \tag{5.7}$$

式中，w 为由于冲击力 F 造成的中心位置处的面外位移。F 不是恒定不变的，而是随着 w 的变化而变化。

对于力 F 与位移 w 之间的关系，我们先假定接触力 F 是一个集中力。只要板面相较于接触区域足够大，那么刚刚的这个假设就足以得到一个合理的精确解。之后，我们就可以通过求解在一个集中力作用下某个板的面外位移 w，从而得到力 F 与位移 w 之间的关系。所得到的解毫无疑问是有关边界条件的函数。在板边缘简支的情况下，长为 a，宽为 b 的矩形板中心的位移可表示如下[18]：

$$w_{\max}=\sum\sum\frac{\left(\dfrac{4F}{ab}\right)\sin^{2}\left(\dfrac{m\pi}{2}\right)\sin^{2}\left(\dfrac{n\pi}{2}\right)}{D_{11}\left(\dfrac{m\pi}{a}\right)^{4}+2(D_{12}+2D_{66})\left(\dfrac{m^{2}n^{2}\pi^{4}}{a^{2}b^{2}}\right)+D_{22}\left(\dfrac{n\pi}{b}\right)^{4}} \tag{5.8}$$

式中，D_{ij} 表示板面的弯曲刚度矩阵。注意在推导中我们假设 $D_{16}=D_{26}=0$。双重

求和超过收敛所需的参数数量[通常,max(m, n)= 25]。式(5.8)可改写为如下形式:

$$F = kw_{\max} \tag{5.9}$$

式中,

$$k = \frac{1}{\sum\sum \frac{\left(\frac{4}{ab}\right)\sin^2\left(\frac{m\pi}{2}\right)\sin^2\left(\frac{n\pi}{2}\right)}{D_{11}\left(\frac{m\pi}{a}\right)^4 + 2(D_{12}+2D_{66})\left(\frac{m^2n^2\pi^4}{a^2b^2}\right) + D_{22}\left(\frac{n\pi}{b}\right)^4}} \tag{5.10}$$

将式(5.9)代入式(5.7),得到的板内应变能可表示为

$$U_p = \int_0^{w_{\max}} kw\mathrm{d}w = \frac{1}{2}kw_{\max}^2 = \frac{F_{\mathrm{peak}}^2}{2k} \tag{5.11}$$

对于压痕能量,我们需要得到力与压痕 δ 之间的一个近似关系。假设冲头与板面之间是 Hertzian 接触。Hertz[19] 证明,只要板内或是冲头没有损伤,那么与压痕相关的接触力可表示为

$$F = k_{\mathrm{ind}}\delta^{\frac{3}{2}} \tag{5.12}$$

式中,压痕常数 k_{ind} 针对准各向同性层压板,具体求解过程可参见文献[20]和[21]。

$$K_{\mathrm{ind}} = \frac{4\sqrt{R}}{3\pi(K_1 + K_2)} \tag{5.13}$$

式中,R 为冲头半径;K_1 和 K_2 分别为冲头和板面的柔度参数,可通过式(5.14)和式(5.15)计算得到

$$K_1 = \frac{1-\nu_{\mathrm{i}}^2}{\pi E_{\mathrm{i}}} \tag{5.14}$$

$$K_2 = \frac{\sqrt{A_{22}}\sqrt{(\sqrt{A_{11}A_{22}} + G_{zr})^2 - (A_{12} + G_{zr})^2}}{2\pi\sqrt{G_{zr}}(A_{11}A_{22} - A_{12}^2)} \tag{5.15}$$

式中,板面的刚度参量 A_{11}、A_{22}、A_{12} 可由下式得到:

$$A_{11} = E_z(1-\nu_{r\theta})\beta$$

$$A_{22} = \frac{E_r\beta(1-\nu_{rz}^2\alpha)}{1+\nu_{r\theta}}$$

$$A_{12} = E_r\nu_{rz}\beta$$

$$\beta=\frac{1}{1-\nu_{r\theta}-2\nu_{rz}^{2}\alpha}$$

$$\alpha=\frac{E_r}{E_z}$$

之后再利用式(5.12)就可以得到压痕能量：

$$E_{\text{ind}}=\int_0^{\delta_{\max}}F\mathrm{d}\delta=\frac{2}{5}k_{\text{ind}}\delta_{\max}^{\frac{5}{2}}=\frac{2}{5}\frac{F^{\frac{5}{3}}}{k_{\text{ind}}^{\frac{2}{3}}} \tag{5.16}$$

将式(5.16)和式(5.11)代入式(5.6)中，我们便可以得到以应变能和压痕能储存在层压板中的总能量大小。那么，对应于某一能量水平的峰值作用力就可通过下面的步骤得到：

(1) 选择某一峰值作用力 F_{peak}。

(2) 利用式(5.11)得到应变能 U_{p}。

(3) 利用式(5.16)得到压痕能 E_{ind}。

(4) 代入式(5.6)中得到总能量大小。

(5) 如果式(5.6)等号右边的值不等于等号左边的冲击能量，那么就要调整 F_{peak} 的大小，并重复上述过程，直到式(5.6)等号两边的值在某一范围内近似相等。

另外还有三点需要注意：

(1) 集中载荷作用下板面的边界条件会对结果造成很大影响。举个例子，在上述计算条件下，固支端边界得到的 $w_{\max}$ 与简支端得到的 $w_{\max}$ 差别接近 40%。

(2) 正如之前提到过的，一旦产生了损伤，那么式(5.12)中的 Hertzian 接触就不再成立了。为了得到更准确的结果，损伤开始之后我们应用一个不同的模型替代式(5.12)。比如，Talagani[22] 的研究表明，Christoforou 和 Yigit[23] 以及 Yang 和 Sun[24] 的接触模型可以合并一个模型，并且即使在损伤产生之后，这个模型与试验结果也吻合得非常好。

(3) 目前的模型忽略了峰值作用力造成的损伤效应。因此，从模型中预测得到的力将高于实际试验中测得的力。这其中的差异并不像它表面看起来的那样小，详细情况我们将在 5.7.1.3 节中做进一步讨论。

5.7.1.2　根据峰值冲击力确定应力

如果要确定具体的应力，那么接触力就不能再被视作集中力了，因为这里集中力得到的计算结果过于保守。那么 Hertzian 接触压力分布可通过下式得到：

$$p=\frac{3F_{\text{peak}}}{2\pi R_{\text{c}}^{2}}\sqrt{1-\frac{r^{2}}{R_{\text{c}}^{2}}} \tag{5.17}$$

式(5.17)描述了球形冲头以 F_{peak} 大小的力冲击板面时所产生的压力。R_{c} 是接触半径，r 是到冲击中心的极坐标。接触压力 p 在冲击中心处($r=0$)达到最大值，在 $r>R_c$ 时减小为零，如图 5.16 所示。

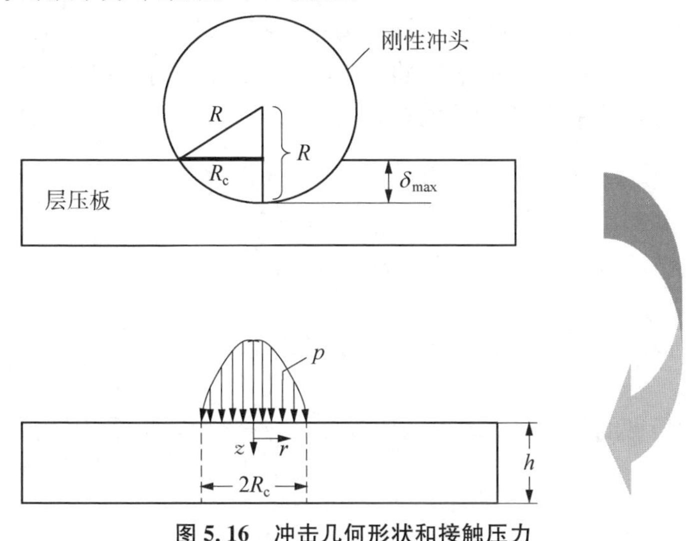

图 5.16 冲击几何形状和接触压力

从图中我们可以看出，接触半径 R_c 可通过下式得到：

$$R_c=\sqrt{R^2-(R-\delta_{max})^2} \tag{5.18}$$

式中，R 为冲头半径；δ_{max} 为从式(5.12)中得到的最大压痕。式(5.18)要求对于刚性冲头成立。这里我们假设钢制冲头的刚度远远大于复合材料板的刚度，因此式(5.18)也是可以使用的。

给定所施加的压力 p 后，我们必须确定板面上每一点产生的压力。我们假设板面是横观各向同性的，也就是说在面内任意一个方向上的刚度都相同，而这个值通常与面外刚度是不同的。

方便起见，我们采用柱坐标系。由于之前做了有关外载荷以及面内刚度的假设，因此可以认为之后的计算与转角 θ 无关。不仅如此，由于结构的对称性，切应力 $\tau_{r\theta}$ 与 $\tau_{\theta z}$ 均等于零。因此我们需要确定的应力只有 σ_r、σ_θ、σ_z 以及 τ_{rz}，其中，z 方向垂直于板面。

平板被划分为两个区域。一个区域在冲击点下方，$0\leqslant r\leqslant R_c$ 的部分；而另一个区域就是剩下的 $r>R_c$ 的部分。我们从冲击中心区域开始研究，并逐渐推广到外围。在接触区域内，$0\leqslant r\leqslant R_c$，假设面外的正应力 σ_z 具有如下形式：

$$\sigma_z=\frac{3F}{2\pi R_c^2}\sqrt{1-\frac{r^2}{R_c^2}}\left(A_1 e^{-\phi_1\frac{z}{h}}+A_2 e^{\phi_1\frac{z}{h}}+A_3 e^{-\phi_2\frac{z}{h}}+A_4 e^{\phi_2\frac{z}{h}}\right) \tag{5.19}$$

将上式与式(5.17)对比，可以发现所施加的冲击压力 p 与 r 的大小有关。而 z

依赖于含两个未知参数的 4 个指数式。这是基于应力解法中的最小余能原理和变分法，针对复合材料提出的假设[25,26]。在这一类问题中，控制微分方程中含有未知应力依赖性的导数，并最终变成了式(5.19)中的指数形式。所以可以预见，若将 σ_z 中 z 的依赖性作为未知的变分公式，将产生与之类似的微分方程和解的函数形式。

现调用柱坐标系中的应力平衡方程：

$$\frac{\partial \sigma_r}{\partial r}+\frac{1}{r}\frac{\partial \tau_{r\theta}}{\partial \theta}+\frac{\partial \tau_{rz}}{\partial z}+\frac{\sigma_r-\sigma_\theta}{r}=0$$

$$\frac{\partial \tau_{r\theta}}{\partial r}+\frac{1}{r}\frac{\partial \sigma_\theta}{\partial \theta}+\frac{\partial \tau_{\theta z}}{\partial z}+\frac{2\tau_{r\theta}}{r}=0$$

$$\frac{\partial \tau_{rz}}{\partial r}+\frac{1}{r}\frac{\partial \tau_{\theta z}}{\partial \theta}+\frac{\partial \sigma_z}{\partial z}+\frac{\tau_{rz}}{r}=0 \tag{5.20a - c}$$

由于之前所做的与转角 θ 无关的假设，$\tau_{r\theta}$ 与 $\tau_{\theta z}$ 均等于零，因此上面的方程减小到了 2 个：

$$\frac{\partial \sigma_r}{\partial r}+\frac{\partial \tau_{rz}}{\partial z}+\frac{\sigma_r-\sigma_\theta}{r}=0$$

$$\frac{\partial \tau_{rz}}{\partial r}+\frac{\partial \sigma_z}{\partial z}+\frac{\tau_{rz}}{r}=0 \tag{5.21a - b}$$

将有关 σ_z 的表达式(5.19)代入式(5.21b)中，可以解得切应力 τ_{rz}。通过在式(5.21b)两端乘以 r，使得与 τ_{rz} 有关的项变成了微分形式：

$$r\frac{\partial \tau_{rz}}{\partial r}+\tau_{rz}=\frac{\partial}{\partial r}(r\tau_{rz})$$

再经过简单的积分运算可得

$$\tau_{rz}=\frac{F}{2\pi r}\left[\left(1-\frac{r^2}{R_c^2}\right)^{\frac{3}{2}}-1\right]\times\left(-A_1\frac{\phi_1}{h}e^{-\varphi_1\frac{z}{h}}+A_2\frac{\phi_1}{h}e^{\varphi_1\frac{z}{h}}-A_3\frac{\phi_2}{h}e^{-\varphi_2\frac{z}{h}}+A_4\frac{\phi_2}{h}e^{\varphi_2\frac{z}{h}}\right) \tag{5.22}$$

为了使式(5.22)表达更加完整，我们假设在 $r=0$ 处 $\tau_{rz}=0$。现将边界条件应用于接触区域：

$$\sigma_z(z=0)=-p$$

$$\sigma_z(z=h)=0$$

$$\tau_{rz}(z=0)=0$$

$$\tau_{rz}(z=h)=0 \tag{5.23a - d}$$

在这种情况下，在层压板的顶部($z=0$)，正应力与由式(5.17)得到的所施加的

外界压力 p 相等。式(5.23)中等号右边的负号表示所施加的应力是压应力。在同一位置($z=0$),切应力也为零。而在层压板底部($z=h$),正应力与切应力都为零。将式(5.19)代入式(5.23a-d)中得到含4个未知量($A_1 \sim A_4$)的4个等式:

$$\begin{bmatrix} 1 & 1 & 1 & 1 \\ e^{-\varphi_1} & e^{\varphi_1} & e^{-\varphi_2} & e^{\varphi_2} \\ -\varphi_1 & \varphi_1 & -\varphi_2 & \varphi_2 \\ -\varphi_1 e^{-\varphi_1} & \varphi_1 e^{\varphi_1} & -\varphi_2 e^{-\varphi_2} & \varphi_2 e^{\varphi_2} \end{bmatrix} \begin{Bmatrix} A_1 \\ A_2 \\ A_3 \\ A_4 \end{Bmatrix} = \begin{Bmatrix} -1 \\ 0 \\ 0 \\ 0 \end{Bmatrix} \tag{5.24a-d}$$

若参数 φ_1 和 φ_2 已知,则可通过式(5.24a-d)求得 $A_1 \sim A_4$ 的值。φ_1 和 φ_2 则可通过最小余能原理求得,但是在此之前,我们必须先求得接触部分的残余应力以及 $r > R_c$ 区域中所有的应力情况。

为了确定面内应力 σ_z 和 σ_θ,我们先利用应力-应变方程获得:

$$\begin{Bmatrix} \sigma_r \\ \sigma_\theta \\ \sigma_z \\ \tau_{rz} \end{Bmatrix} = \begin{bmatrix} C_{rr} & C_{r\theta} & C_{rz} & 0 \\ C_{r\theta} & C_{\theta\theta} & C_{\theta z} & 0 \\ C_{rz} & C_{\theta z} & C_{zz} & 0 \\ 0 & 0 & 0 & C_{55} \end{bmatrix} \begin{Bmatrix} \varepsilon_r \\ \varepsilon_\theta \\ \varepsilon_z \\ \gamma_{rz} \end{Bmatrix} \tag{5.25a-d}$$

对于一个横观各向同性材料来说,我们知道其 $C_{rr}=C_{\theta\theta}$, $C_{rz}=C_{\theta z}$,而且其与转角 θ 无关,几何方程为

$$\varepsilon_r = \frac{\partial u_r}{\partial r}$$

$$\varepsilon_\theta = \frac{1}{r}\frac{\partial u_\theta}{\partial \theta} + \frac{u_r}{r}$$

可以简化为

$$\varepsilon_r = \frac{\partial u_r}{\partial r}$$

$$\varepsilon_\theta = \frac{u_r}{r} \tag{5.26a-b}$$

在式[5.26(b)]等号两端乘以 r,并对 r 求微分可得

$$\frac{\partial (r\varepsilon_{\theta\theta})}{\partial r} = \frac{\partial u_r}{\partial r} \tag{5.27}$$

$$\varepsilon_r = \frac{\partial (r\varepsilon_{\theta\theta})}{\partial r} \tag{5.28}$$

将式(5.28)代入式[5.26(a)]中可消去 u_r。

式(5.25a－d)、式(5.21a)和式(5.28)可进行合并，得到 σ_z 与 τ_{rz} 之间的关系表达式：

$$\frac{\partial}{\partial r}\left(r^3\frac{\partial\sigma_r}{\partial r}\right)+C_1r^2\frac{\partial\tau_{rz}}{\partial z}+C_2r^2\frac{\partial\sigma_{zz}}{\partial r}+r^3\frac{\partial^2\tau_{rz}}{\partial r\,\partial z}=0 \tag{5.29}$$

式中，

$$C_1=\frac{2\left(C_{rr}C_{zz}+\frac{1}{2}C_{r\theta}C_{zz}-\frac{3}{2}C_{rz}^2\right)}{C_{rr}C_{zz}-C_{rz}^2}$$

$$C_2=-\frac{C_{rz}(C_{rr}-C_{r\theta})}{C_{rr}C_{zz}-C_{rz}^2}$$

我们可以从式(5.29)中得到 σ_z，因为此时 τ_{rz} 的大小可以通过式(5.22)得出。在确定 σ_z 与 τ_{rz} 之后，将上式代入式[5.21(a)]求出 σ_θ，所得的结果为

$$\begin{aligned}\sigma_r=&-\frac{F}{2\pi}\frac{C_{rz}(C_{rr}-C_{r\theta})}{(C_{rr}C_{zz}-C_{rz}^2)}\left[\frac{1}{r^2}\left(\sqrt{1-\frac{r^2}{R_c^2}}-1\right)-\frac{1}{R_c^2}\sqrt{1-\frac{r^2}{R_c^2}}\right]\times\\&(A_1e^{-\varphi_1\frac{z}{h}}+A_2e^{\varphi_1\frac{z}{h}}+A_3e^{-\varphi_2\frac{z}{h}}+A_4e^{\varphi_2\frac{z}{h}})+\\&\frac{3F}{2\pi R_c^2}\left\{-\frac{3R_c^4}{90r^2}\left[2\left(1-\sqrt{1-\frac{r^2}{R_c^2}}\right)+\left(\sqrt{1-\frac{r^2}{R_c^2}}-1\right)\right]-\right.\\&\frac{R_c^2}{6\Lambda_1}\ln\left(1+\sqrt{1-\frac{r^2}{R_c^2}}\right)+(14\Lambda_1+12)\frac{R_c^2}{90}\sqrt{1-\frac{r^2}{R_c^2}}-\frac{2r^2}{90}\left(1+\frac{1}{\Lambda_1}\right)\times\\&\left.\sqrt{1-\frac{r^2}{R_c^2}}\right\}\times\left(\frac{\varphi_1^2}{h^2}A_1e^{-\varphi_1\frac{z}{h}}+\frac{\varphi_1^2}{h^2}A_2e^{\varphi_1\frac{z}{h}}+\frac{\varphi_2^2}{h^2}A_3e^{-\varphi_2\frac{z}{h}}+\frac{\varphi_2^2}{h^2}A_4e^{\varphi_2\frac{z}{h}}\right)\end{aligned} \tag{5.30}$$

$$\begin{aligned}\sigma_\theta=&-\frac{F}{2\pi}\frac{C_{rz}(C_{rr}-C_{r\theta})}{(C_{rr}C_{zz}-C_{rz}^2)}\left[\frac{1}{r^2}\left(1-\sqrt{1-\frac{r^2}{R_c^2}}\right)+\frac{1}{\sqrt{1-\frac{r^2}{R_c^2}}}\left(\frac{2r^2}{R_c^4}-\frac{1}{R_c^2}\right)\right]\times\\&(A_1e^{-\varphi_1\frac{z}{h}}+A_2e^{\varphi_1\frac{z}{h}}+A_3e^{-\varphi_2\frac{z}{h}}+A_4e^{\varphi_2\frac{z}{h}})+\\&\frac{F}{2\pi}\left\{\frac{R_c^2}{30r^2}\left[6-\frac{3}{\Lambda_1}+\left(6-\frac{9}{\Lambda_1}\right)\sqrt{1-\frac{r^2}{R_c^2}}\right]+\frac{1}{2\Lambda_1}\ln\left(1+\sqrt{1-\frac{r^2}{R_c^2}}\right)-\right.\\&\frac{1}{30\Lambda_1}\sqrt{1-\frac{r^2}{R_c^2}}\left(14+12\Lambda_1-24\Lambda_1\frac{r^2}{R_c^2}\right)-\frac{1}{30\Lambda_1\sqrt{1-\frac{r^2}{R_c^2}}}\times\end{aligned}$$

$$\left[3+6\Lambda_1+\frac{15r^2}{R_c^2\left(1+\sqrt{1-\frac{r^2}{R_c^2}}\right)}-14\frac{r^2}{R_c^2}-12\Lambda_1\frac{r^2}{R_c^2}+2\frac{r^4}{R_c^4}+6\Lambda_1\frac{r^4}{R_c^4}\right]+$$

$$\left.\left(\sqrt{1-\frac{r^2}{R_c^2}}-1\right)^3\right\}\times\left(\frac{\varphi_1^2}{h^2}A_1\mathrm{e}^{-\varphi_1\frac{z}{h}}+\frac{\varphi_1^2}{h^2}A_2\mathrm{e}^{\varphi_1\frac{z}{h}}+\frac{\varphi_2^2}{h^2}A_3\mathrm{e}^{-\varphi_2\frac{z}{h}}+\frac{\varphi_2^2}{h^2}A_4\mathrm{e}^{\varphi_2\frac{z}{h}}\right) \tag{5.31}$$

式中，Λ_1 的大小可通过下式得到：

$$\Lambda_1=\frac{(C_{rr}-C_{r\theta})(C_{rr}C_{zz}-C_{rz}^2)}{C_{rr}^2C_{zz}-2C_{rr}C_{rz}^2-C_{r\theta}^2C_{zz}+2C_{r\theta}C_{rz}^2}$$

式(5.30)与式(5.31)确定了接触区域的应力，现在我们来求解外围区域（$r>R_c$）的应力。采用与之前相类似的方法，我们假设 σ_z 与残余应力可通过应力等效与边界条件得到，而这些条件中还包含了在接触区域与外围区域的交界处（$r=R_c$）应力相匹配。

由于冲击效应使得层间应力 σ_z 和 τ_{rz} 增大，并在远离冲击点的位置逐渐消失，因此 σ_z 的大小在层压板的顶面和底面，以及远场处($r\to\infty$)必须为零。所以，σ_z 可表示为

$$\sigma_{zo}=-\frac{3F}{2\pi R_c^2}\mathrm{e}^{\psi(R_c-r)}\times\left[A_1\mathrm{e}^{-\phi_1\frac{z}{h}}+A_2\mathrm{e}^{\phi_1\frac{z}{h}}+A_3\mathrm{e}^{-\phi_2\frac{z}{h}}+A_4\mathrm{e}^{\phi_2\frac{z}{h}}+1-3\left(\frac{z}{h}\right)^2+2\left(\frac{z}{h}\right)^3\right] \tag{5.32}$$

式中，下标“o”表示外围区域。

r 中的指数确保 σ_z 在 r 很大时衰减到零(假设未知指数 ψ 是正的)。同时，z 中的 4 个指数需要在 $r=R_c$ 处与 σ_z 和 τ_{rz} 相对应。在 z 中多了一个 3 次多项式，对于较大的 r 值，它通过厚度方向的剪应力 τ_{rz} 再现标准二次分布。

将式(5.32)代入式(5.21b)，化简并求得剪应力 τ_{rz}。当满足 $r=R_c$ 处 $\tau_{rz}=\tau_{rzo}$，以及 τ_{rzo} 在层压板顶面和底面大小都为零时，我们可以得到：

$$\tau_{rzo}=-\frac{3F}{2\pi R_c^2}\mathrm{e}^{\psi(R_c-r)}\frac{(\psi r+1)}{\psi^2 r}\times\left(-A_1\frac{\phi_1}{h}\mathrm{e}^{-\varphi_1\frac{z}{h}}+A_2\frac{\phi_1}{h}\mathrm{e}^{\varphi_1\frac{z}{h}}-A_3\frac{\phi_2}{h}\mathrm{e}^{-\varphi_2\frac{z}{h}}+A_4\frac{\phi_2}{h}\mathrm{e}^{\varphi_2\frac{z}{h}}-6\frac{z}{h^2}+6\frac{z^2}{h^3}\right)+\frac{3F}{\pi r}\left(\frac{z^2}{h^3}-\frac{z}{h^2}\right) \tag{5.33}$$

式中，

$$\psi=\frac{3}{2R_{c}}+\frac{\sqrt{21}}{2R_{c}}$$

利用式(5.29)和式(5.21a)，若在 $r=R_{c}$ 处 $\sigma_{r}=\sigma_{ro}$，则有

$$\sigma_{rro}=\frac{F}{2\pi}\frac{C_{rz}(C_{rr}-C_{r\theta})}{(C_{rr}C_{zz}-C_{rz}^{2})}\left[\frac{1}{r^{2}}-\frac{\left(1-\frac{R_{c}^{2}}{r^{2}}\right)}{R_{p}^{2}\left(1-\frac{R_{c}^{2}}{R_{p}^{2}}\right)}\right]\times$$

$$(A_{1}e^{-\varphi_{1}\frac{z}{h}}+A_{2}e^{\varphi_{1}\frac{z}{h}}+A_{3}e^{-\varphi_{2}\frac{z}{h}}+A_{4}e^{\varphi_{2}\frac{z}{h}})-$$

$$\frac{FR_{c}^{2}}{120\pi}\left(12-\frac{6}{\Lambda_{1}}\right)\left[\frac{1}{r^{2}}-\frac{\left(1-\frac{R_{c}^{2}}{r^{2}}\right)}{R_{p}^{2}\left(1-\frac{R_{c}^{2}}{R_{p}^{2}}\right)}\right]\times$$

$$\left(\frac{\varphi_{1}^{2}}{h^{2}}A_{1}e^{-\varphi_{1}\frac{z}{h}}+\frac{\varphi_{1}^{2}}{h^{2}}A_{2}e^{\varphi_{1}\frac{z}{h}}+\frac{\varphi_{2}^{2}}{h^{2}}A_{3}e^{-\varphi_{2}\frac{z}{h}}+\frac{\varphi_{2}^{2}}{h^{2}}A_{4}e^{\varphi_{2}\frac{z}{h}}\right)+$$

$$\frac{3F}{2\pi R_{c}^{2}\psi^{2}}\frac{C_{rz}(C_{rr}-C_{r\theta})}{(C_{rr}C_{zz}-C_{rz}^{2})}\left\{\frac{1}{r^{2}}[\psi R_{c}+1-(\psi r+1)e^{\psi(R_{c}-r)}]-\right.$$

$$\left.\frac{\left(1-\frac{R_{c}^{2}}{r^{2}}\right)}{R_{p}^{2}\left(1-\frac{R_{c}^{2}}{R_{p}^{2}}\right)}[\psi R_{c}+1-(\psi R_{p}+1)e^{\psi(R_{c}-R_{p})}]\right\}\times$$

$$\left[A_{1}e^{-\varphi_{1}\frac{z}{h}}+A_{2}e^{\varphi_{1}\frac{z}{h}}+A_{3}e^{-\varphi_{2}\frac{z}{h}}+A_{4}e^{\varphi_{2}\frac{z}{h}}+1-3\left(\frac{z}{h}\right)^{2}+2\left(\frac{z}{h}\right)^{3}\right]+$$

$$\frac{3F}{2\pi\Lambda_{1}R_{c}^{2}\psi^{4}}\left\{\frac{1}{r^{2}}\left[e^{\psi(R_{c}-r)}\left(\frac{3}{2}-3\Lambda_{1}-3r\left(\Lambda_{1}-\frac{1}{2}\right)-\Lambda_{1}^{2}\psi^{2}r^{2}\right)+\right.\right.$$

$$\left.\frac{1}{2}R_{c}^{2}\psi^{2}e^{\psi R_{c}}E_{i}(\psi R_{c})-\frac{1}{2}\Lambda_{1}R_{c}^{2}e^{\psi R_{c}}E_{i}(\psi r)\psi^{4}r^{2}+3\left(\Lambda_{1}-\frac{1}{2}\right)\psi R_{c}-\frac{3}{2}+3\Lambda_{1}\right]-$$

$$\frac{\left(1-\frac{R_{c}^{2}}{r^{2}}\right)}{R_{p}^{2}\left(1-\frac{R_{c}^{2}}{R_{p}^{2}}\right)}\left[e^{\psi(R_{c}-R_{p})}\left(\frac{3}{2}-3\Lambda_{1}-3R_{p}\left(\Lambda_{1}-\frac{1}{2}\right)-\Lambda_{1}^{2}\psi^{2}R_{p}^{2}\right)+\right.$$

$$\left.\left.\frac{1}{2}R_{c}^{2}\psi^{2}e^{\psi R_{c}}E_{i}(\psi R_{c})-\frac{1}{2}\Lambda_{1}R_{c}^{2}e^{\psi R_{c}}E_{i}(\psi R_{p})\psi^{4}R_{p}^{2}+3\left(\Lambda_{1}-\frac{1}{2}\right)\psi R_{c}-\frac{3}{2}+3\Lambda_{1}\right]\right\}\times$$

$$\left(\frac{\varphi_{1}^{2}}{h^{2}}A_{1}e^{-\varphi_{1}\frac{z}{h}}+\frac{\varphi_{1}^{2}}{h^{2}}A_{2}e^{\varphi_{1}\frac{z}{h}}+\frac{\varphi_{2}^{2}}{h^{2}}A_{3}e^{-\varphi_{2}\frac{z}{h}}+\frac{\varphi_{2}^{2}}{h^{2}}A_{4}e^{\varphi_{2}\frac{z}{h}}-\frac{6}{h^{2}}+12\frac{z}{h^{3}}\right)+$$

$$
\frac{1}{2\Lambda_1}\left\{\frac{\ln(R_c)R_c^2}{r^2}-\ln(r)-\frac{\left(1-\frac{R_c^2}{r^2}\right)}{\left(1-\frac{R_c^2}{R_p^2}\right)}\left[\frac{\ln(R_c)R_c^2}{R_p^2}-\ln(R_p)\right]\right\}\times
$$

$$
\left[\frac{3F}{\pi}\left(\frac{2z}{h^3}-\frac{1}{h^2}\right)\right] \tag{5.34}
$$

$$
\sigma_{\theta\theta o}=\frac{F}{2\pi}\frac{C_{rz}(C_{rr}-C_{r\theta})}{(C_{rr}C_{zz}-C_{rz}^2)}\left[\frac{3}{r^2}-\frac{\left(1-\frac{R_c^2}{r^2}\right)}{R_p^2\left(1-\frac{R_c^2}{R_p^2}\right)}-\frac{r^2+R_c^2}{r^2(R_c^2-R_p^2)}\right]\times
$$

$$
\left(A_1e^{-\varphi_1\frac{z}{h}}+A_2e^{\varphi_1\frac{z}{h}}+A_3e^{-\varphi_2\frac{z}{h}}+A_4e^{\varphi_2\frac{z}{h}}\right)+
$$

$$
\frac{FR_c^2}{120\pi}\left(12-\frac{6}{\Lambda_1}\right)\left[\frac{1}{r^2}+\frac{\left(1-\frac{R_c^2}{r^2}\right)}{R_p^2\left(1-\frac{R_c^2}{R_p^2}\right)}+\frac{2(r^2+R_c^2)}{r^2(R_c^2-R_p^2)}\right]\times
$$

$$
\left(\frac{\varphi_1^2}{h^2}A_1e^{-\varphi_1\frac{z}{h}}+\frac{\varphi_1^2}{h^2}A_2e^{\varphi_1\frac{z}{h}}+\frac{\varphi_2^2}{h^2}A_3e^{-\varphi_2\frac{z}{h}}+\frac{\varphi_2^2}{h^2}A_4e^{\varphi_2\frac{z}{h}}\right)-
$$

$$
\frac{3F}{2\pi R_c^2}\frac{C_{rz}(C_{rr}-C_{r\theta})}{(C_{rr}C_{zz}-C_{rz}^2)}\frac{1}{r^2}\left\{\frac{\psi R_c+1}{\psi^2}-\frac{\psi r+1}{\psi^2}e^{\psi(R_c-r)}-r\frac{e^{\psi(R_c-r)}}{\psi}+\right.
$$

$$
r\frac{(\psi r+1)e^{\psi(R_c-r)}}{\psi}+\frac{2(\psi r+1)e^{\psi(R_c-r)}}{\psi^2}-\frac{2(\psi R_c+1)e^{\psi(R_c-r)}}{\psi^2}+
$$

$$
\left.\frac{1}{\psi^2}\frac{(r^2+R_c^2)}{(R_c^2-R_p^2)}\left[\psi R_c+1-(\psi R_p+1)e^{\psi(R_c-r)}\right]\right\}\times
$$

$$
\left[A_1e^{-\varphi_1\frac{z}{h}}+A_2e^{\varphi_1\frac{z}{h}}+A_3e^{-\varphi_2\frac{z}{h}}+A_4e^{\varphi_2\frac{z}{h}}+1-3\left(\frac{z}{h}\right)^2+2\left(\frac{z}{h}\right)^3\right]+
$$

$$
\frac{3F}{2\pi\Lambda_1\psi^4R_c^2r^2}\left\{e^{\psi(R_c-r)}\left[\frac{3}{2}-3\Lambda_1-3\left(\Lambda_1-\frac{1}{2}\right)\psi r-\Lambda_1\psi^3r^3-2\Lambda_1\psi^2r^2\right]+\right.
$$

$$
\frac{1}{2}R_c^2\psi^2e^{\psi R_c}E_i(\psi R_c)-\frac{1}{2}R_c^2e^{\psi R_c}E_i(\psi r)\psi^2r^2+\Lambda_1\psi^2R_c^2+
$$

$$
3\left(\Lambda_1-\frac{1}{2}\right)\psi R_c+3\Lambda_1-\frac{3}{2}+\frac{(r^2+R_c^2)}{(R_c^2-R_p^2)}\times
$$

$$
\left[e^{\psi(R_c-R_p)}\left(\frac{3}{2}-3\Lambda_1-3\left(\Lambda_1-\frac{1}{2}\right)\psi R_p-\Lambda_1\psi^2R_p^2\right)+\frac{1}{2}R_c^2\psi^2e^{\psi R_c}E_i(\psi R_c)-\right.
$$

$$
\left.\left.\frac{\Lambda_1}{2}e^{\psi R_c}E_i(\psi R_p)\psi^2R_c^2R_p^2+\Lambda_1\psi^2R_c^2+3\left(\Lambda_1-\frac{1}{2}\right)\psi R_c+3\Lambda_1-\frac{3}{2}\right]\right\}\times
$$

$$\left(\frac{\varphi_1^2}{h^2}A_1\mathrm{e}^{-\varphi_1\frac{z}{h}}+\frac{\varphi_1^2}{h^2}A_2\mathrm{e}^{\varphi_1\frac{z}{h}}+\frac{\varphi_2^2}{h^2}A_3\mathrm{e}^{-\varphi_2\frac{z}{h}}+\frac{\varphi_2^2}{h^2}A_4\mathrm{e}^{\varphi_2\frac{z}{h}}-\frac{6}{h^2}+12\frac{z}{h^3}\right)+ \\ \left\{\frac{3F}{2\pi\Lambda_1 r^2}\left[2r^2\left(\frac{\ln(r)}{2}+\Lambda_1-\frac{1}{2}\right)-R_c^2\ln(R_c)+\frac{R_p^2(r^2+R_c^2)}{(R_c^2-R_p^2)}\right.\right. \\ \left.\left.\left(\frac{\ln(R_c)R_c^2}{R_p^2}-\ln(R_p)\right)\right]\right\}\left(\frac{2z}{h^3}-\frac{1}{h^2}\right) \tag{5.35}$$

式中，R_p 表示到样本外边界的半径，指数积分 E_i 的表达式如下：

$$E_i(x)=\int_{-x}^{\infty}\frac{\mathrm{e}^{-t}}{t}\mathrm{d}t$$

那么现在就只有 φ_1 和 φ_2 尚未确定，它们的大小通过整个平面内的最小余能原理得到：

$$\Pi=\frac{1}{2}\iiint\underline{\sigma}^{\mathrm{T}}\underline{S}\underline{\sigma}\mathrm{d}V-\iint\underline{T}^{\mathrm{T}}\underline{\bar{u}}\mathrm{d}A \tag{5.36}$$

式中，$\underline{\bar{u}}$ 表示给定的位移；$\underline{T}$ 表示相应的牵引力；式(5.36)中的下划线代表一个矩阵；$\underline{S}$ 表示柔度张量，可通过对式(5.24a-d)中的刚度矩阵求逆得到。

由于没有规定位移，因此式(5.36)中的第二项就被消去了。之后重新整理积分式，并令

$$\frac{\partial\Pi}{\partial\varphi_1}=0 \tag{5.37}$$

$$\frac{\partial\Pi}{\partial\varphi_2}=0 \tag{5.38}$$

便得到了含有两个未知量 φ_1 和 φ_2 的多项式。这里的十阶多项式只能靠插值迭代求解。这里使用的方案基于梯度方法最小化两个方程的残差。通常，我们很少用到迭代的方法求解式(5.37)和式(5.38)。对于有多解的情况，应选择使能量最低的解。得到的有些 φ_1 和 φ_2 的组合可能会比较复杂，但对于我们目前得到的所有结果而言，使能量最低的 φ_1 和 φ_2 值都是实数。

我们可以从所得的解中发现一个有趣的特点，那就是在远离冲击点的不同 r 处，作为 z 的函数的剪应力 τ_{rz} 的变化。典型的结果如图5.17所示。

从图5.17中我们可以看出，在冲击点下方及其周边，τ_{rz} 不是对称分布的，其在靠近受冲击面的地方达到峰值；而在远离冲击点的外围区域，沿厚度方向会出现我们所熟知的对称(二次)分布。这与我们将在5.7.1.3节中讨论的损伤预测起始点有一定关系。

在开始预测失效前，验证所得的解是否符合要求是很重要的。为了得到可信的

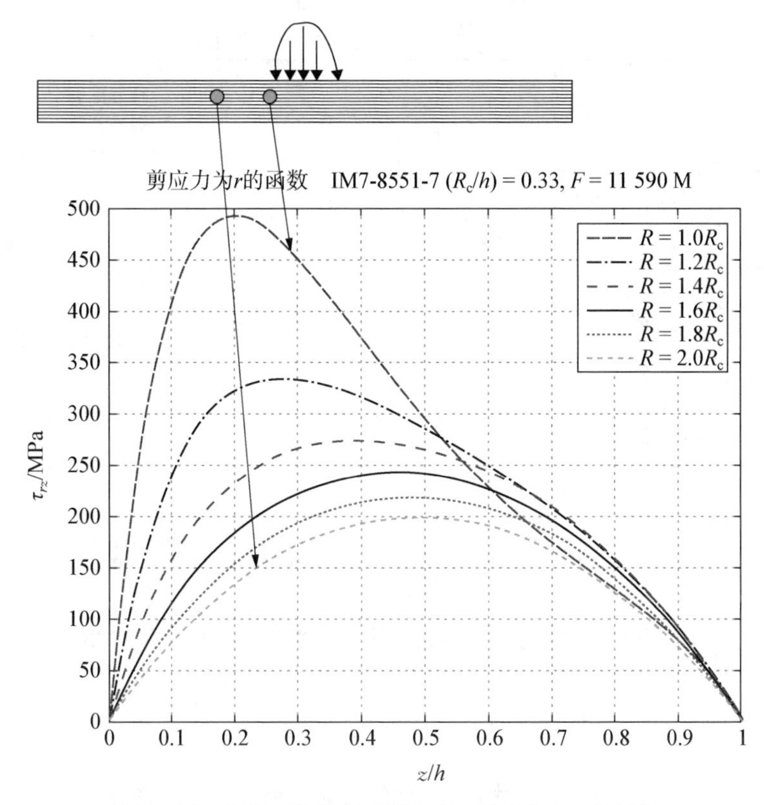

图 5.17 贯穿厚度方向不同位置 r 对应的 τ_{rz} 的变化

精度，所得的应力还需与其他解进行对比。

我们首先在各向同性面板上进行第一个对比试验。利用应力函数，Love[27]得到了在式(5.17)中压力载荷 p 的作用下，无限厚度平面的应力解。由于要求的解针对有限厚度面板，因此当我们增大面板厚度 h 时，就可以逼近通过 Love 方法计算得到的解。利用现有的适用于各向同性面板的分析方法，在厚度 $h=10.0$ mm，接触部分半径 $\frac{R_c}{h}=0.20$，且所施加的峰值作用力 $F_{peak}=26\ 090$ N 的情况下得到的剪应力 τ_{rz}，与 Love[27]计算得到的结果对比如图 5.18 所示。所有结果都以 $r=R_c$ 位置处为准，此时剪应力取得最大值。面板材料的杨氏模量 $E=69$ GPa，泊松比 $\nu=0.3$。

我们可以从图 5.18 中看出，所得结果都与通过 Love 方法得到的非常接近。差别在于面板是具有有限厚度的，而 Love 方法解针对无限厚度面板。一个明显的证据是在面板底层 $z/h=1$ 处，利用现有方法得到的结果趋于 0，而利用 Love 方法得到的仍是一个有限值。Love 方法解的最大值要比现有方法得到的最大值还要大。为了保证整体的力平衡以及总外力相等，我们只能在一定 z/h 的范围内取部分解。在 Love 方法解超过现有方法解的部分 ($z/h<0.15$)，两条曲线之间的区域面积与

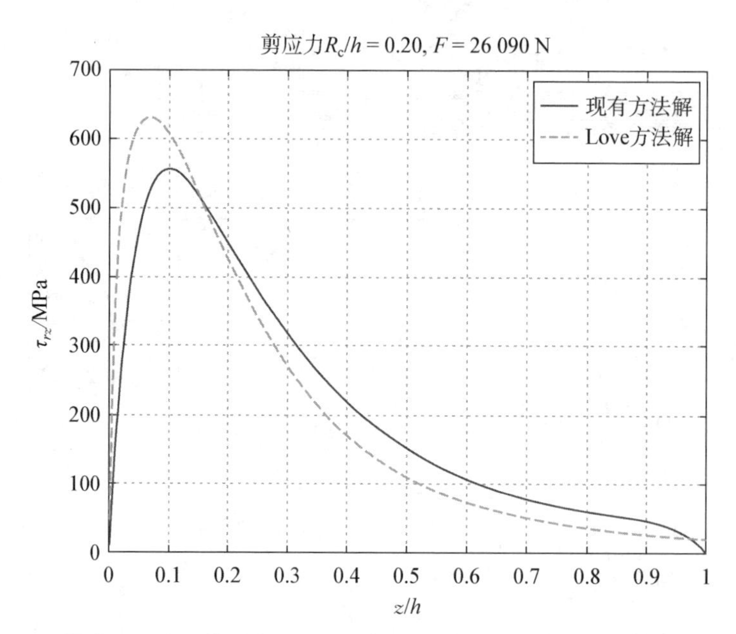

图 5.18　预测的贯穿厚度方向的剪应力与 Love 方法解的对比

$z/h > 0.15$ 部分所对应的两条曲线之间的区域面积近似相等，因此两种解都对应同样的剪切作用力。

同一面板沿厚度方向的正应力 σ_z 的分布规律如图 5.19 所示，在 $r=0$ 处正应力达到最大值。

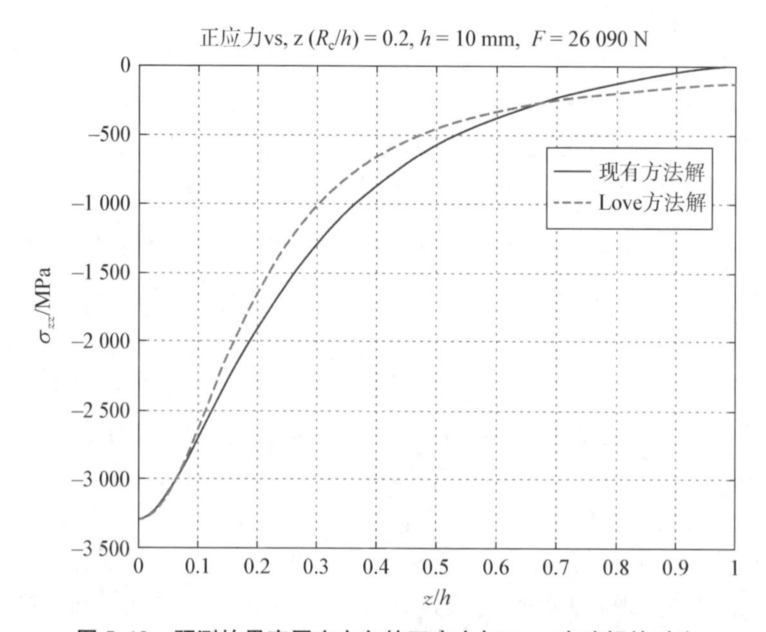

图 5.19　预测的贯穿厚度方向的正应力与 Love 方法解的对比

同样，两种解的结果非常接近。在 $z/h=1$ 处，Love 方法解的结果没有趋于零的原因之前已经说过了，即其针对的是无限厚度面板。而现有方法解则由于边界条件的限制，在 $z/h=1$ 处的结果为零。从这一点看，现有方法解的精度要比 Love 方法解高。

我们将其与准各向同性有限厚度面板的有限元结果进行对比，发现了一些更有趣的地方。有限元模拟的结果[22]针对 $[0/45/90/-45]_{2S}$ 铺层，$\frac{R_c}{h}=0.28$，厚度为 2.96 mm，且在一个 1 030 N 的压缩载荷作用下的层压板。

由现有方法得到的剪应力的预测值与有限元结果的对比如图 5.20 所示。

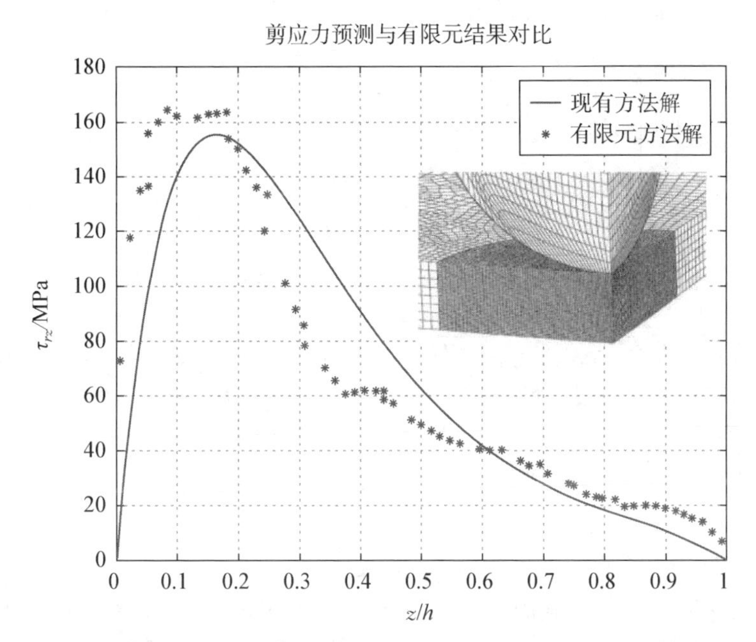

图 5.20 $[0/45/90/-45]_{2S}$ 层压板在 $r=R_c$ 处的剪应力与有限元对比

从图中可以看出，两种方法得到的结果吻合度很高。在 $z/h<0.5$ 的部分存在的差异很小，可能是因为有限元模型是基于位移的，并且在层压板的顶面（和底面）有些难以满足应力自由边界条件。

相应的正应力对比如图 5.21 所示。这种情况下两种结果的吻合度比起图 5.20 要更好一些，整体差异比较小，并且被集中限定在了 $0.15<z/h<0.35$ 的范围内。

图 5.18～图 5.21 中的结果表明，现有方法能够准确得到冲击点下方的应力大小。然而当接触面积很小，压力载荷接近于一个集中载荷时，现有方法得到的结果精度就会下降。当 $R_c/h<0.15$ 时，用现有方法预测所得结果与用有限元方法计算

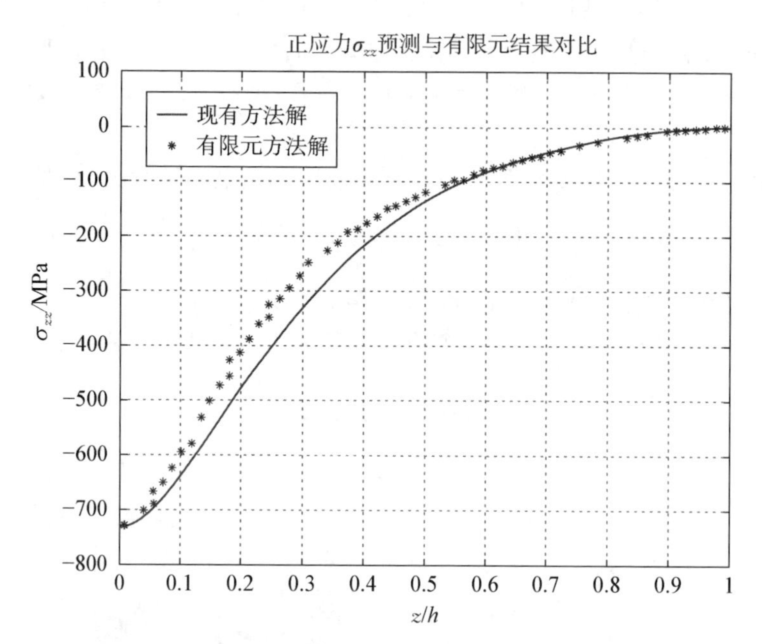

图 5.21 在 $r=0$ 处的正应力与有限元结果[22]的对比

所得结果就有了差异，这是假设 σ_z 对 z 的依赖性所决定的。式(5.32)中的三次多项式一方面在顶面和底面满足边界条件，恢复了在远离冲击点处剪应力的二次分布；另一方面造成 R_c/h 较小时的区域分布变得很平直。然而，只要 $R_c/h>0.15$，那么现有方法就足够精确，可以作为失效准则来预测层压板在冲击点附近的损伤情况。这将在下一小节中进行讨论。

5.7.1.3 在冲击点下损伤类型和范围的确定

层压板受冲击点下及其周边的理想损伤情况如图 5.22 所示。这样的损伤以基体裂纹、分层、纤维断裂以及局部凹陷的形式出现，在冲击过程中尚未达到 5.7.1.1 节中计算得到的峰值作用力时就发生了。值得注意的是，即使层压板在面内是准各向同性，载荷在冲击过程中是对称的，损伤的表征也不一定是对称的。材料的横向抗剪强度是有方向的，这意味着由于剪应力超过相应的强度值而导致的破坏是不对称的。这种不对称会导致进一步的不对称失效，负载从失效层到邻近层的局部重新分布，导致了这些层中局部失效。此外，这种不对称而产生的分层现象会在冲击下降低层压板的局部弯曲刚度，导致局部弯曲应变较高，从而产生进一步的损伤。若只关注分层的产生，则分层主要以模式Ⅱ开始，在距离冲击点 r 距离处，局部不对称弯曲引入了以不同方式混合的模式Ⅰ的裂纹。

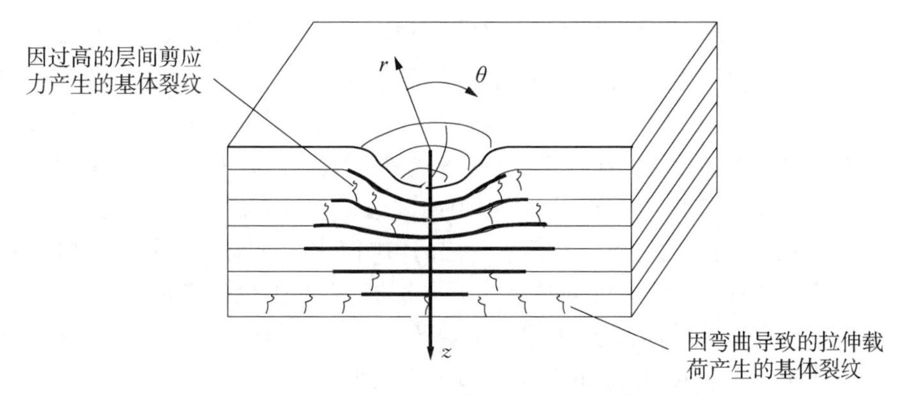

图 5.22 受冲击的层压板中贯穿厚度的损伤

定性地看上一节中得到的不同压力的分布情况，有助于更好地观察损伤的形成和发展。在不同的 r 位置，正应力 σ_z 分布如图 5.23 所示。从图中可以看出，产生的应力总是压应力。在层压板的顶面，在冲头和层压板之间的接触区域 σ_z 最大；在层压板的底面，σ_z 单调减小到零。此外，应力的大小随着冲击点径向距离 r 的增加而减小。这意味着在冲击点附近存在高横向压应力，并且将通过局部压缩和剪切导致基体和纤维失效。

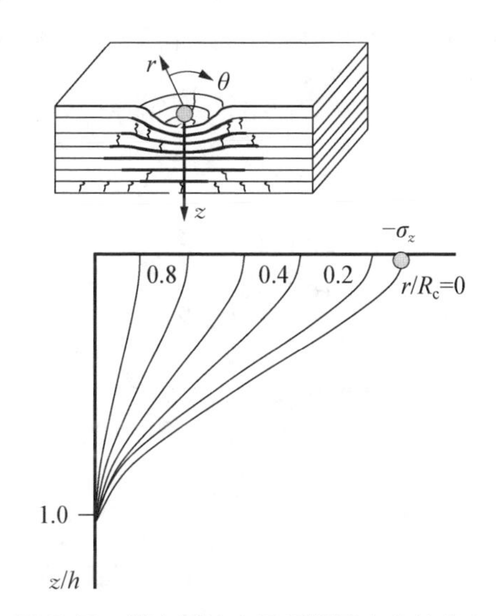

图 5.23 整个受冲击层压板正应力的分布

当局部应力超过相应的极限强度时，可以通过寻找来预测横向压缩下的失效，这是我们所做的第一次近似：

$$\frac{|\sigma_z|}{Y^c}=1 \tag{5.39}$$

式中，我们将面内横向压缩强度 Y^c（垂直于纤维方向）近似地等效为面外压缩强度。

相应的关于剪应力 τ_{rz} 的示意图如图 5.24 所示。剪应力在层压板的顶面和底面为零，最大值出现在它们之间。离冲击点越近，剪应力最大的位置就越靠近顶面，大概在四分之一点的位置。离冲击点更远一些时，最大剪应力的位置就出现在了中面处。这表示在冲击点下方靠近层压板顶面的位置会首先出现分层现象。随着载荷的增大，冲击面附近的过度损伤使得分层的影响不那么明显了。随着接触区域边缘产生的分层向着远离或靠近冲击点的方向扩展，中面上也会出现分层。τ_{rz} 在冲击点处（$r=0$）大小为零，最大值出现在接触区域边缘（$r=R_c$）。了解了这些之后，检验横向剪应力失效的公式就可以表达成如下的形式：

$$\frac{|\tau_{rz}|}{S_z}=1 \tag{5.40}$$

式中，S_z 为面外的横向抗剪强度。值得注意的是，S_z 的大小取决于纤维方向。规定纤维方向为 1，面外方向为 3，对于典型的碳纤维/环氧树脂单向材料有

$$S_{13}>S_{23}$$

这表明根据横向抗剪强度的定义，在不同方向上的抗剪强度是不同的，对于有些材料，这种差别可能达到 30%。因此，任意 r、θ、z 位置处的 τ_{rz} 将在局部层坐标中的两个剪应力方向上进行分解，以获得其 13 和 23 方向的分量。得到的量将直接分别与 S_{13} 和 S_{23} 进行对比。

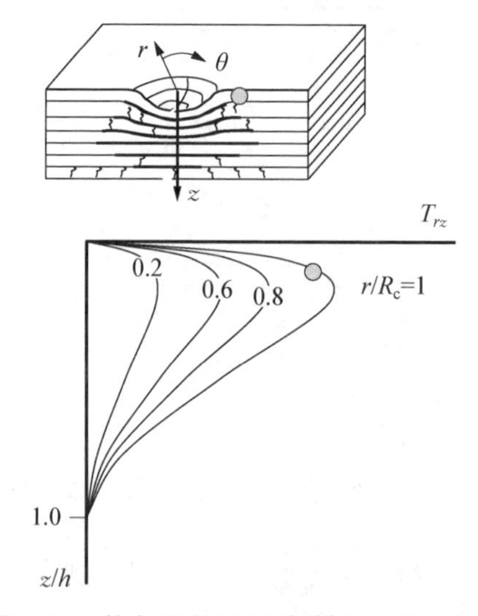

图 5.24 整个受冲击层压板横向剪应力分布

σ_r 与 σ_θ 的典型分布规律如图 5.25 所示。有趣的是，σ_r 也许会在接触区域外

围（$r > R_c$）达到其最大值。同样地，σ_θ 在 $r = R_c$ 处出现不连续现象，在较大的 r 位置（或某一取决于边界条件的常值）衰减到零。两种应力都可能造成面内的基体纤维失效。在这里，我们使用的是最大应力准则。

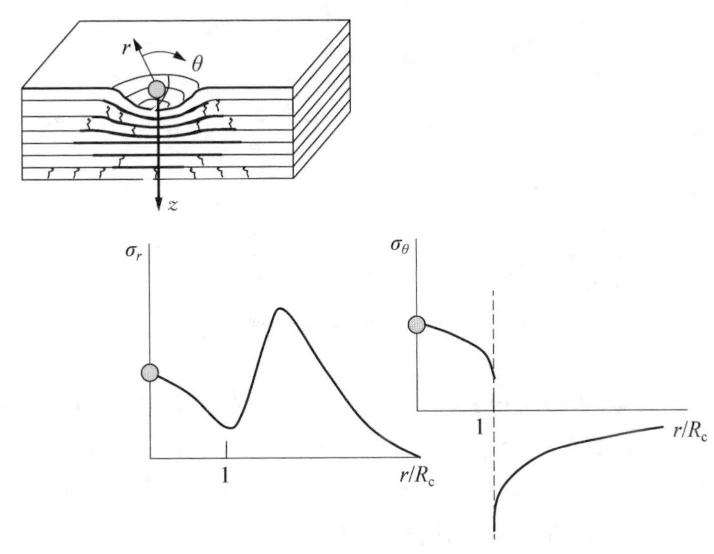

图 5.25 受冲击层压板的面内应力

目前为止的讨论都集中于损伤起始的预测，但它不能直接确定损伤的生长情况。在准则中，一旦损伤产生了，必须根据损伤的类型相应地对受损层的刚度和强度做出调整，然后用渐近性的失效方法进行分析。虽然这样得到的结果很精确，但它涉及有限元，计算规模巨大。这里优化分析的目的在于能够得到一种有效、合理且精确的方法，对不同的设计对象进行快速评估，也许会对层压板的形式优化有一定的帮助。因此，我们将用近似的方法对损伤的尺寸和类型进行评估。

这种近似方法源自 2.4 节中提到的 Whitney-Nuismer 方法。失效时孔边缘的损伤尺寸被定为特征距离，当应力被平均时，它与材料的未受损强度相等。基于这样的思想，即一旦损伤开始在孔边缘生长，应力就会局限于层压板的无缺陷强度，并且不会进一步增加到孔边缘应力集中的要求值。通过这种方式，可以使用弹性解，并且在特征距离上的平均值可以很好地预测存在孔的层压强度。

这里用了一种近似的方法。人们已经意识到，冲击过程中作用力尚未达到峰值时损伤就已经产生了。这种损伤将会限制其发生的区域的应力达到其未受损强度值。作为第一次近似，通过平均一段距离上的应力，使得平均应力区域下的面积等于 5.7.1.2 节中弹性解的面积，由此可以确定发生特定类型损伤的区域。这个平均过程从本质上保证了力平衡。图 5.26 显示了平面外应力情况。这里使用了最大应力，但如果认为其他方式更可靠的话，也可以使用其他标准。

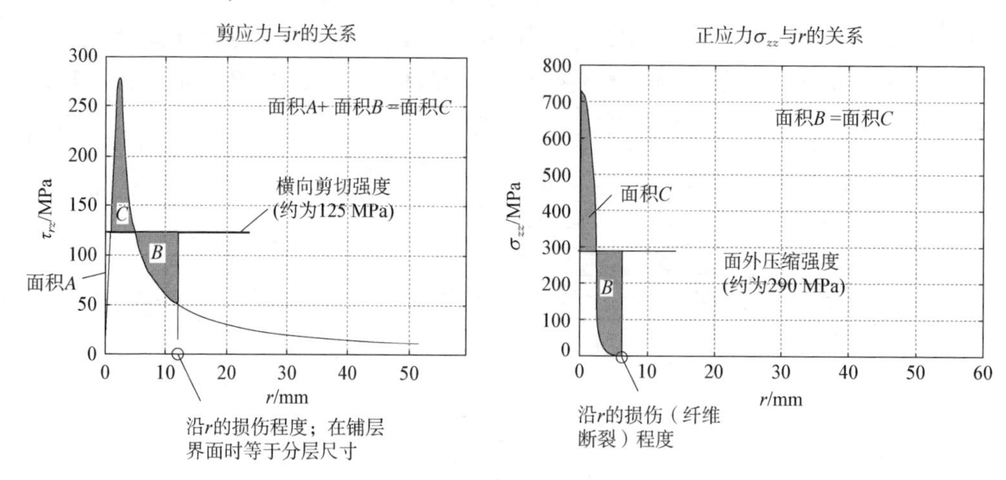

图 5.26 损伤区域内的平均层间应力

在某一给定位置，可以求得该处层间应力的线性解。如果作为半径 r 函数的应力超过了式(5.39)与式(5.40)中所容许的极限强度，那么应力分布就会在相应的容许值处被截断。在应力与极限强度相等的区域，通过确保截断和非截断应力图下面的面积相同来确定，如图 5.26 中的阴影区域所示。

正如之前所提到的，这只是一种近似处理，并没有清楚地解释局部损伤造成的应力重分布现象。在渐进式失效评估中，如果在载荷增加前发生损伤，则调整局部属性后，最终损伤大小将与通过此近似方法计算的结果有所不同。此外，这种方法无法预测是否存在不稳定的损伤增长。为了得到更精确的解决方案，特别是为了估算所产生的分层的尺寸，必须使用断裂力学方法。我们需要计算应变能释放率，并与临界值进行比较，以对给定的分层是否会增长做出评估。在这里先不进行这一项工作。我们得到的结果将是近似的，而在大多数情况下，它们并不总是有效的。

确定冲击过程中损伤的类型与尺寸的步骤如下：

(1) 利用 5.7.1.1 节中的方法计算对应于给定冲击能量水平的峰值作用力。

(2) 由得到的峰值作用力计算在冲击点附近不同位置(r、θ 与 z)处的 σ_{rr}、$\sigma_{\theta\theta}$、σ_z 以及 τ_{rz}。

(3) 若 z 方向的位置处于层间，那么剪应力就会被分解为 τ_{13} 和 τ_{23}，并将它们分别与相应的容许值进行比较(1 方向平行于纤维方向，但不同的层纤维方向不同，1 方向可能有所差别)。如果两个分量中的至少一个超过两层界面的许可强度，就会出现分层现象。如图 5.26 所示，分层的尺寸是必须将相应应力进行平均的距离。如果界面两侧的两个层具有相同的取向，则可以认为在该界面处不存在分层。

(4) 在给定的 r 和 θ 位置处，每层的顶面和底面的 σ_r 和 σ_θ 被旋转到铺层轴系统，以获得与纤维平行和垂直的应力和相应的剪应力。它们将与各自的许可强度进行比较，以确定是否失效。这个最大应力标准能够确定失效类型（纤维或基体引起的）以及模式（拉伸、压缩或剪切）。

(5) 在不同的 r、θ 和 z 位置重复先前的步骤，直到损伤扩展到整个面上。

通过与试验结果的对比，我们可以证明先前讨论的这种方法是可行的。在准各向同性层压板上得到的最好的一组试验数据来自 Dost 等人[12]。他们对相同厚度的准各向同性层压板做了大量试验，发现在某一给定能量水平下它们的冲击后压缩强度的差别因子高达 1.7（详见下一小节）。预测冲击后结构损伤的一种好方法（冲击后压缩强度）应该能够复现这些结果。

文献[12]对于三种不同的层压板，利用现有方法得到的预测值与试验结果的对比如图 5.27～图 5.29 所示。

左边是损伤区域的超声波扫描结果，主要显示了在不同层界面处产生的分层的外部包络。不同的灰色阴影对应于不同的贯穿厚度的位置，但是它们不够清晰，不足以用于预测的逐层分化。右边是现有方法的预测结果。中心加粗的黑线对应于不同层界面处的纤维损伤。中心的椭圆线对应于在不同层界面处的平面外的正应力失效。外层的“花状”形状的线对应于不同层界面处的分层尺寸。外层加粗的轮廓曲线是超声波扫描的外部损伤包络。

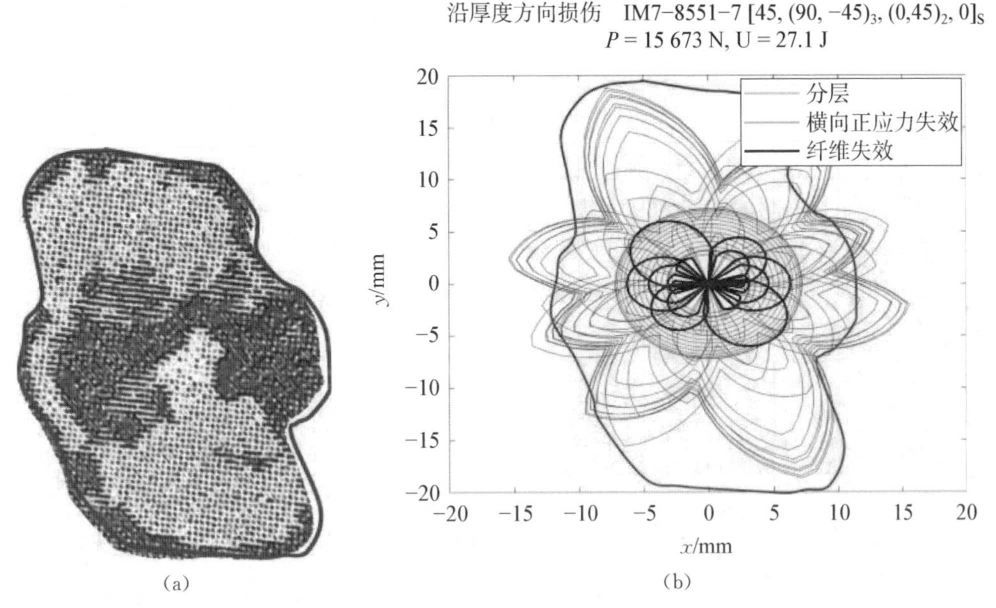

图 5.27 铺层为$[45/(90/-45)_3/(0/45)_2/0]_S$ 的 IM7/8551－7 层压板在 27.1 J 能量冲击下的损伤区域

(a) 超声波扫描 (b) 分析预测

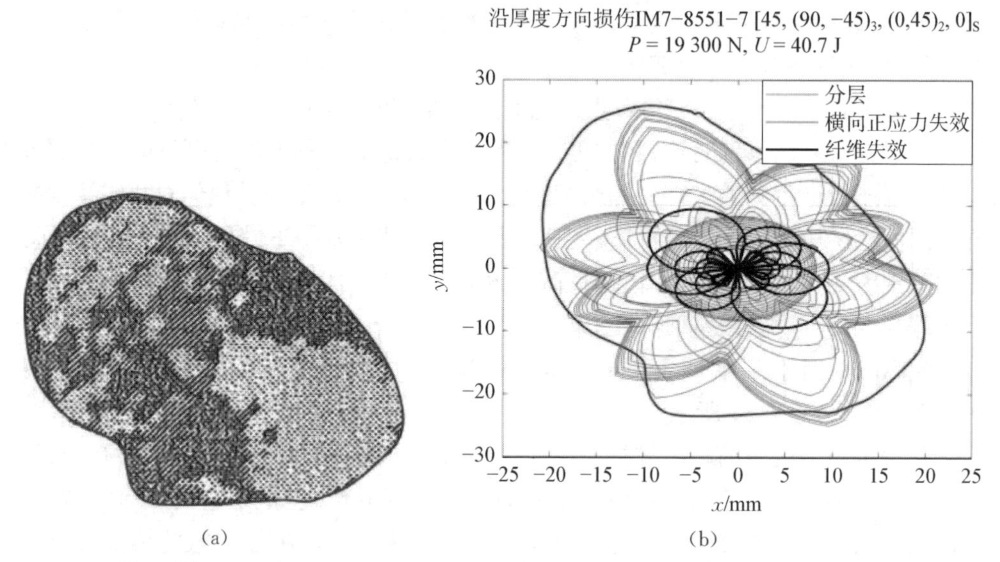

图 5.28 铺层为$[45/(90/-45)_3/(0/45)_2/0]_S$ 的 IM7/8551 - 7 层压板在 40.7 J 能量冲击下的损伤区域

(a) 超声波扫描 (b) 分析预测

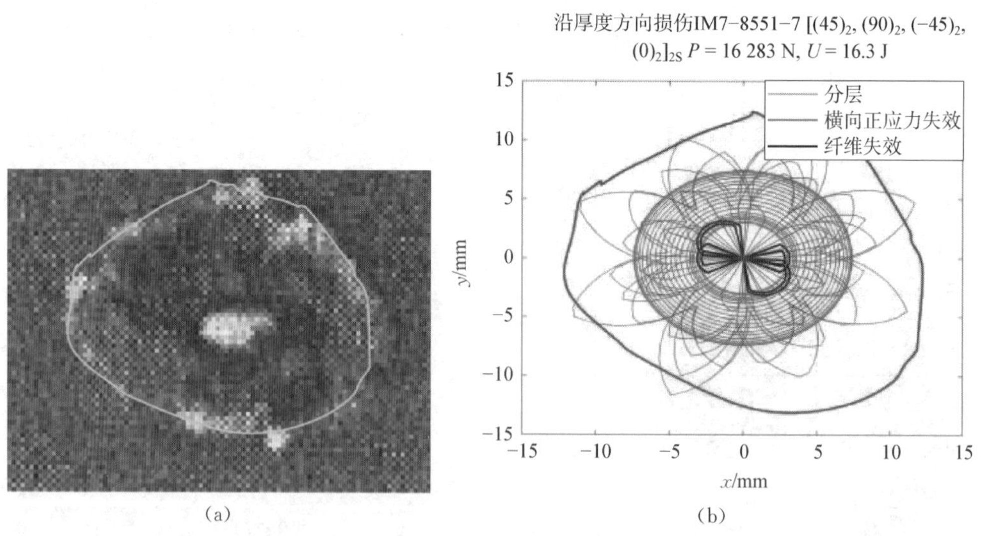

图 5.29 铺层为$[45/(90/-45)_3/(0/45)_2/0]_{2S}$ 的 IM7/8551 - 7 层压板在 16.3 J 能量冲击下的损伤区域

(a) 超声波扫描 (b) 分析预测

从图中我们可以看出，损伤的包络线与预测的形状吻合得很好。对于不同的层压板，图 5.27 和图 5.28 所示的整体形状以及图 5.29 所示的更接近椭圆形的整体形状也被很好地捕捉到了。本方法预测的不同波瓣之间的差异很难在分辨率为几毫米的超声波扫描中捕获,这与三幅图右侧的波瓣之间的差异相对应。应当指出,通过超声波扫描不可能看出由平面外压应力失效引起的基体和纤维损伤。一般情况下,纤维也不会失效。但是,在某些情况下,中间的白点可能与纤维损伤有直接关系,从定性的角度来说,这似乎与图 5.29 中预测的纤维损伤结果相符。

图 5.27～图 5.29 中损伤形状是从层压板顶部的角度描绘的。我们将在下一节讨论冲击后压缩强度的预测模型时再来看贯穿厚度方向的损伤图。

图 5.27～图 5.29 中的对比是在特定能量水平下进行的。我们可以通过本方法预测得到最外层分层包络线,将其与对不同能量水平下各种层压板进行 C-扫描得到的对应尺寸相比较,以获得更深层次的对比发现,如图 5.30 所示。

对于图 5.30 中的 7 种层压板,(a)～(f)有 24 层,而(g)有 32 层。图中(a)和(d)层压板得到的理论预测与试验结果的差距最大。剩下的 5 种层压板中除了高能量水平状态的层压板(e)和(f),其他的理论预测和试验结果都表现出了很好的一致性。试验结果中有一个"平台",这表明那个位置可能出现了穿透。对于那些冲头完全穿透的层压板,由于形成了一个洞,因此冲击能量的增加并不会导致损伤尺寸的扩大。

图 5.30 的结果所对应的都是同一种材料,由 Nagelsmit[28] 得到的另一组试验数据如图 5.31 所示。这里使用的材料是 AS4/8552,使用的纤维是完全不同于图 5.30 中的另一种纤维,而树脂基体材料是相似的。考虑到低能量状态下数据的离散性,预测值和试验值的吻合度还是不错的。

考虑到问题的复杂性以及所用方法的简洁性,我们所得到的结果总体上还是令人满意的。对于现有方法的优化方式已经在先前的假设和步骤中提到过,在这一章的末尾我们将对此进行总结。现在看来,这种方法很有前景,它也将作为下一节中预测冲击后压缩强度的基础环节。

5.7.2 冲击后压缩强度的预测模型

在前面的章节中,应力分析被用来确定冲击过程中损伤的类型和程度。根据损伤的类型,确定降低的局部刚度和强度值,从而有效地在局部产生不同的层压板。在压缩载荷下,要检查局部层压板是否失效。如果失效了,就在周围的结构中重新分配负载,重复该过程直至最终完全失效。局部层压板被认为具有降低刚度和强度的特性,这构成了冲击后压缩强度分析的基础。

5.7.2.1 损伤区域中应力的确定

该方法基于将损伤区域等效为包含不同刚度的模型,如 5.5 节所述。这个想法最初是由 Cairns [16] 提出的整体层压板和 Kassapoglou [29] 提出的夹层结构得来的。

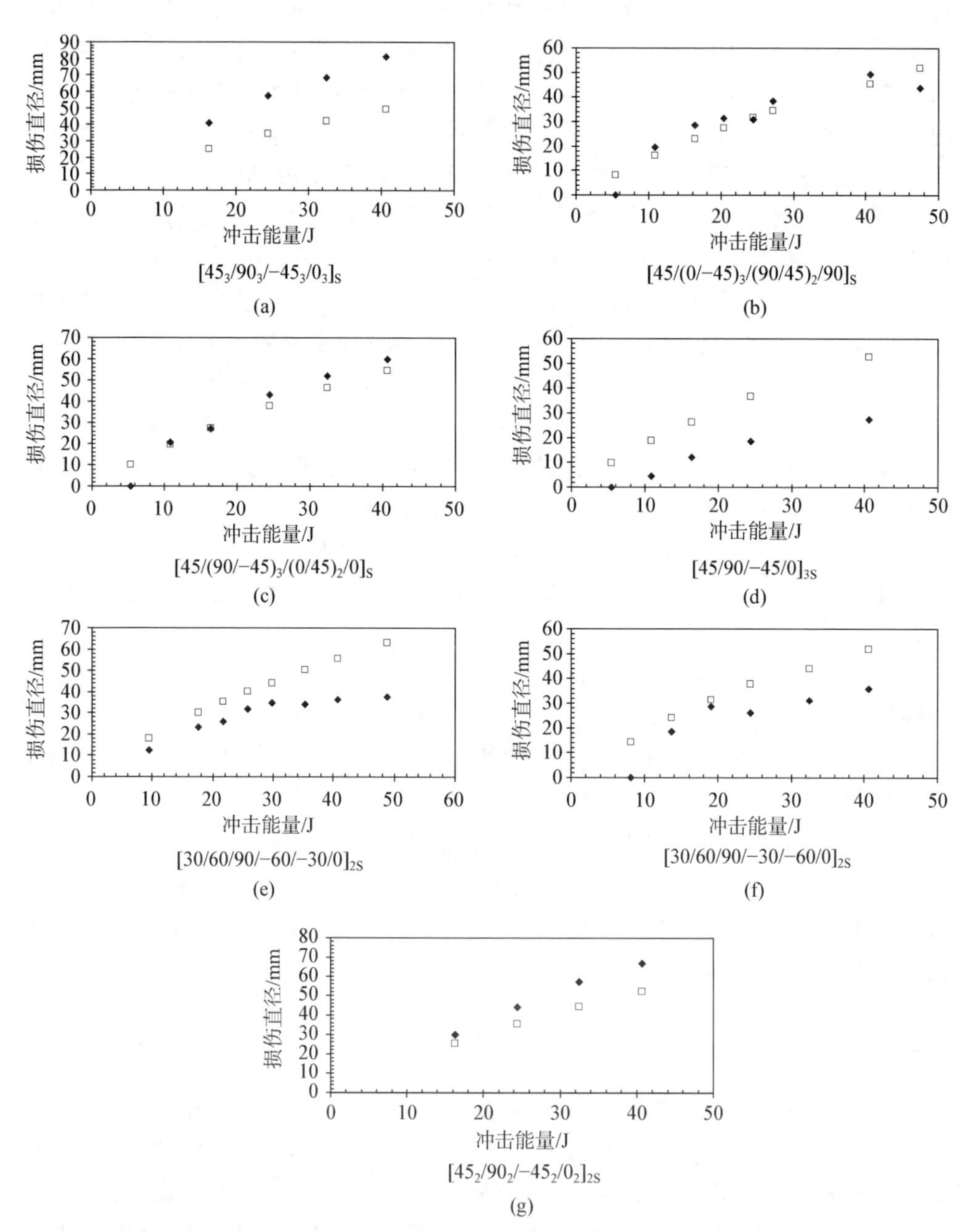

图 5.30 各种铺层 IM7/8551－7 层压板在不同能量下的最大冲击破坏的预测值与试验值比较（空心正方形：预测值；菱形：试验值）

然而，不是将受损区域等效为单一的夹杂物，而是将其等效为一系列同心椭圆，每个椭圆都具有不同的刚度。这样便可以更准确地评估受损区域的应力。

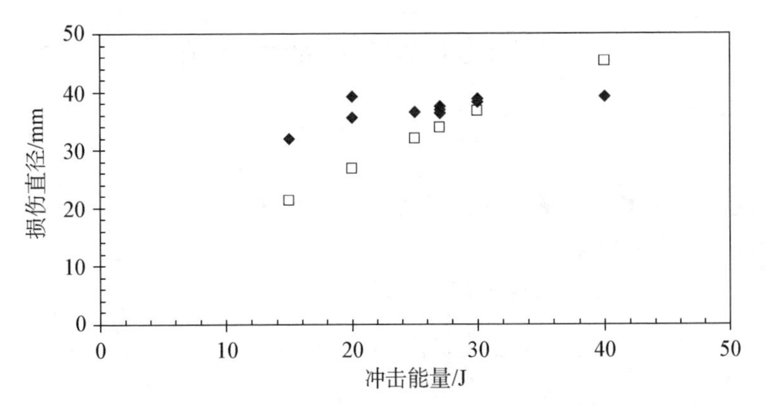

图 5.31 $[45/0/-45/90]_{3S}$ **铺层的 AS4/8552 层压板损伤尺寸的预测值与试验值比较(空心正方形:预测值;菱形:试验值)**

如图 5.32 所示,假设层压板长为 $2a$,宽为 $2b$。在层压板两端保持一个恒定不变的压缩位移量 u_0。坐标原点置于损伤区域中心,x 轴沿加载方向。并且,假设包括损伤区域在内的层压板铺层方法是对称且平衡的。

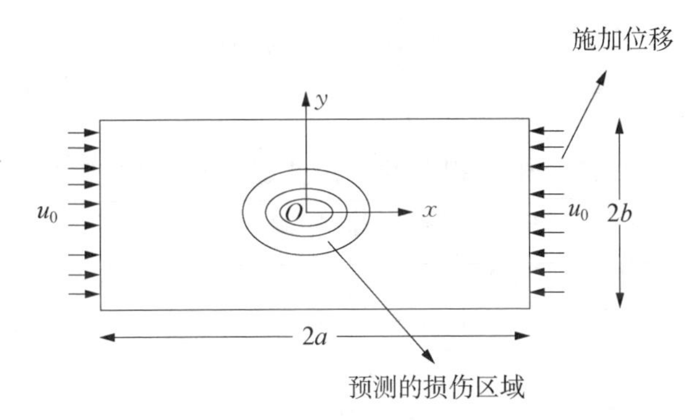

图 5.32 采用不同刚度的同心椭圆模型预测的冲击损伤区域

对于层压板的位移 u 和 v,其傅里叶展开可表示成如下形式:

$$u = \sum_{m=1}^{\infty}\sum_{n=1}^{\infty} P_{mn} \sin\frac{m\pi x}{a}\cos\frac{n\pi y}{2b} + u_0\frac{x}{a} \tag{5.41}$$

$$v = \sum_{m=1}^{\infty}\sum_{n=1}^{\infty} H_{mn} \cos\frac{m\pi x}{a}\sin\frac{n\pi y}{2b} - \frac{\nu_{xyeq}u_0 y}{a} \tag{5.42}$$

式中,P_{mn} 和 H_{mn} 为未知常数。

这些位移的表达式满足边界条件:在两端 $u = u_0$,由对称性可得 $x=0$ 处 $\frac{\partial u}{\partial x}=0$,

$y=0$ 处$\frac{\partial v}{\partial x}=0$。此外，表达式中还增加了一个平均重量泊松比 ν_{xyeq}，表达式为

$$\nu_{xyeq}=\frac{\sum_{i=1}^{q}(\nu_{xy})_i(\text{Area})_i}{4ab} \tag{5.43}$$

式中，i 表示第 i 个椭圆区域。我们从类似的问题中发现，式(5.42)中的这个 ν_{xyeq} 加快了所涉及序列的收敛速度。

未知因子 P_{mn} 和 H_{mn} 可通过能量最低原理求得。

$$\Pi_p=U_p-W=\frac{1}{2}\int_0^b\int_0^a\left[A_{11}\left(\frac{\partial u}{\partial x}\right)^2+2A_{12}\frac{\partial u}{\partial x}\frac{\partial v}{\partial y}+A_{22}\left(\frac{\partial v}{\partial y}\right)^2+A_{66}\left(\frac{\partial u}{\partial y}+\frac{\partial v}{\partial x}\right)^2\right]\mathrm{d}x\mathrm{d}y \tag{5.44}$$

这里由于没有规定的力的作用，因此所做的功 W 为零。

需要注意的是，由于结构具有对称性，因此我们只需考虑图 5.32 中整个结构的 1/4 部分即可。由能量最低原理可得：

$$\frac{\partial \Pi_p}{\partial P_{mn}}=0 \tag{5.45}$$

$$\frac{\partial \Pi_p}{\partial H_{mn}}=0 \tag{5.46}$$

在数值上评估式(5.44)中的积分并应用式(5.45)和式(5.46)得到含 $2MN$ 个未知数的 $2MN$ 方程组成的线性系统，其中 M 和 N 分别是式(5.41)和式(5.42)的展开式中的项数。求解这个系统便可得 P_{mn} 和 H_{mn}，它们可以在关于 u 和 v 的式(5.41)和式(5.42)中被替换。一旦位移确定，层压板中的应变就可由应变-位移方程得到：

$$\varepsilon_x=\frac{\partial u}{\partial x}$$

$$\varepsilon_y=\frac{\partial v}{\partial y}$$

$$\gamma_{xy}=\frac{\partial u}{\partial y}+\frac{\partial v}{\partial x} \tag{5.47a - c}$$

这些参数相应地可以在本构关系中被替换从而得到合力：

$$\begin{Bmatrix}N_x\\N_y\\N_{xy}\end{Bmatrix}=\begin{bmatrix}A_{11}&A_{12}&0\\A_{12}&A_{22}&0\\0&0&A_{66}\end{bmatrix}\begin{Bmatrix}\varepsilon_x\\\varepsilon_y\\\gamma_{xy}\end{Bmatrix} \tag{5.48}$$

将合力在面的厚度方向分解可得到层压板任意位置处的平均应力。

在进行下一步之前,我们必须验证用这种方法获得的应力的准确性。具体结果是通过两组不同的比较试验得到的。在第一组试验中,我们确定了带有一圆孔、长宽比(长/短轴)为 2 的椭圆孔,或是带有周围板的一半刚度的圆形夹杂物的准各向同性板的应力集中系数 SCF。这些情况下,我们可以使用针对无限长板的精确解。对于圆孔,应力集中系数 SCF 为 3,椭圆孔的 SCF 为 2。对于 $\lambda=2$ 的椭圆,由式(5.2)得到的应力集中系数为 1.49。这里使用的层压板铺层方式为$[45/-45/0/90]_S$,铺层厚度为 0.152 mm。层压板的长度和宽度均为 500 mm,孔直径为 50 mm。由于理论应力集中系数 SCF 针对的是无限长的板,因此需使用式(2.5)中的有限宽度方法来校正理论值。

利用现有模型得到的预测值与理论值的对比如图 5.33 所示。在带孔情况下现有模型预测值与理论值的误差在 5%以内,带有椭圆形夹杂的情况下误差在 7%以内。而这种误差可以解释为受到有限宽度校正因子近似值的影响。

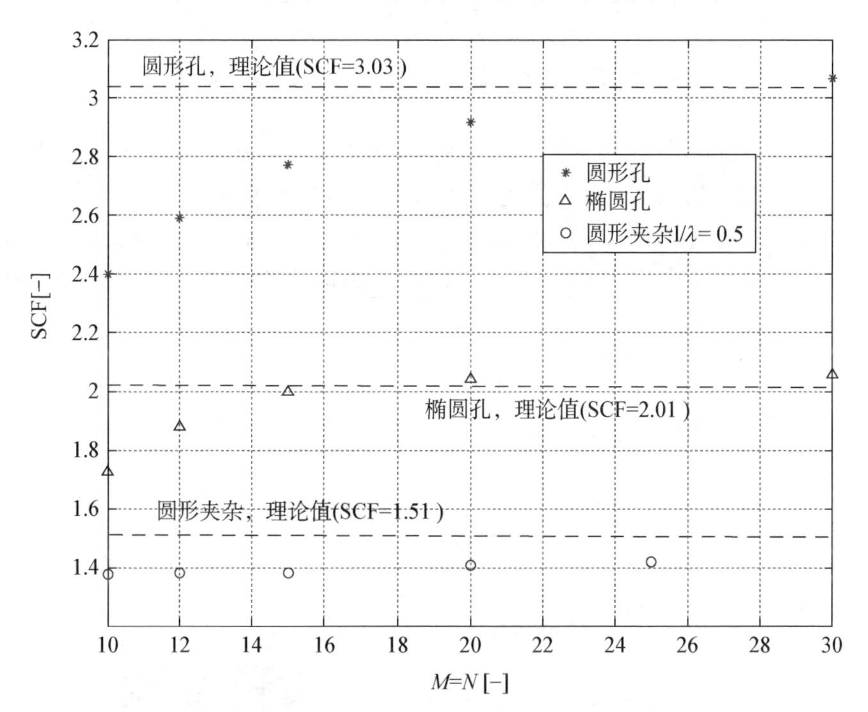

图 5.33 含孔或夹杂的板模型预测值与理论值的对比

第二组对比试验与眼前的问题直接相关,并且要更加复杂。我们利用有限元方法分析了两种不同的层压板,一种是按$[45/-45/0/90]_S$方式铺层的准各向同性板,另一种是按$[0]_8$方式铺层的高度正交各向异性板,而且它们都有一个同心椭圆(三个圈)。同心椭圆的刚度大小只占板的几分之一,从内到外椭圆区域的刚度依次为层压板刚度的 0.2、0.4 和 0.6 倍。所使用的材料是 AS4/8552。在 ABAQUS 中利用的是减缩积分的壳单元，具体情形如图 5.34 所示。

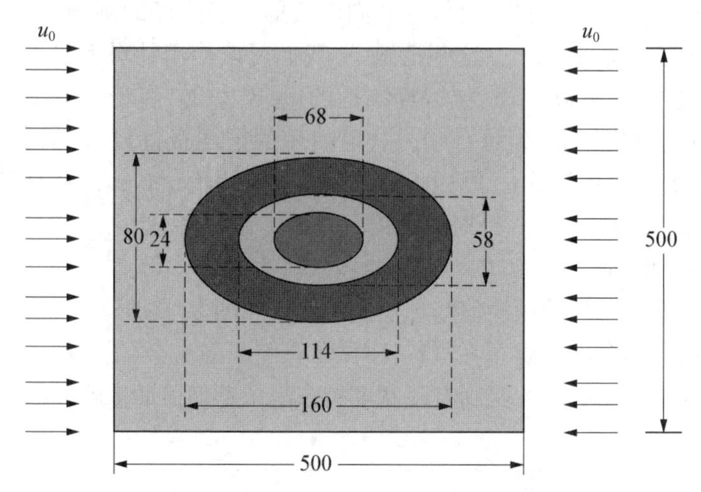

图 5.34　带有三个椭圆夹杂的层压板（采用毫米量纲）

针对准各向同性层压板分别利用现有模型和有限元方法所得结果的对比如图 5.35 所示，而相应的以$[0]_8$方式铺层的高度正交各向异性板得到的结果如图 5.36 所示。我们绘制了沿负载方向（经远场应力标准化后）的轴向应力变化曲线，其中横坐标方向是沿着从最靠里的椭圆中心开始向外侧移动的横向线（与图 5.32 中的 y 轴平行）。

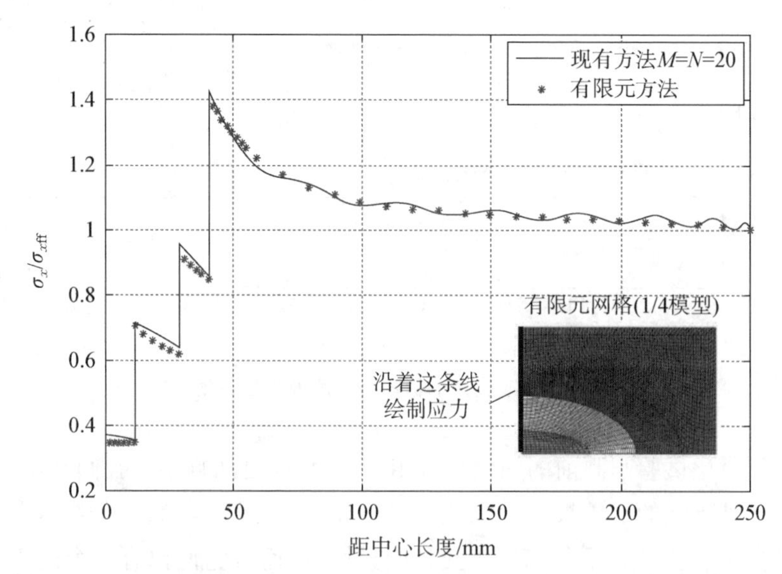

图 5.35　带有椭圆夹杂的$[45/-45/0/90]_S$层压板应力的模型预测结果与有限元结果的比较

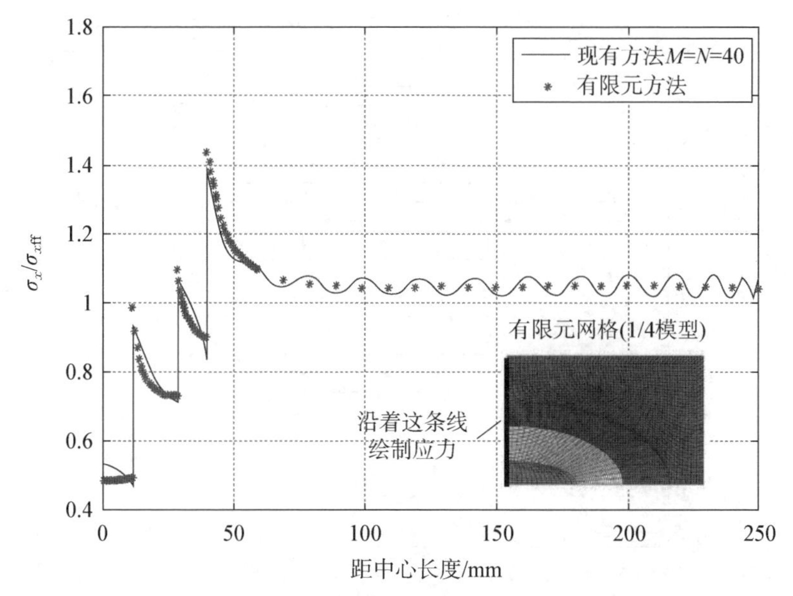

图 5.36　带有椭圆夹杂的$[0]_8$ 层压板应力的模型预测结果与有限元结果的比较

由图 5.35 和图 5.36 可知，两种情况下分别利用现有模型和有限元模型得到的结果吻合得很好。甚至是对于以$[0]_8$ 方式铺层的高度正交各向异性板，其刚度的不匹配会给计算结果带来一些麻烦，但最后得到的吻合度也很高，只在中心位置有一些差别。在同心圆之中出现了一条形状奇怪的曲线，因为现有模型得到的是一条外凸曲线，而有限元方法得到的却是一条内凹曲线。不过这种差别很小，而且我们可以清楚地看到从一个夹杂区域到另一个夹杂区域中间的不连续现象。现有模型已足够精确，我们可以利用它来预测 CAI 强度。

5.7.2.2　CAI 强度的预测模型

为了能利用先前得到的模型进行预测，我们需将冲击损伤划分为几个已知折减刚度的椭圆区域。利用 5.7.1.3 节中的方法重新划分损伤形态，这里沿厚度方向的损伤形态对问题的分析更有用，如图 5.37 所示。

在任意 θ 位置处的损伤形态与图 5.37 中的结果都是类似的。从图中可以看出，相对于层压板中面而言损伤并不是对称的。而且，随着 θ 位置的改变，损伤的表现也有所区别。值得注意的是，为防止图中线条过于混乱，图中并没有代表基体失效的情况。我们所做的第一次近似就是在划分区域时，将纤维失效的部分和其他部分分开。沿着层压板的中心向外拓展±7 mm，这个区域被等效为最中心区域。之后从这个区域再向外扩展大概±28 mm 到达最大分层处，这个新区域被视作第二个区域。在第二个区域的外围，虽然可能存在一些基体损伤，但我们依然假设此处层压板是完好无损的。这些角度对应某一 θ 位置。遍历 0°到 180°，便可以找到纤维损

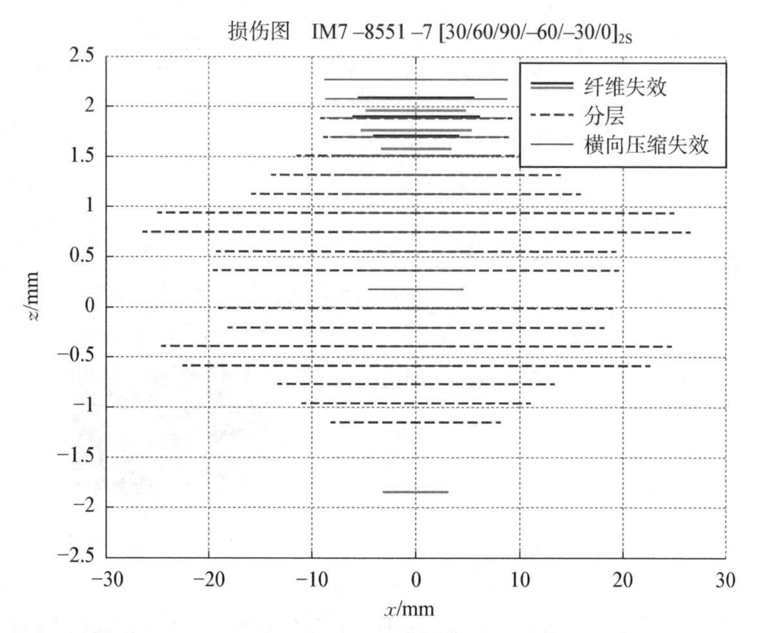

图 5.37　[30/60/90/−60/−30/0]$_{2S}$ 铺层的 IM7/8551－7 层压板在 θ＝0°时的损伤程度和类型

伤和分层出现位置的最大径向距离，也即从边界区域到该位置的最大距离。遍历 θ 值得到的总体尺寸如图 5.38(能量水平要低于图 5.37 中情形)所示。子区域示意图也同样表示在了图 5.38 当中。

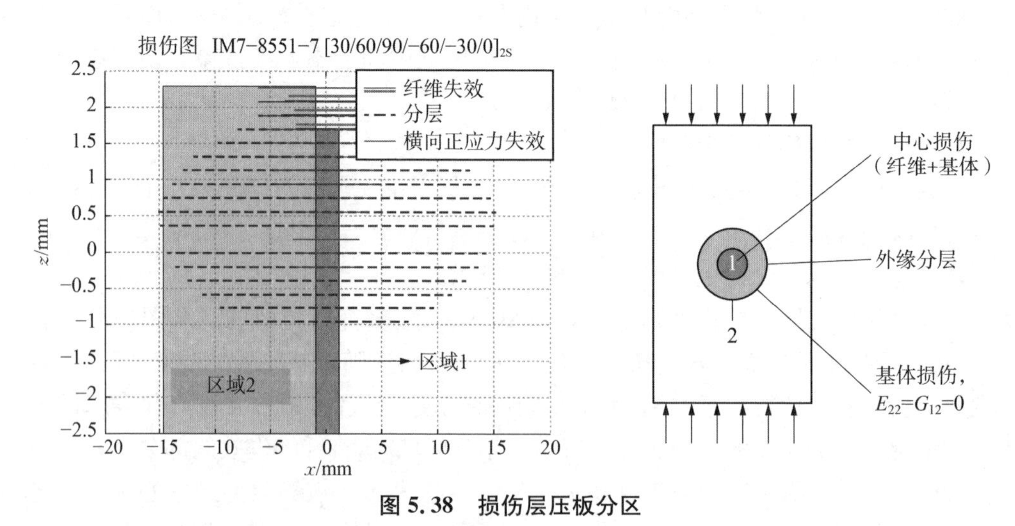

图 5.38　损伤层压板分区

对于图 5.38 中的每一个区域，我们已经通过计算得到了新的刚度参数。这是至关重要的一步，结果将取决于模型仿真中强度和刚度折减的准确性。有几种不同的方式可以完成这项任务:传统方法为将一层中受损伤影响的参数设为0,更加现实的方法为根据连续损伤模型更新材料参数[30]。不过人们意识到,将某层中的参数直接设为0(或使其接近0)是脱离实际的。受损层的应力能够从损伤区域传递到邻近的未受损层,之后又会从该未受损层传回受损层中的未受损区域。一个简单的例子如图5.39所示,图中展现的是一个[0/90/0]铺层的层压板在受拉情况下(0°方向平行于x轴)的表现。

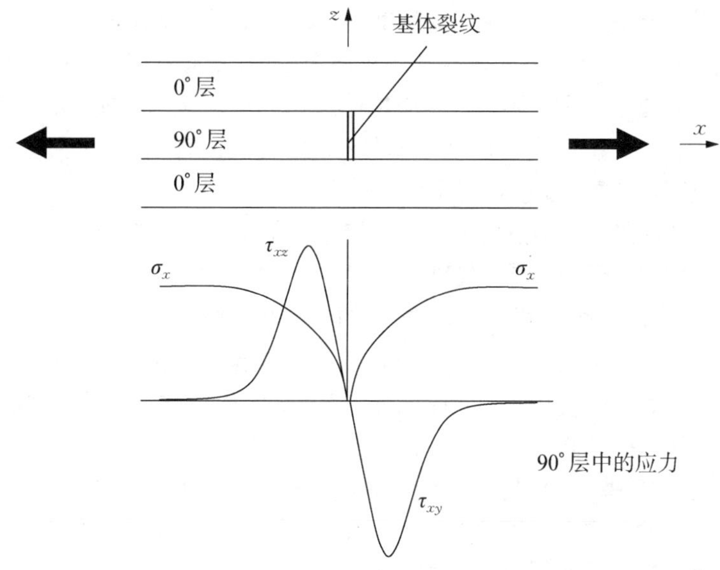

图5.39 拉伸载荷下[0/90/0]层压板中基体裂纹周围的应力传递

在拉力作用下,90°层中将会出现垂直于载荷方向的基体裂纹,我们截取其中的一个裂纹如图5.39所示。只要邻近的基体裂纹离该裂纹足够远,那么定性地,该90°层中的应力变化将如图5.39中下部图形所示:在裂纹处轴向应力σ_x将降为0。90°层中的轴向载荷将通过剪应力τ_{xz}传递到邻近的0°层,该剪应力产生于裂纹附件,达到最大值之后又在裂纹表面降为0。若90°层两边没有0°层,那么一旦产生了一个裂纹,层压板将完全失效。这种情况并非如图5.39所表示的那样,在0°层失效之前,它承受的载荷明显比第一个横向裂纹出现时所对应的载荷更大。3.5节详细分析了这个例子,而且之后6.6.2节也对此进行了重新回顾。

为了说明这一点,图5.39中的例子经过了过分简化。对于一个受压的层压板,也许存在相似的机制,受损层能够承载失效起始载荷。实际上,对于受拉作用的单角度铺层层压板,(折减的)载荷传递值可能会超过第一次失效的允许值,此时纤维被拉出基体并形成纵向开裂。许多科研人员对这一现象进行了广泛研究,其中最具综合性的文章可以参考文献[30]。

想要了解载荷是如何在损伤区域周围传递的，需要大量的试验以及对失效过程的仿真，但是目前并没有一个明确的连续损伤模型适用于所有情况。在这里我们使用了两种模型，每种模型都会在第一次失效后给受损层分配不同的载荷传递容限值。这将产生一系列的答案，并将体现出最终结果对不同模型的敏感程度。

1）模型1（受损层可以载荷传递）

在图5.38中的两个内部区域，受损层的参数将进行以下更新：

（1）若存在从顶层延伸到底层的纤维失效，则沿着 X^t 和 X^c 方向的层强度值将缩减至未受损情况下的20%，相应的刚度 E_{11} 将缩减至未受损情况下的5%。

（2）若存在纤维失效，但尚未从顶层延伸至底层，则沿着 X^t 和 X^c 方向的层强度值将缩减至未受损情况下的50%，相应的刚度 E_{11} 将缩减至未受损情况下的5%。

（3）若层压板中任意位置出现了基体裂纹，则与基体有关的参数 Y^t、Y^c、S、E_{22} 以及 G_{12} 将缩减至未受损情况下的5%。

（4）上述更新在以冲击点为中心的一定半径范围内是有效的。

2）模型2（受损层不能传递载荷）

在图5.38中的两个内部区域，受损层的参数将进行以下更新：

（1）若发生纤维失效，则 E_{11}、X^t 和 X^c 均缩减至未受损情况下的1%。

（2）若发生基体失效，则 E_{22}、G_{12}、Y^t，Y^c 和 S 均缩减至未受损情况下的5%。

（3）上述更新在以冲击点为中心的一定半径范围内是有效的。

一旦选定了其中一个模型，每层的刚度参数都将得到相应更新，就可以通过计算得到每个子层的 **A** 矩阵（和 **D** 矩阵）。这可以在之后用于确定局部应变和应力。再利用最大应力失效准则对比新的强度参数，以确定是否有进一步失效产生。

若图5.38中最靠中心的区域失效了，则它所承受的载荷将重新分配给它周边的区域以及周边未受损的层压板（应变协调）。这时层压板的表现就像它的中心出现了一个孔。若没有失效发生，则外载荷将持续增大直至第二子层失效，而之后载荷也将重新分配到它周围未受损的层压板上。载荷继续加载直至最终失效。

如果不是最靠里的区域失效，而是其外围区域先发生失效，那么可以将其等效为一个带孔的层压板，其中孔的尺寸等于那两个区域（靠里和其外围）的尺寸。载荷同样将加载直至最终失效。

5.7.2.3 与试验结果的对比

利用上一节中的方法得到了试验结果[12]，为方便起见，我们在图5.40中重现了这些结果。正如之前提到的，虽然图5.40中的层压板都具有相同的厚度和每个方向上相同的面内刚度，但它们的CAI强度却天差地别，在同样的冲击能量水平下，CAI强度的最大值达到其最小值的1.7倍。

通过现有方法得到的上一节中模型1的预测结果与试验结果对比如图5.41所示；相应的模型2的对比如图5.42所示。

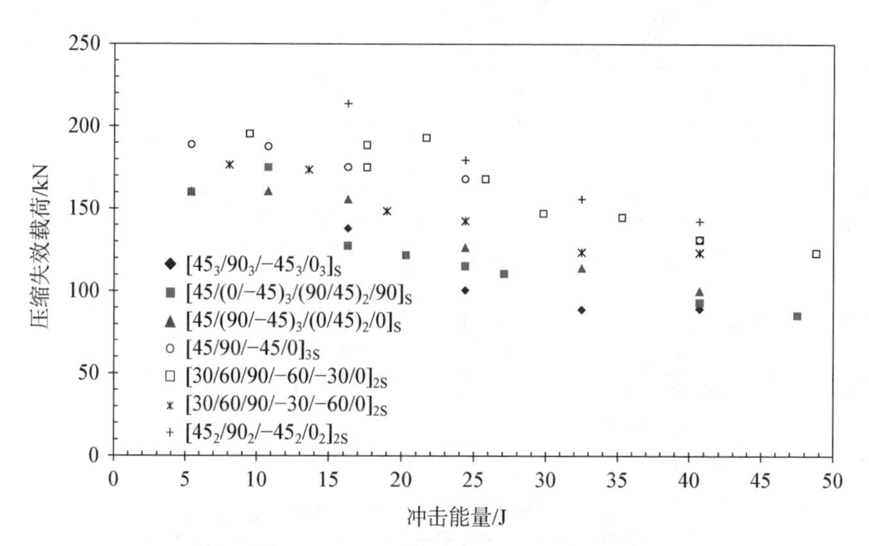

图 5.40 准各向同性层压板冲击后压缩(CAI)失效载荷(来源:Dost 等[12])

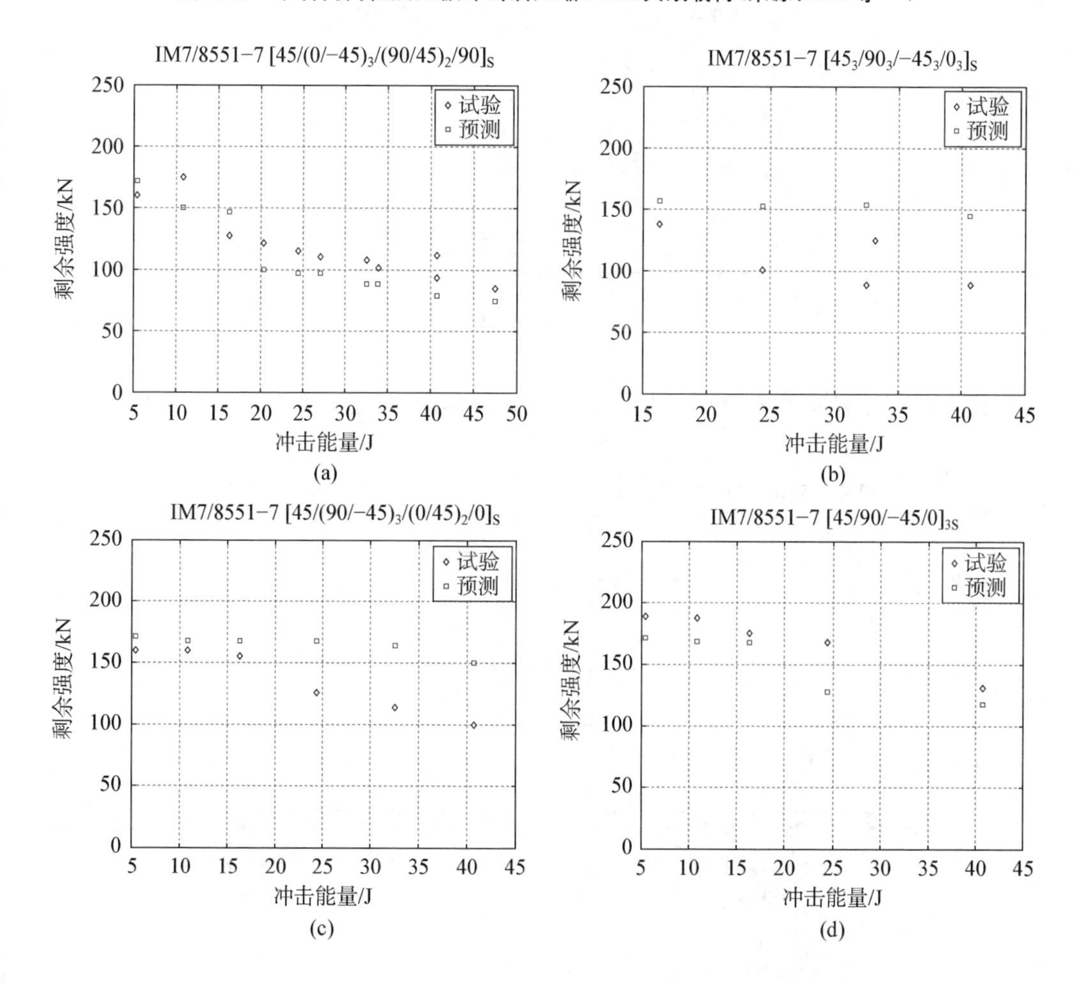

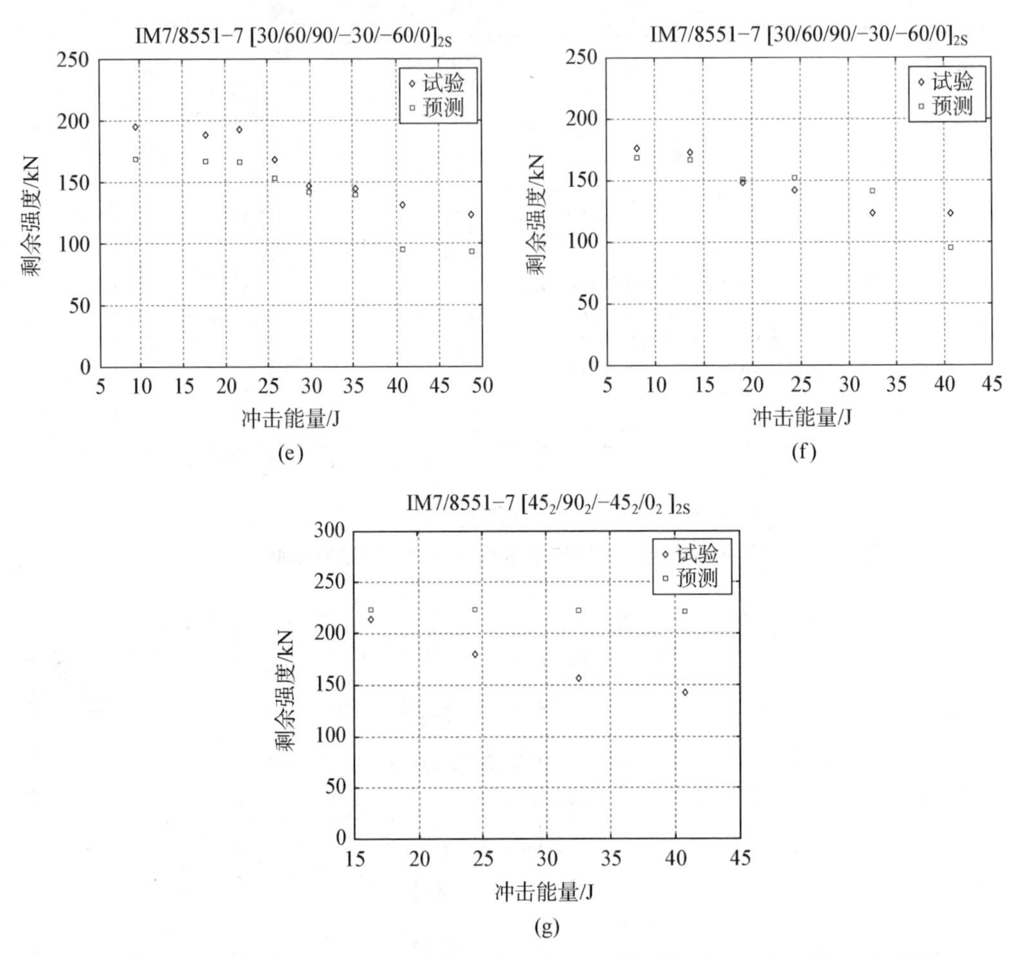

图 5.41　7 种不同层压板 CAI 失效的预测与试验结果（根据模型 1 损伤的层也承受载荷）

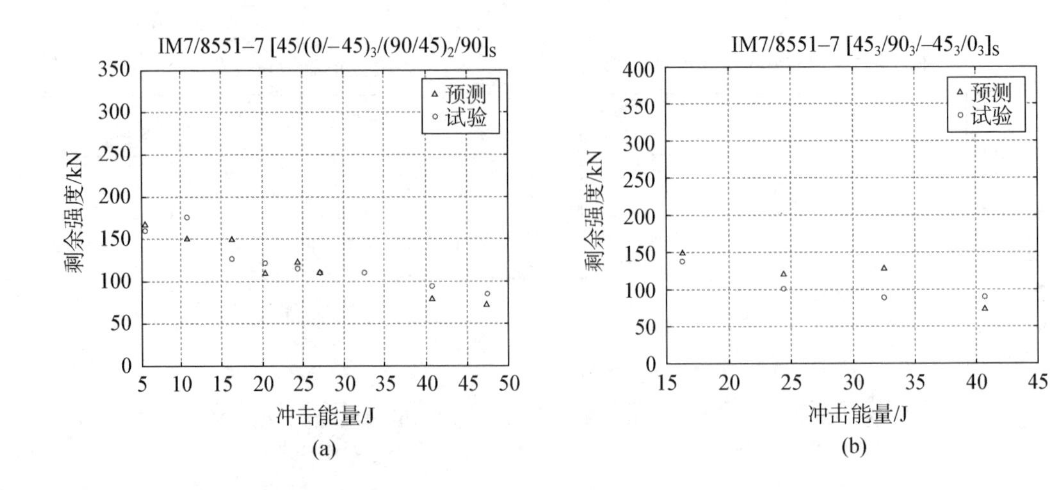

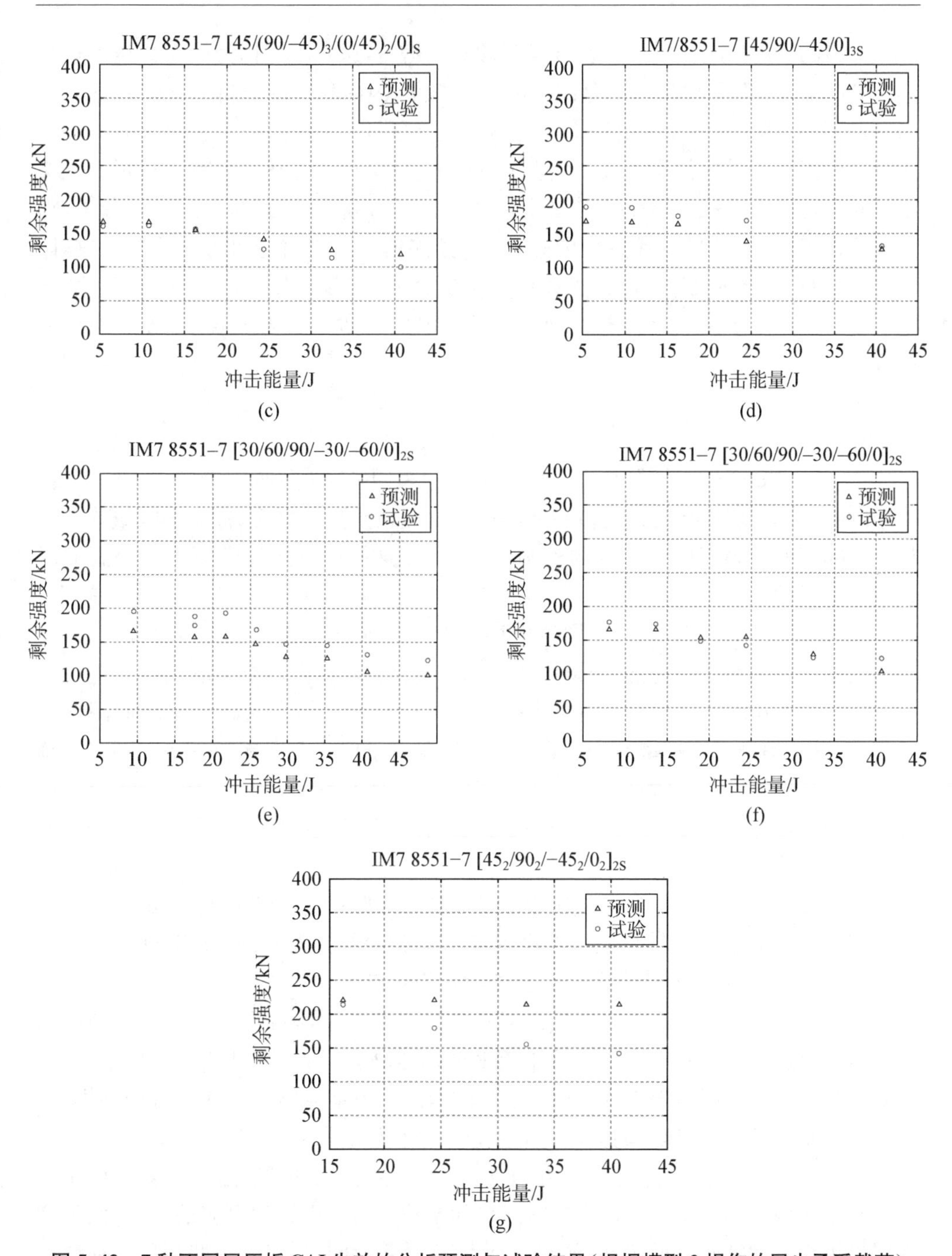

图 5.42 7 种不同层压板 CAI 失效的分析预测与试验结果(根据模型 2 损伤的层也承受载荷)

将两张图放在一起,我们不难发现对于模型 1,只有层压板(b)和(c)的预测值与试验值存在显著差异,而其他情况下这种差异很小。有趣的是,对于模型 2,层压板

(b)和(c)的预测值与试验值却吻合得非常好。然而，这并不能作为模型 2 优于模型 1 的充分理由。两种模型都不允许出现子层屈曲，因此我们的分析中并未考虑这一因素的影响，然而实际上我们都知道它是一些层压板在损伤尺寸大于 50 mm时的初次失效模式。如果损伤尺寸大多代表了分层的范围，那么上述内容就变得很有意义了。对于这种尺寸的分层和子层屈曲，若使用 4.3.2 节中提到的方法进行分析，那么我们得牢记，如果要体现层压板(b)和(c)预测值与试验值之间的差异性，或是体现层压板(g)的子层屈曲，那么选择模型 1 更合适。若我们忽略了子层屈曲，那么除了层压板(g)存在显著差异之外，对于剩下的 6 种层压板得到的结果都足够准确。

5.7.2.4 小结

上一节得到的试验结果是令人鼓舞的。它表明基于应力的模型能够对受冲击作用的各向同性层压板的损伤范围和类型做出理想预测。之后，将损伤区域等效为拥有不同刚度且局部损伤一致的椭圆形夹杂，以这样的方式建模便可以得到 CAI 强度的良好预估。

这种方法虽然潜力巨大，但同时也存在着一些缺陷和需要完善的地方，其中的部分内容已在前两节中提到，现将这些未来需要努力的方向总结于下：

(1) 失效分析中须考虑子层屈曲的影响。特别是材料失效和子层屈曲间的相互作用，这是提升现有模型预测能力的关键因素。子层屈曲存在的一个问题在于确定分层后子层的确切形状。传统方法是利用 4.3.2 节中的模型，得到的椭圆形子层表明屈曲出现过早。目前需要一种关于子层屈曲，以及从屈曲子层到未屈曲子层的载荷传递方式的准确模型。

(2) 这里所使用的失效准则是最大应力准则。改进后的准则(如 Puck 准则[31])致力于给出更加精确的结果。在夹杂完全失效以及层压板表现，如中央出现孔洞时，就需要一种针对带有椭圆孔层压板的改进失效准则。

(3) 用于渐进失效分析的两个模型必须在更好的层压板损伤后行为模型的基础上进行改进。虽然对于大部分层压板来说，失效模型的改变对结果影响不大，但是对于几个不同的层压板来说，这种差异十分显著，不能忽略。现在只有两种模型，而后来 Maimí 等人[30]提出的方法对此就是一个很好的补充。

(4) 通过选择纤维损伤以及分层作为夹杂边界的指导准则，这对于受损层压板两个夹杂区域的划分多少显得有些随意。如果我们在其中添加更多的夹杂，则得到的结果也将更加精确。虽然这可能会增加一点计算时间，但对于一些层压板来说还是值得一试的。

(5) 一旦将材料失效作为驱动失效模式，那么与子层屈曲恰恰相反，损伤区域的准确尺寸和形状对于最后结果的影响就不大了。上面的结果都是以圆形夹杂为标准得到的。我们发现将圆形变成椭圆形，也就是将主轴缩短到原来的90%，作为椭圆的短轴时，预测值的变化对于其中五种层压板都在1%以内，对于另外两种层压板则在15%以内。同时，我们也发现它大小的整体变化对结果的影响也很小。只有当尺寸变化到有限宽度效应明显影响结果的时候，夹杂的尺寸(形状)才会成为一个关键驱动因素。

(6) 上述对比中所用的所有层压板都是准各向同性的。虽然5.7.1节中确定损伤类型和氛围的方法已经将其限定为准各向同性层压板，但5.7.2节中预测CAI强度时并未对此有所限制。只要损伤的行为能够通过椭圆完整表现，这种方法就是可行的。只有对于高度正交各向异性层压板(如所有的都是0°层)，其纵向开裂的范围非常大并将形成一个不规则矩形，这时现有方法就不再适用了。

练习

5.1 对于在单轴拉力 N_x 下的任意方向铺设的单层板，假定在单轴拉伸试验中 $N_y=N_{xy}=0$，试推导出其有效轴向刚度 E_x 的表达式。

5.2 某材料在CAI测试中的参数如下：

E_x(拉伸)=137.8 GPa
E_x(压缩)=114.8 GPa
E_y(拉伸)=8.58 GPa
E_y(压缩)=8.95 GPa
$\nu_{xy}=0.29$
$G_{xy}=4.92$ GPa
$t_{\text{ply}}=0.188$ mm
$X^t=2\,042$ MPa
$X^c=1\,495$ MPa
$Y^t=66.1$ MPa
$Y^c=257$ MPa
$S=105.2$ MPa

层压板$[(45/-45/0/90)_3]_S$在BVID情况下受冲击。超声波扫描显示产生了一个直径为38 mm的圆形损伤。测量结果表明造成BVID损伤的能量为25 J，冲击过程中的峰值载荷大小为9 000 N。

(1) 确定最大峰值载荷作用下的位移 δ。

(2) 假设冲击过程中，层压板与半径 $R=16$ mm的冲头相贴合，如图E5.1所示，试确定峰值载荷下的接触半径 r_c。

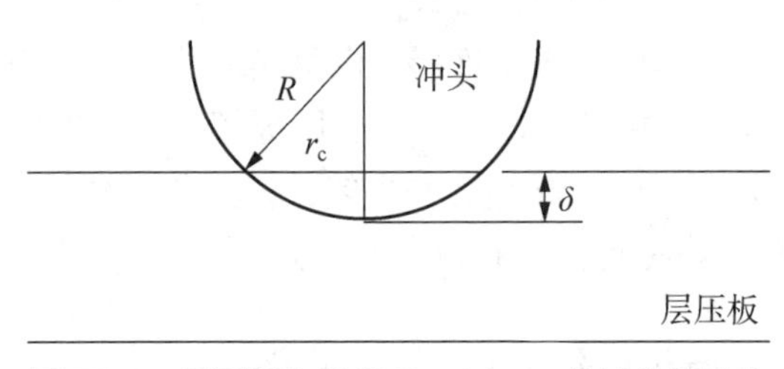

图 E5.1 层压板与半径 R=16 mm 的冲头相贴合

(3) 将受冲击区域划分为三个部分：最中心的直径为 $2r_c$ 的区域以及两个外围区域。假设在 $2r_c$ 以内的部分完全失效(你能证明这条假设吗?)。同时我们假设两个外围区域是由完全分离的层组成的(在这两个区域每个层间均产生了分离)。通过沿着 0°方向的单层分析，试确定损伤区域的刚度(需要练习 5.1 中的结果)。

(4) 预测 CAI 强度有两种方式：第一种是运用分析方法来预测未受损及受损之后的抗压强度；第二种则直接利用未受损抗压强度的试验结果 450 MPa。你的预测结果与试验结果(带有 BVID)的 200 MPa 相比怎么样?

5.3 某一层压板结构的各层是准各向同性的。当受到冲击时，损伤区域是一个半径为 R_0 的圆。冲击能量从低到高，损伤的范围也逐渐扩大(从能量最低时的一个针眼，到最高时一个半径为 R_i 的孔)。假设在冲击作用下，损伤区域从内到外的刚度是线性变化的，内部孔边缘的刚度为 0，而远场处(未受损区域)刚度增大到了 E_f。同时为了对冲击损伤的效应进行评估，我们假设整个损伤区域(半径为 R_0)的平均刚度为 E_2，如图 E5.2 所示。

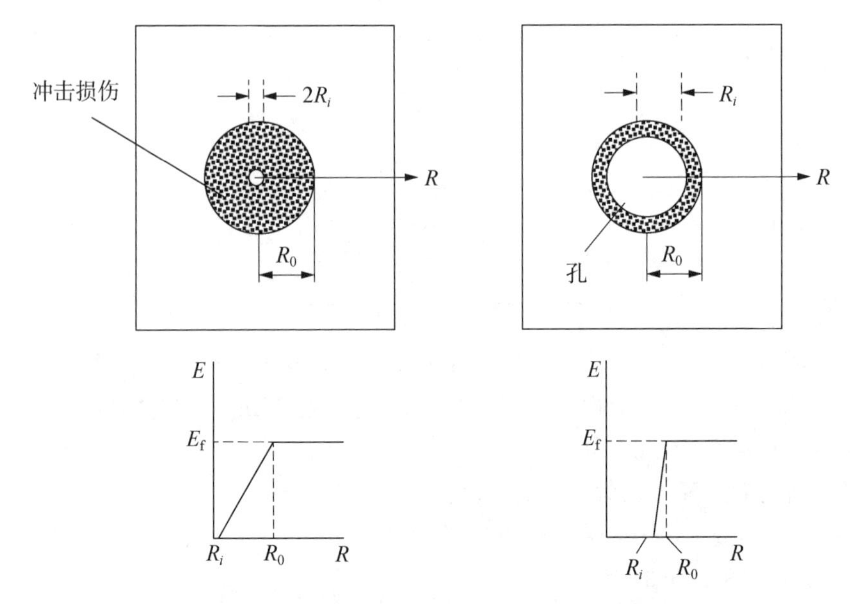

图 E5.2 在夹芯结构中假定刚度变化为中心距离的函数

(1) 当 R_i 从 0 变化到 R_0 时，试推导作为 R_i/R_0 函数的 SCF 的表达式。

(2) 在以下两种情况下：①未受损；②带有一孔（层压板在冲头冲击下产生了一个半径为 R_0 的孔），试利用(1)中的表达式复现理想结果。

(3) 绘制 SCF 与 R_i/R_0 的关系图线。

(4) 正如 5.1 节中提到的，BVID 定义在压痕深度的基础上，在检测器材可视的情况下由很大的应变产生。假设在某一冲击能量下层压板的 BVID 仅仅在冲击点处产生了一个小孔。若面板（未受损时）的失效应力为 σ_{ult}，则在 BVID 情况下其失效应力为多少？

5.4 (1) 单向石墨/环氧材料 AS4/8552 的材料参数如下：

E_x(拉伸)=137.8 GPa
E_x(压缩)=114.8 GPa
E_y(拉伸)=8.58 GPa
E_y(压缩)=8.95 GPa
ν_{xy}=0.29
G_{xy}=4.92 GPa
t_{ply}=0.188 mm
X^t=2 042 MPa
X^c=1 495 MPa
Y^t=66.1 MPa
Y^c=257 MPa
S=105.2 MPa

层压板的铺层方式为

$$[(45/-45/0/90)_3]_S$$

该层压板在压缩载荷下进行试验（样本长度为 180 mm，宽度为 127 mm，加载沿长度方向），测得其强度为 401.8 MPa。之后样本又受到了能量大小为 25 J 的冲击载荷作用。以分层表征的损伤结果如表 E5.1 和表 E5.2 所示。CAI 强度为 191 MPa。若只着眼于分层，试求 CAI 强度的预测值。可利用表 E5.1 和表 E5.2 中的分层信息（需要注意层 1 是最顶层）。

(2) 将你的预测结果与试验结果进行比较，试解释产生差异的原因。

表 E5.1 分层从中心开始向左扩展

层间分层	长度/mm
2/3	4.31
4/5	6.55

（续表）

层间分层	长度/mm
6/7	8.45
8/9	6.21
10/11	9.31
11/12	1.72
13/14	12.76
15/16	8.62
17/18	12.76
20/21	10.52
22/23	8.62

表 E5.2 分层从中心开始向右扩展

层间分层	长度/mm
2/3	0.69
6/7	7.76
8/9	6.03
11/12	1.38
13/14	14.66
17/18	11.90
22/23	14.31

5.5 假设你正在从对称均衡的层压板中找寻关于 CAI 的“最佳层压板”，收集了大量信息之后，你确定了心中理想的层压板。已知未受损区域刚度与受损区域刚度之比为 λ，损伤区域边缘应力集中系数 SCF 达到最小值。之后可以利用 5.5 节中关于 SCF 的公式，同时你注意到了这个公式里含有关于未受损区域的三个参数：E_{22}/E_{11}、E_{11}/G_{12} 以及 ν_{12}。改变这些参数的大小，你会发现在某一位置时 SCF 将达到最小值。但可惜的是你并不能使其中某一参数独立变化，这也让问题变得复杂（同时也变得简单）。一个来自 TUDelft 的朋友提醒你不妨用层合系数 V_1 与 V_3 来表示每一个面内参数，这样可以将未知参数由 3 个减少到 2 个，并且考虑一下不同参数间的相对独立性（如 V_1 与 V_3 的取值范围会相互影响），可以让问题变得更简单。你的好朋友给出了如下的关系：

$$V_3 = \frac{U_2^2 V_1^2 - U_2 E_{11} V_1 + E_{11} U_1 - U_1^2 + U_4^2}{U_3 (2U_1 + 2U_4 - E_{11})}$$

$$=\frac{U_2^2V_1^2+U_2E_{22}V_1+E_{22}U_1-U_1^2+U_4^2}{U_3(2U_1+2U_4-E_{22})}$$

$$=\frac{\nu_{12}U_2V_1-\nu_{12}U_1+U_4}{(1+\nu_{12})U_3}$$

$$=\frac{U_5-G_{12}}{U_3}$$

式中，U_i 为标准层压板的不变量；E_{22}、E_{11}、G_{12} 及 ν_{12} 为层压板参数。

同时注意到对于普通层压板来说，有

$$-1\leqslant V_1\leqslant 1$$
$$V_3\geqslant 2V_1^2-1$$

那么现在你可以解决一些问题了。

(1) 对于仅由 0°、45°、−45°和 90°铺层得到的对称平衡层压板，在 $\lambda=1.4$、2、3 和 5 时，应力集中系数 SCF 达到最小值。值得注意的是，这种情况下 V_1 与 V_3 的取值范围已发生了改变。对于大部分层压板而言，λ 的取值应完全覆盖 BVID 能量范围。为什么当 $\lambda\to\infty$时得到的解是有意义的(借助课堂上提高的试验数据进行讨论)？同时，考虑一下为什么你得到的“最佳层压板”比起那些糟糕的层压板有更好的 CAI 强度？

(2) 如问题(1)中那样，现有一最佳对称平衡层压板，对于同一 λ 满足 10%准则，试确定其 V_1 与 V_3 的大小。试绘制 SCF 最小值与 λ 的关系图像(附加题：试确定 $\lambda=3$ 时，16 层的层压板的最佳铺层方式)。

(3) 当你的分析遇到问题时与同伴进行讨论。

参考文献

[1] Kassapoglou, C. (2013) Design and Analysis of Composite Structures, 2nd ed, Chapter 5.1.5, John Wiley & Sons, Inc., New York.

[2] Lagacé, P. A. (1986) Delamination in composites: is toughness the key? SAMPE J., 22, 53-60.

[3] NASA (1983) Standard Test for Toughened Resin Composites, NASA Reference Publication 1092, Langley Research Center, Hampton, VA.

[4] Avery, J. G., Porter, T. and Walter, R. W. (1972) Designing aircraft structure for resistance and tolerance to battle damage. AIAA 4th Aircraft Design, Flight Test, and Operations Meeting, LA, CA, AIAA-1972-773.

[5] Williams, J. C. (1984) Effect of Impact Damage and Open Holes on the Compression Strength of Tough Resin/High Strength Fiber Laminates. NASA-TM-85756.

[6] Puhui, C., Zhen, S. and Junyang, W. (2002) A new method for compression after impact strength prediction of composite laminates. J. Compos. Mater., 36, 589-610.

[7] Lekhnitskii, S. G. (1963) in Theory of Elasticity of an Anisotropic Elastic Body (translated by P. Fern), Holden Day Inc., San Francisco, CA.

[8] Savin, G. N. (1961) in Stress Concentration Around Holes (translated by W. Johnson), Pergamon Press.

[9] Kassapoglou, C., Jonas, P. J. and Abbott, R. (1988) Compressive strength of composite sandwich panels after impact damage: an experimental and analytical study. J. Compos. Tech. Res., 10, 65-73.

[10] Nyman, T., Bredberg, A. and Schoen, J. (2000) Equivalent damage and residual strength of impact damaged composite structures. J. Reinf. Plast. Compos., 19, 428-448.

[11] Kassapoglou, C. (2013) Design and Analysis of Compostie Structures, 2nd ed, Chapter 10, John Wiley & Sons, Inc., New York.

[12] Dost, E. F., Ilcewicz, L. B., Avery, W. B. and Coxon, B. R. ASTM STP 1110 (1991) Effect of Stacking Sequence on Impact Damage Resistance and Residual Strength For Quasi-Isotropic Laminates, ASTM, pp. 476-500.

[13] Lekhnitskii, S. G. (1968) Anisotropic Plates, Chapter VI-43, Gordon and Breach Science Publishers, New York.

[14] Esrail, F. and Kassapoglou, C. (2014) An efficient approach for damage quantification in quasi-isotropic composite laminates under low speed impact. Composites Part B, 61, 116-126.

[15] Esrail, F. and Kassapoglou, C. (2014) An efficient approach to determine compression after impact strength of quasi-isotropic composite laminates. Compos. Sci. Technol., 98, 28-35.

[16] Cairns, D. S. (1987) Impact and post-impact response of graphite/epoxy and kevlar/epoxy structures. PhD thesis, Department of Aeronautics and Astronautics, Massachusetts Institute of Technology.

[17] Olsson, R. (2001) Analytical prediction of large mass impact damage in composite laminates. Composites Part A, 32 (9), 1207-1215.

[18] Kassapoglou, C. (2014) Design and Analysis of Composite Structures, Chapter 5.3.2, 2nd ed, John Wiley & Sons, Inc., New York.

[19] Hertz, H. (1895) Gesa mmelte Werke, vol. 1, J. A. Barth, Leipzig.

[20] Lesser, A. J. and Filippov, A. G. (1994) Mechanisms governing the damage resistance of laminated composites subjected to low-velocity impacts. J. Reinf. Plast. Compos., 3, 408-432.

[21] Shivakumar, K. N., Elber, W. and Illg, W. (1983) Prediction of Impact Force and Duration During Low Velocity Impact on Circular Composite Laminates. NASA TM 85703.

[22] Talagani, F. (2014) Impact analysis of composite structures. PhD thesis. Delft University of Technology, Delft.

[23] Christoforou, A. P. and Yigit, A. S. (1995) Transient response of a composite beam subjected to elastoplastic impact. Compos. Eng., 5, 459-470.

[24] Yang, S. H. and Sun, C. T. (1982) Indentation law for composite materials, in Composite

Materials: Testing and Design (6th Conference) ASTM STP 787 (ed I. M. Daniel), pp. 425 - 449.

[25] Kassapoglou, C. and Lagacé, P. A. (1986) An efficient method for the calculation of interlaminar stresses in composite materials. J. Appl. Mech., 53, 744 - 750.

[26] Kassapoglou, C. (1990) Determination of interlaminar stresses in composite laminates under com-bined loads. J. Reinf. Plast. Compos., 9, 33 - 59.

[27] Love, A. E. H. (1929) The stress produced in a semi-infinite solid by pressure on part of the boundary. Philos. Trans. R. Soc. London, 228, 377 - 420.

[28] Nagelsmit, M. (2013) Fiber placement architectures for improved damage tolerance. PhD thesis. Delft University of Technology.

[29] Kassapoglou, C. (1996) Compression strength of composite sandwich structures after barely visible impact damage. J. Compos. Tech. Res., 18, 274 - 284.

[30] Maimí, P., Camanho, P. P., Mayugo, J. A. and Dávila, C. G. (2007) A continuum damage model for composite laminates-part I: constitutive model. Mech. Mater., 39, 897 - 908.

[31] Puck, A. and Schürmann, H. (1998) Failure analysis of FRP laminates by means of physically based phenomenological models. Compos. Sci. Technol., 58, 1045 - 1067.

6　复合材料结构的疲劳寿命:分析模型

6.1　概述

在重复载荷作用下,即使载荷大小明显低于结构相应的静强度,结构的刚度和强度也会下降。在经过足够多次的循环作用之后,整个结构就会失效。疲劳是复合材料结构的承载能力随着循环载荷的变化而减小的过程。发生这样的状况是由于结构损伤的产生和扩展,这同时也降低了结构的刚度和强度。复合材料中损伤的产生和演化发生在不同尺度下,例如,会起始于微小孔隙聚集成的微裂纹或基体裂纹这样的极小尺度。随着循环载荷的不断施加,损伤会不断增加,也会产生其他类型的损伤,如基体裂纹可能会转移到分层处。在某些时候,损伤的程度和类型使得结构不能再继续承受循环载荷,甚至直接失效。通常来说,结构最终的失效与纤维断裂有关,但是也有很多失效是由分层的数量和尺寸导致的,其数量和尺寸会降低弯曲刚度,导致结构变形过大以致不再能够继续发挥其功能。

损伤可能会从纤维直径或更小的尺度开始,因此人们可能长时间都未能观察到它的存在。只有当它发展到能被检查手段发现的尺度类型时才有可能被检测。正如我们在第1章中提到和第2～5章中详细讨论过的那样,复合材料结构中的损伤类型可分为三种:①基体裂纹;②分层;③纤维断裂。除此之外,如纵向劈裂、横向裂纹、纤维弯折,以及产生于基体裂纹而终止于层间界面分层现象的组合都是很常见的。

在复合材料的典型应用中,在结构服役前期相对较多的循环次数下,发生的损伤表征可能根本不明显,不过一旦裂纹萌生,其发展速度是非常快的。典型的测试数据如图6.1和图6.2所示。图6.1中的数据是采用一个尺寸为500 mm×500 mm,受剪切作用的方形夹层板得到的。图6.2中的数据则是采用一个尺寸为150 mm×300 mm,受拉/压载荷作用的夹层板得到的。

如图6.1所示,在前6 000次循环作用过程中(低温干态环境条件下)裂纹尺寸并没有明显增长;然而在之后的4 000次循环作用过程中,裂纹尺寸却迅速变大直至

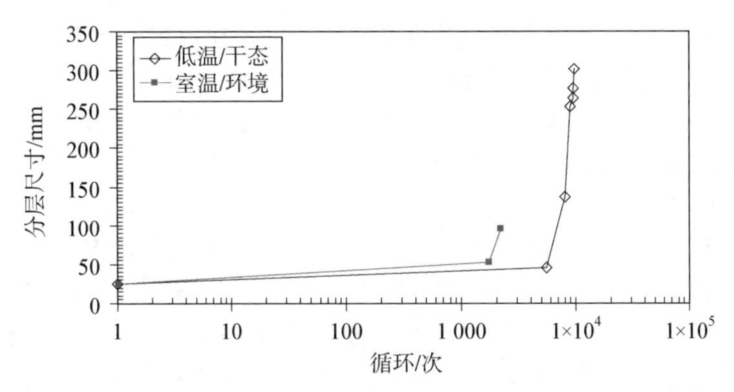

图 6.1 受剪切载荷作用下夹层结构的分层扩展曲线(±45°织物面板)

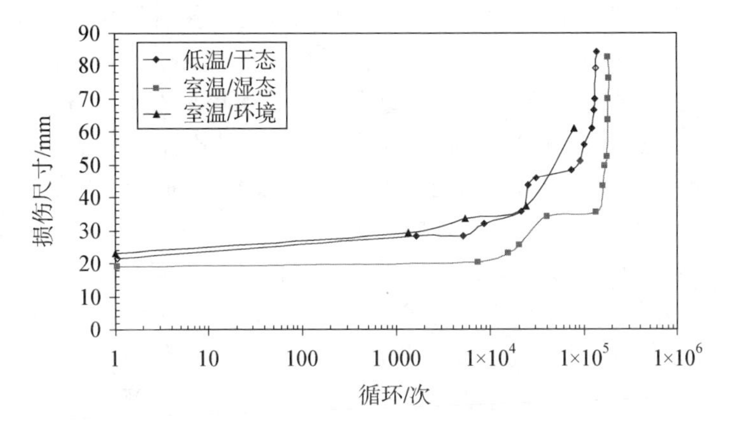

图 6.2 受拉/压载荷作用下夹层结构交叉裂纹的损伤(大部分为分层)扩展曲线(20% 0°，45% ±45°，12% 90°单向带和织物面板)

结构失效。从图 6.2 中我们也可以发现与之极为相似的现象，在低温干态和室温湿态两种环境下，前 20 000 次循环作用过程裂纹几乎没有生长，到 70 000 次左右循环时，裂纹以一个相对较慢的速度扩展，当循环次数达到 100 000 次时，裂纹急速变大。从图中我们也可以看出环境因素的影响：至少以本次测试所使用的材料、铺层方式和载荷而言，普通室温环境下的试样裂纹生长速度比在其他环境下更快。此外，我们也可以发现，一旦裂纹开始扩展，其发展历程并不是一直均匀连续的，如在图 6.2 中的低温干态和室温湿态环境下，当循环 10 000 次到 80 000 次时，裂纹尺寸有突然跃升的现象。

上述现象在航空复合材料结构中较为常见。裂纹的生长相对较快并且呈现出一种非一致性的性质，现实中几种不同类型的损伤裂纹经常是同时出现的。在图 6.2 中，损伤的增长主要是由于裂纹产生分层，但在试验结束时，也观察到了一些非自相似的裂纹扩展现象。那种只出现单一类型损伤(通常是分层)，且发展相对缓慢的情况确实会发生，但像这样特殊且好处理的例子在现实中并不常见。此外，与样本尺寸以及损伤状况相关的裂纹扩展试验结果分散度很大。这也增加了检测其损伤的难度，并且也许很难从测量记录中分辨出损伤的类型和位置。出于上述原因，想要针对复合材料结构建立一种基于损伤扩展的经济、可行的检测间隔无疑是非常复杂而且昂贵的。

尽管有上述因素的影响，其相对平坦的 $S-N$ 曲线（这里的 $S-N$ 曲线并不是严格意义上的）仍使复合材料具有非常好的抗疲劳特性。对于金属而言，$S-N$ 曲线定义了在一定数量的循环后引起的特定类型失效所需的应力水平。根据定义，它由两个相对明确定义的阶段组成：裂纹成核/萌生和裂纹扩展。问题的关键在于此类损伤（或裂纹）类型演化的失效机理，包括裂纹扩展的非稳态和自相似性。如上所述，在复合材料中，即使在恒幅载荷作用下，也可能存在多种类型的损伤，这些损伤可能会从一种主导类型转换到另一种主导类型，并产生几乎不自相似的损伤模式。因此，在一条描述特定复合材料结构和载荷条件下循环至失效的 $S-N$ 曲线中，沿着曲线的不同点处，其失效模式导致失效的损伤类型可能有所不同。这是至关重要的一点，因为如果只有一种单一的失效模式，那么就可以通过改变载荷来“切换”循环次数。此外，增大载荷幅值会造成同一类型的失效，只不过这样的失效来得更早一些。在一般情况下，对复合材料施加重复的载荷会缩短其寿命，但可能导致的失效模式不一定相同。这对加载顺序有重要的意义，我们将在后面进行讨论。

我们可以在脑海中预演这样的试验，即演示不同的失效模式如何以非同寻常的方式相互影响。实际上，如果满足特定的试验条件，则疲劳试验完成后不同试件的剩余强度大小次序可能与其原静强度大小次序相反。也就是说，如果一个试件具有较高的静强度，则可能在循环后具有较低的剩余强度。

如图 6.3 所示，图中有两个名义上相同的试件 A 和 B。它们均由沿加载方向布置的单向带纤维材料制成，在试件中央有一个圆孔。试件尺寸足够大，因此不考虑其有限宽度效应的影响。

我们假设由于试验材料制作工艺的影响，两个试件上都有微小缺陷产生，这些缺陷足够小，导致检测时难以发现，因此这两件试件均作为合格件进行试验。但是，试件 A 中的缺陷比较靠近孔的边缘，而试件 B 中的缺陷则离边缘较远（见图 6.3）。在静力试验中，由于缺陷靠近孔边的应力集中区域，因此试件 A 在一个较低的载荷水平下就发生了破坏。这会使得试件 A 比试件 B 更早失效。这与我们在 2.4 节中（与图 2.10 相关）的讨论结果一致。

假设现在两个试件都处于拉-拉的疲劳试验状态（$R=0$）中。施加的最大循环载荷相对较低，因此经历多次循环后试件仍未失效。我们都知道试件中的纵向开裂都产生于孔洞边缘，并沿着上下方向（平行于载荷方向）扩展而形成的。这些裂纹在图 6.3 中用虚线表示了出来。它们不需要一直扩展贯穿层压板，因此也不会导致整

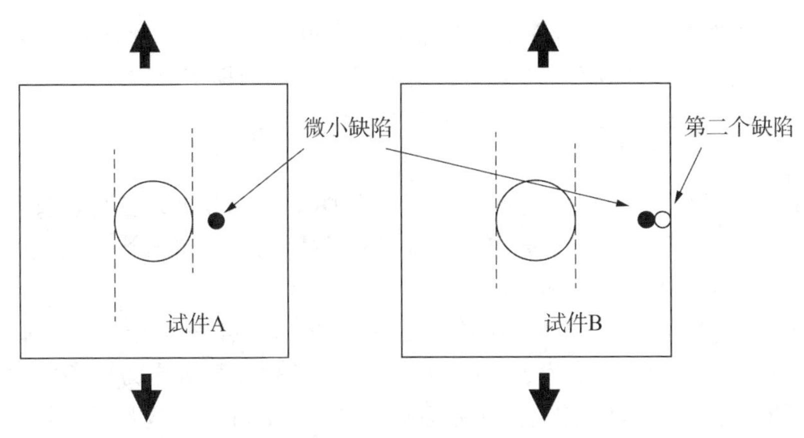

图 6.3 在拉-拉疲劳载荷作用下的名义相同试件

个试件裂成几条。但是,它们会使得孔上方和下方的中心带失效。因此,施加的载荷会通过每个试样中的两个外部条带传递,消除了孔的应力集中效应。一旦裂纹扩展开来,如果在这时终止疲劳试验并进行加载到失效的静力试验,那么这些试件的剩余强度将会比它们的静强度更高,这是由于孔洞周围的应力集中现象已经被有效地遏制了。也就是说试件 A 和试件 B 此时将拥有相同的剩余强度,即使刚开始的时候试件 B 的静强度要明显更高。

此时可以更进一步考虑,假设试件 B 在原来第一个缺陷旁又有一个没被发现的缺陷,在图 6.3 中以一个圆圈表示了出来。那么我们可以知道,由于两个缺陷具有叠加效应,因此在循环加载后试件 B 的剩余强度会比试件 A 低很多。

以上情景均是我们假设出来的,但并非不可能发生。在特殊条件下,例如施加的载荷应力刚好等于剩余强度时,当达到失效循环次数时,它通常都会被当作同级假设的反例[1]。根据同级假设,就像它们在静力试验中那样,在疲劳循环过程中的试件将保有相同的应力级别。两条 $S-N$ 曲线从两个不同的静强度值起始,不管经历多少次循环,两条曲线都不会相交。值得注意的一点是,同级假设在大多数情况下都是适用的。先前的“脑海中的试验”也并未推翻同级假设。它的目的在于提醒我们在解释试验结果和建立分析模型的时候必须格外谨慎。

先前的讨论凸显了复合材料疲劳分析中的复杂性,但这里并没有进行更详细的讨论。关于这个问题更清晰的分析可以参见参考文献[2]~[4]。这一节的目的在于为大家提供一些有用的思路,这些思路今后也许会在建立分析模型以预测复合材料结构的疲劳寿命时用到。

鉴于在疲劳过程中损伤产生和发展的机理复杂程度的增加,即使是在等幅循环条件下,想要建立一种分析模型来预测循环寿命也是一项不小的挑战。通常,为了更加精确,对试验数据进行曲线拟合就显得很有必要了。如果不进行曲线拟合,则该模型的适用性有限(如仅适用于一类铺层或 R 值)，或者计算量非常大，因为需要表征并计算从一个循环到下一个循环过程中所有可能的损伤形式。

6.2　分析模型的特征

在本节中需要强调的一点是在建立分析模型时，不只是曲线拟合以及不依赖于试验结果而修正试验模型这么简单。这将很有挑战性，不过首先让我们讨论一下基本的模型要求及所需的设计参数。

从概念上来说，一个分析模型必须能够确定在循环过程中损伤是何时产生的，以及它是如何一步步发展成为另一类型损伤的。结构参数可作为循环次数的函数被相应确定，失效预测问题就可以转变为确定多少次循环后结构是否失效。在施加循环载荷的情况下，这看似简单却难以实现。实际上，确定损伤的起始以及监测其在静载过程中的历程仍然是一项具有挑战性的任务，需要先进的模拟方法才能实现，因而想要在循环载荷下进行同样的操作更是难上加难。

就像本书中已多次强调的，例如，第 1 章中预测一个复合材料结构的失效是一个与尺度相关的问题，这点在疲劳载荷环境下至关重要。人们可以选择一个有效的模型尺度。然而，不管这个尺度有多小(假设只有一根纤维直径那么大)，建模过程中总有更小尺度上的事物被忽略或是未能被有效地捕捉或了解，比如纤维/基体的界面。因此，一个疲劳模型应能准确捕捉到在它所建立的尺度上发生的现象，但是在更小尺度上发生的损伤产生和积累的信息就不用在意了。如果损伤产生在适用于该模型的尺度上，那么它之后的发展就应该被我们准确地了解。但是如果损伤在一个更小的尺度上发展，那么这个模型也就无能为力了。因此，尽管结构属性将发生折减，但直至这种折减成为在这种尺度下的变化并被模型识别时，我们才会知道它的存在。如果没有在较低的尺度下描述此种折减，那么模型得到的结果不会完全准确。

鉴于此，建立一个分析模型有两点要求：

(1) 模型要能在一个预先选定的尺度或更高尺度下准确识别并跟踪损伤的产生和发展。

(2) 属性折减模型能够对发生在更小尺度下(小于由损伤模型解释的尺度)的过程做出解释。

对于这样一个模型来说，有两点要求非常重要。第一点是从选定的长度尺度到全尺寸结构的尺度必须在模型中尽量完整地定义。在这种情况下，可能需要一些近似值。第二点是折减模型没有必要去捕捉那些发生在更低尺度下的物理现象，如果我们这样做，那么相当于模型是从一个更低的尺度上建立起来的。这意味着模型的折减部分将会成为一个最佳近似值，后果是结果不够十分精确。

选择在不同尺度下基于损伤过程直接计算的特定属性，作为在疲劳循环期间必须监测并与疲劳寿命相关的特征是方便的。该属性可以是结构的刚度[5,6]或强度[7]，抑或是某些存储能量的测量值[8]。在这一节中，剩余强度被选为一个重要的模型参数。这样做是为方便起见，因为使用剩余强度时我们可以获得疲劳寿命作为极限循环次数(此时剩余强度刚好等于所施加的最大/最小应力)。唯独选择剩余强度而不选择其他物理量作为参数的原因很难一概而论。表现循环载荷与剩余强度以及失效循环之间关系的曲线如图 6.4 所示。

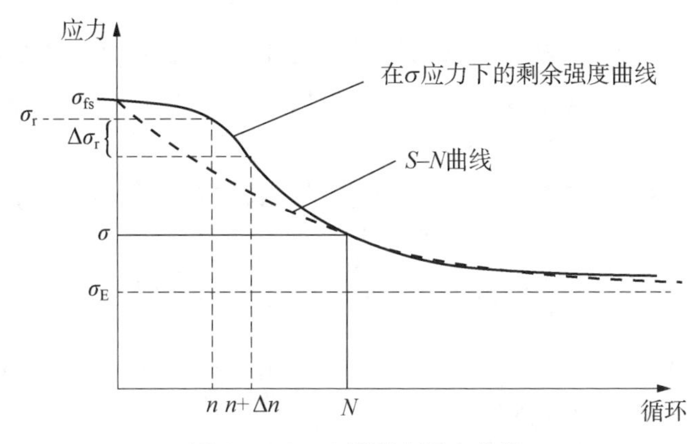

图 6.4　S - N 及剩余强度曲线

剩余强度曲线是关于循环应力 σ 的函数，因此，不同的循环应力 σ 将对应不同的剩余强度曲线。

除了满足之前的两点要求外，一个分析模型还应满足：①在模型适用的长度尺度下，能够计算得出结构中作为损伤函数的剩余强度值；②当损伤发生在一个比基本模型更低的尺度上时，模型能够提供有关剩余强度的发展变化历程(通常是折减)的信息。这两个方面将在下文详细讨论，首先我们从较低的长度尺度开始讲起。

6.3　剩余强度折减模型

剩余强度折减模型能够表征在特定尺度(比能够被清晰说明的尺度更小)下的变化过程，因此不可避免地将会变得具有近似性和唯象性。它基于一些无法推广开来的假设，而且要在一个模型极力避免的更小尺度下进行验证。认识到这些困难将有助于我们建立更多的剩余强度折减模型。不同的场景下我们得使用与之相适应的不同模型，这也体现了在面对不同模型时整体思路的针对性。

6.3.1　线性模型

通常情况下，在一个指定应力比的恒幅载荷作用开始时，剩余强度 σ_r 是静强度 σ_{sf}、施加的应力水平 σ、其所对应的极限循环次数 N，以及试验中的循环次数 n 的函数，用公式可表示为

$$\sigma_{r} = f(\sigma_{sf}, \sigma, n, N) \tag{6.1}$$

我们也可以把应力比加入式(6.1)作为一个变量，但为了方便讨论，我们假设应力比为一个常数，那么式(6.1)就足以满足需要。应用式(6.1)在两个不同的应力循环次数下，其所对应的剩余强度分别为

$$\sigma_{r1} = f(\sigma_{sf1}, \sigma, n_1, N) \tag{6.2}$$

$$\sigma_{r2} = f(\sigma_{sf2}, \sigma, n_2, N) \tag{6.3}$$

只要所施加的应力水平 σ 为一常数，且刚开始时两者具有相同的静强度 σ_{sf}，那么式(6.2)、式(6.3)中的极限循环次数 N 也保持一致。为了不失一般性，我们假设 $n_2 > n_1$。

若式(6.1)中给出了剩余强度的函数相关表达式，那么我们可以利用 σ_{r1} 推出 σ_{r2}：

$$\sigma_{r2} = f(\sigma_{r1}, \sigma, n_2 - n_1, N - n_1) \tag{6.4}$$

式(6.4)使得我们可以在 n_1 次循环后才开始讨论模型的折减过程。这也意味着在应力水平 σ 下，此时还需经历 $(n_2 - n_1)$ 次循环才能达到 n_2 次，还需经历 $(N - n_1)$ 次循环才能达到失效循环次数 N。式(6.4)对于任意满足 $n_2, n_1 < N$ 条件的 n_2 和 n_1 都是成立的。

现考虑函数 f 的一种可能的表达式可写成下列形式：

$$f(\sigma_{sf}, \sigma, n, N) = \sigma_{sf} + g(\sigma, n, N) \tag{6.5}$$

将式(6.5)代入式(6.3)和式(6.4)可得：

$$\sigma_{r2} = \sigma_{sf} + g(\sigma, n_2, N) \tag{6.3a}$$

$$\sigma_{r2} = \sigma_{r1} + g(\sigma, n_2 - n_1, N - n_1) \tag{6.4a}$$

将式(6.5)代入式(6.2)可得：

$$\sigma_{r1} = \sigma_{sf} + g(\sigma, n_1, N) \tag{6.2a}$$

再将式(6.2a)代入式(6.4a)可得：

$$\sigma_{r2} = \sigma_{sf} + g(\sigma, n_1, N) + g(\sigma, n_2 - n_1, N - n_1) \tag{6.6}$$

联立式(6.3a)与式(6.6)可得：

$$\sigma_{sf} + g(\sigma, n_2, N) = \sigma_{sf} + g(\sigma, n_1, N) + g(\sigma, n_2 - n_1, N - n_1)$$

化简后可得：

$$g(\sigma, n_2, N) = g(\sigma, n_1, N) + g(\sigma, n_2 - n_1, N - n_1) \Rightarrow$$

$$g(\sigma, n_2, N)-g(\sigma, n_1, N)=g(\sigma, n_2-n_1, N-n_1) \quad (6.7)$$

从式(6.7)中我们可以看出许多关于 g 的函数所包含的内容。由于其对任意满足 n_2, $n_1<N$ 条件的 n_2 和 n_1 都是成立的,因此式(6.7)也可改写为

$$g^*(n_2)-g^*(n_1)=g^*(n_2-n_1) \quad (6.8)$$

式中,

$$g^*=g\rbrack_{\text{constant } n, N}$$

式(6.8)是一个柯西等式,若 n_1 和 n_2 都是实数,则它可以表示为如下形式,且具有唯一解:

$$g^*(n)=Cn \quad (6.9)$$

式中,C 为任意常数;函数 g^* 至少在一点处连续或是在某一区间内单调或有界。有趣的是,剩余强度并不要求随循环次数单调变化。例如,让我们回到图 6.3 中的讨论,在循环载荷的持续作用下结构会产生纵向开裂,剩余强度也许会随之有所增加,当开裂完全拓展开之后,剩余强度会下降。也有人主张剩余强度不一定是一个连续函数,因为在损伤产生的过程中也许会造成剩余强度的突变(突然下降)。但是,这也不是说剩余强度每个点都不连续,或是在式(6.9)所示的函数中仅有一点可以不连续。此外,从物理意义上来说,剩余强度必须是有界的,此时式(6.9)才能成立。

联立式(6.9)、式(6.5)、式(6.2a)以及式(6.1)可得到下面的关于剩余强度的表达式:

$$\sigma_r=\sigma_{sf}+Cn \quad (6.10)$$

式中,σ_{sf} 为 n 次循环作用之后结构的静强度。也就是说,只要已知刚开始的静强度 σ_{sf},那么式(6.10)在其寿命内的任一点处都是成立的。当然,如果结构本身没有经历过任何循环载荷作用,那么 σ_{sf} 表示的便是原始结构的静强度。由式(6.10)我们可知,在第一次循环作用开始前,即当 $n=0$ 时,我们便可得到静强度 σ_{sf}。

常数 C 是根据 $N-1$ 次循环之后,剩余强度应与所施加的最大(最小)应力相等这一条件确定的。这也就意味着结构将在第 N 次循环中失效,根据定义,这也就是失效循环次数。因此我们有

$$\sigma_r(N-1)=\sigma \Rightarrow \sigma=\sigma_{fs}+C(N-1) \Rightarrow C=\frac{\sigma-\sigma_{fs}}{N-1} \quad (6.11)$$

将式(6.11)代入式(6.10)之后可得:

$$\sigma_{r}=\sigma_{sf}-(\sigma_{sf}-\sigma)\frac{n}{N-1} \tag{6.12}$$

为了方便起见，在式(6.12)两边除以 σ_{sf}，可得到一个小于1的分数：

$$\frac{\sigma_{r}}{\sigma_{sf}}=1-\left(1-\frac{\sigma}{\sigma_{sf}}\right)\frac{n}{N-1} \tag{6.13}$$

式(6.12)和式(6.13)均给出了在大小为 σ 的循环应力作用 n 次后复合材料结构剩余强度的表达式。这个函数形式最初是由 Broutman 和 Sahu 提出的[18]。这里给出了一些能从假设中自然导出的背景和框架。需要牢记的一点是这个式子是在一个低于长度的尺度下描述有关损伤积累和增长的，在该尺度下没有可观测的信息或可靠的模型。这一点至关重要，因为一旦损伤表现在一个可以利用分析模型的尺度上，上面的式子就都不能使用了。其中的缘由我们将在下一节中具体讨论。此外，人们想利用同一种机理(或之前提到的同一形式的函数)使得寿命内任意一点的剩余强度可通过其前一点的剩余强度得到，这样的需求也催生了式(6.12)和式(6.13)所确立的模型。从定义上来说，因为目前上述公式所表现的这些机理还尚未完全被我们掌握，所以除了边界条件以及第一次和第 N 次循环下的剩余强度外(分别对应 σ_{sf} 和 σ)，其他的量都没有很深的物理含义。

6.3.2 非线性模型

上一节中式(6.6)所描述的模型只成立于线性条件下，所以，如果我们可选择剩余强度与循环次数不是线性相关的模型，则对于我们解决问题更有用处，这里采用了参考文献[9]中所提到的方法。

假设 n 次循环后，在结构寿命内任一点处，继续增加循环次数 Δn 将会使剩余强度变化 $\Delta\sigma_{r}$，而后者与前者呈线性关系：

$$\Delta\sigma_{r}=(A\sigma_{r}+B)\Delta n \tag{6.14}$$

式中，A 与 B 为未知常数；$\Delta\sigma_{r}$ 与 Δn 的关系如图6.4所示。

当 $\Delta n\rightarrow 0$ 时，式(6.14)可写成这样的形式：

$$\frac{d\sigma_{r}}{dn}-A\sigma_{r}=B \tag{6.15}$$

式(6.15)的解可表示为

$$\sigma_{r}=Ke^{An}-\frac{B}{A} \tag{6.16}$$

式中，K 为未知常数。

三个未知常数的大小需要增加下面的三个条件才能最终确定：

（1）当 $n=0$ 时，结构的剩余强度与其静强度相等：

$$\sigma_r(n=0)=\sigma_{sf} \Rightarrow K-\frac{B}{A}=\sigma_{sf} \tag{6.17}$$

（2）当 $n=N-1$ 时，结构的剩余强度与其所施加的最大（最小）应力相等：

$$\sigma=K\mathrm{e}^{A(N-1)}-\frac{B}{A} \tag{6.18}$$

（3）当 n 很大时，结构的剩余强度趋于耐久极限 σ_E（见图 6.4）。当施加的循环应力水平低于该值时，无论经历多少次循环作用，结构都不会失效：

$$\sigma_E=-\frac{B}{A} \tag{6.19}$$

假设 $A<0$，当 n 很大时，式(6.16)中的指数式就被消去了。

式(6.17)～式(6.19)建立了一个关于 K、B、A 三未知数三方程的方程组，解之可得：

$$A=\frac{1}{N-1}\ln\left(\frac{\sigma-\sigma_E}{\sigma_{sf}-\sigma_E}\right) \tag{6.20}$$

$$B=-\frac{\sigma_E}{N-1}\ln\left(\frac{\sigma-\sigma_E}{\sigma_{sf}-\sigma_E}\right) \tag{6.21}$$

$$K=\sigma_{sf}-\sigma_E \tag{6.22}$$

式(6.20)中由于 $\sigma<\sigma_{sf}$，导致其自然对数的真数恒小于1，因此 A 是一个负数，这与对式(6.19)做出的假设相一致。

式(6.20)～式(6.22)可代入式(6.16)中，简化后可表示为

$$\sigma_r=(\sigma_{sf}-\sigma_E)\left(\frac{\sigma-\sigma_E}{\sigma_{sf}-\sigma_E}\right)^{\frac{n}{N-1}}+\sigma_E \tag{6.23}$$

接下来我们假设耐久极限 σ_E 等于零。这样做有两个原因：一个是这里循环数相对较低，而且零耐久极限和非零耐久极限的差别并不是很大；另一个是证据表明其实很多复合材料结构并不存在耐久极限[10]。因此，如果不考虑耐久极限的话，那么剩余强度的表达式可以写作如下形式：

$$\sigma_r=\sigma^{\frac{n}{N-1}}\sigma_{sf}^{\frac{N-n-1}{N-1}} \tag{6.24}$$

或者也可以写作比例的形式：

$$\frac{\sigma_r}{\sigma_{sf}}=\left(\frac{\sigma}{\sigma_{sf}}\right)^{\frac{n}{N-1}} \tag{6.25}$$

式(6.24)、式(6.25)与式(6.12)、式(6.13)很相似，但剩余强度与循环次数的关系已不再是线性的了。

正如上一节中讨论的线性模型的例子，这里的非线性模型与发生在该尺度下的物理现象之间并没有一个清晰的关系，这是因为我们无法了解到这个尺度下的信息。这个模型唯一能与现实相关联的特性就是剩余强度的变化率是关于循环次数的函数，以及其边界条件（开始时剩余强度等于结构静强度，结束时剩余强度等于所施加的应力）。

将本节中讲到的模型与上节中的模型进行比较是很有价值的。它们之间的对比图如图 6.5 和图 6.6 所示。式(6.13)与式(6.25)都在图中有所体现。图中，当 σ_r 趋于 σ 时，相应的曲线就会终止，其中图 6.5 展现的是 $\sigma/\sigma_{sf}=0.5$ 时的情况，而图 6.6 展现的是 $\sigma/\sigma_{sf}=0.2$ 时的情况。

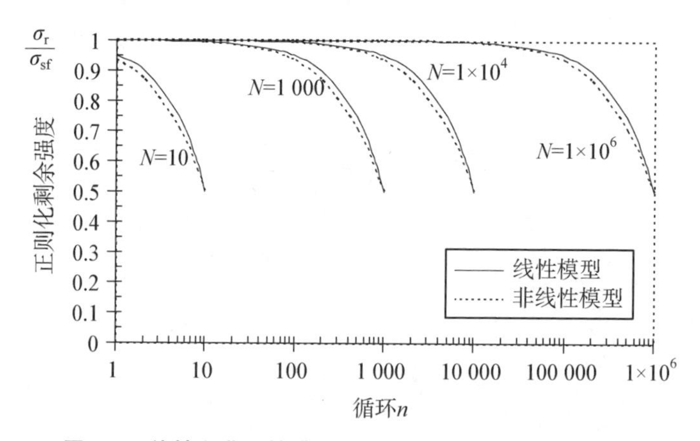

图 6.5 线性和非线性模型预测的剩余强度($\sigma/\sigma_{sf}=0.5$)

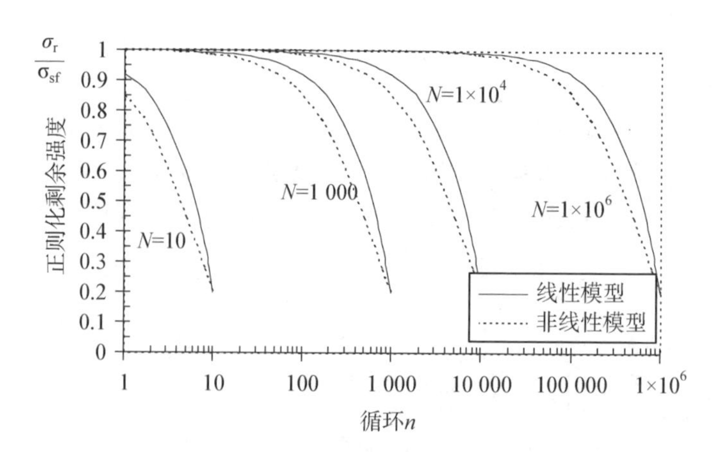

图 6.6 线性和非线性模型预测的剩余强度($\sigma/\sigma_{sf}=0.2$)

因为失效循环极限 N 未知,所以我们在图中表示出了不同 N 值对应的曲线,分别对应 N 取 1 000 000、10 000、1 000 以及 10。每个 N 值对应两条曲线,其中实线表示通过式(6.13)得到的线性模型,虚线表示通过式(6.25)得到的非线性模型。

若所施加的应力水平 σ 大于或等于初始静强度 σ_{sf} 的 50%,如图 6.5 所示,则两种模型之间的差别是非常小的。实线和虚线上的每一点都彼此非常接近。实际上,随着 σ/σ_{sf} 的值从 0.5 开始递增,两根曲线会靠得越来越近,当 $\sigma/\sigma_{sf}>0.65$ 时,我们几乎分辨不出两者的差别。这也意味着,当 $\sigma/\sigma_{sf}\geqslant 0.5$ 时,我们认为两者已经没有明显差别,可以使用任意一个模型。

如果 $\sigma/\sigma_{sf}<0.5$,如图 6.6 中取 0.2 那样,则两者之间差别明显,在使用时我们不得不在两个模型中做出唯一选择。值得注意的是,图中代表线性模型的曲线总在代表非线性模型的曲线的上方。因此,如果结构表现近似于突然失效,即刚开始剩余强度保持相对恒定,直到接近失效循环次数时,剩余强度突然下降的现象,则应该使用线性模型。

6.4　失效循环模型

6.4.1　恒幅载荷的失效循环模型

由于损伤积累和增长发生在一个低于长度的尺度下,因此先前的讨论都局限于剩余强度的折减,低于人们关注的尺度,这里失效循环次数 N 作为一个未知数。在本节中,我们找到了一种能够预测失效循环次数的模型。再次强调,该模型只能用来表征低于长度尺度下的现象,这些现象在我们下一节讨论的主模型中是不会出现的。

为了简单起见,我们仅先讨论 $R=0$ 的情况,R 取其他值的情况我们会在后面补充。如果最大循环应力 σ 足够大,超出了试件所能承受的极限,则那些静强度小于 σ 的试件将在第一次循环时失效。这也带来了一个有用的概念,即每次循环作用中所施加的应力超过试件静强度的概率,如图 6.7 所示。

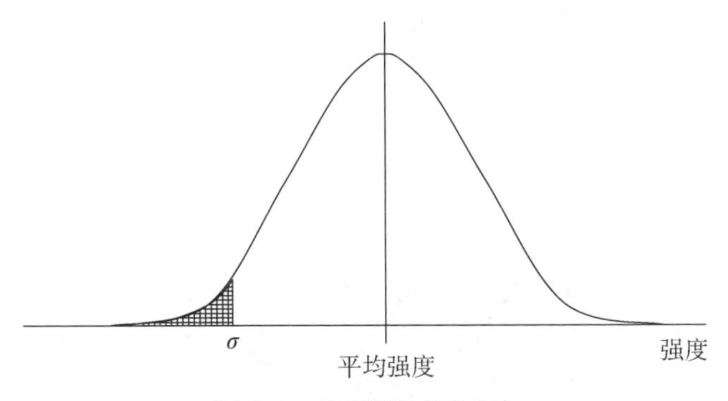

图 6.7　强度概率密度分布

施加的应力 σ 大于试件强度的概率 p 由图 6.7 中阴影面积除以曲线下的总面积得到。图 6.7 表现了试件寿命内任意时刻其剩余强度的概率密度分布情况，相对应的 p 值取决于结构的当前状态和 n 次循环后的强度分布的形态。因此，通常 p 与所施加的循环次数有关。

显然，p 的大小取决于剩余强度的统计分布规律。典型的例子如复合材料的静强度能用正态分布、双参数的 Weibull 分布或是对数分布规律表示。不过，分布的类型也不是随随便便决定的。某些有特殊目的的试验（如 Anderson-Darling 试验[11]）将给定的一系列数据用于确定分布的类型，在一些情况下，强度数据可用多种分布类型来描述。但是，只有那个拥有最高观测意义的分布类型才是最具代表性、最应被我们使用的。通常说来，不论材料属性如何，大多数强度数据都是遵循正态分布的，只有很小的一部分遵循双参数的 Weibull 分布，遵循对数分布的就更不常见了。还有某一部分数据用上述三种分布规律均无法描述。接下来，我们将讨论双参数的 Weibull 分布和对数分布，之后再延伸到其他分布规律。

我们必须牢记如果静强度数据样本遵循某一特定的分布规律，那么在循环载荷作用后，未失效的试件剩余强度数据也许就不再遵循之前的分布规律了。这样的特例将会在后面讲到。目前看来，显然所选的剩余强度模型会对其分布类型产生很大影响，因此也会对 p 的大小产生影响。根据前一节提出的会作为循环次数的函数的模型中的剩余强度，以及在循环作用之前强度的统计分布情况，我们的讨论将分成几种情况。

首先假设剩余强度是根据式(6.12)得到的，若初始静强度 σ_{sf} 遵循均值为 X，标准差为 s 的正态分布，则剩余强度 σ_r 也遵循均值为 X_r，标准差为 s_r 的正态分布，即

$$X_r = X - (X - \sigma)\frac{n}{N-1} \tag{6.26a}$$

$$s_r = s - s\frac{n}{N-1} \tag{6.26b}$$

我们知道若 x 遵循均值为 X，标准差为 s 的正态分布，则 $ax+b$ 也遵循均值为 $aX+b$，标准差为 as 的正态分布，式(6.26a)和式(6.26b)正是基于这条定理得到的。

p 为任一试件强度低于 σ 的概率，可表示为

$$p(n) = \mathrm{cdf}(\sigma,\ X_r,\ s_r) \tag{6.27a}$$

式中，cdf 表示正态分布的累积分布函数，其平均值为 X_r，标准差为 s_r，在 σ 处求值。值得注意的是式(6.27a)中作为 n 的函数的 $p(n)$ 是一个常数。也可以这样解释，根据正态分布的相关知识，式(6.27a)中的 $p(n)$ 可以写成如下形式

$$p(n)=\frac{1}{2}\left[1+\operatorname{erf}\left(\frac{\sigma-X_{\mathrm{r}}}{\sqrt{2}\,s_{\mathrm{r}}}\right)\right] \tag{6.27b}$$

式中，erf(x)为 x 的误差函数；X_{r} 和 s_{r} 由式(6.26a)和式(6.26b)给出。如果 N 远大于 1,那么关于 X_{r} 和 s_{r} 的表达式可改写为

$$X_{\mathrm{r}}\approx X-(X-\sigma)\frac{n}{N}$$

$$s_{\mathrm{r}}\approx s-s\frac{n}{N}$$

式中，N 满足 $N\gg 1$。

因此,$p(n)$表达式中误差函数的变量可改写为

$$\frac{\sigma-X_{\mathrm{r}}}{\sqrt{2}\,s_{\mathrm{r}}}=\frac{\sigma-X-(X-\sigma)\frac{n}{N}}{\sqrt{2}\left(s-s\frac{n}{N}\right)}=\frac{\sigma\left(1-\frac{n}{N}\right)-X\left(1-\frac{n}{N}\right)}{\sqrt{2}\,s\left(1-\frac{n}{N}\right)}=\frac{\sigma-X}{\sqrt{2}\,s}$$

得到的式子与循环次数 n 相独立。因此,误差函数的变量总是恒定不变的,式(6.27b)中 $p(n)$与循环次数 n 也是相独立的。

式(6.26b)与式(6.26a)对于剩余强度的离散具有重要意义。计算变异系数(CV)(标准差除以平均值)得到

$$\begin{aligned}\mathrm{CV}_{\mathrm{r}}=\frac{s_{\mathrm{r}}}{X_{\mathrm{r}}}&=\frac{s\left[1-\left(\frac{n}{N-1}\right)\right]}{X_{\mathrm{m}}\left[1-\left(1-\frac{\sigma}{X_{\mathrm{m}}}\right)\left(\frac{n}{N-1}\right)\right]}\\&\approx\frac{s}{X_{\mathrm{m}}}\frac{\left(1-\frac{n}{N}\right)}{\left[1-\left(1-\frac{\sigma}{X_{\mathrm{m}}}\right)\frac{n}{N}\right]}\end{aligned} \tag{6.28}$$

上式得到的是当 $N\gg 1$ 时的近似值。

变异系数 CV_{r} 除以起始时(未开始循环加载时)的 CV 得到的值与 n/N 的函数关系如图 6.8 所示。

从式(6.28)和图 6.8 中我们可以看出,CV_{r} 从起始值一路减小,当 $n=N$,即结构失效时减小到零,这表明模型剩余强度的离散性在逐渐降低。

如果初始静强度 σ_{sf} 遵循的不是正态分布,而是比例参数为 β,形状参数为 α 的双参数 Weibull 分布,那么剩余强度也将同样遵循比例参数为 β_{r},形状参数为 α_{r} 的双参数 Weibull 分布,参数之间的关系为

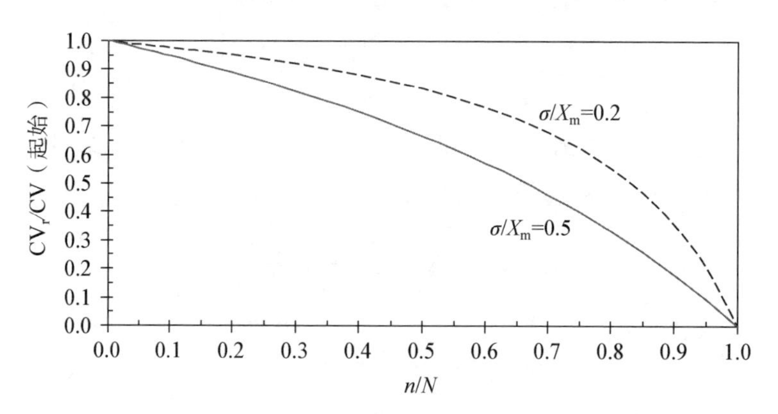

图 6.8　变异系数与剩余强度循环数 n/N 的关系曲线

$$\beta_r = \beta - (\beta - \sigma)\frac{n}{N-1} \tag{6.29a}$$

$$\alpha_r = \alpha \tag{6.29b}$$

我们知道若 x 遵循比例参数为 β，形状参数为 α 的双参数 Weibull 分布，则 $ax+b$ 也遵循比例参数为 $a\beta+b$，形状参数为 α 的双参数 Weibull 分布，式(6.29a)与式(6.29b)正是基于这条定理得到的。

p 为任一试件强度低于 σ 的概率，可表示为

$$p(n) = 1 - e^{-\left(\frac{\sigma}{\beta_r}\right)^{\alpha_r}} \tag{6.30}$$

在这种情况下，n 的取值范围为从 1 到 N，而 $p(n)$ 不再是一个常数，但会不断增大趋于其最大值 0.63。这里 p 的取值跟上一部分相比明显不同了。

现假设剩余强度是由式(6.24)确定的，那么如果初始静强度 σ_{sf} 遵循均值为 X，标准差为 s 的正态分布，则此时剩余强度 σ_r 的分布将不再遵循简单的某种分布形式，因为它涉及幂函数的形式：

$$\sigma_{sf}^{\frac{N-n-1}{N-1}}$$

继续讨论 p 的计算超出本章节的内容，因此我们不再深究这个问题。

根据参考文献[9]，式(6.29a)和式(6.29b)可写为如下形式：

$$\beta_r = \beta^{\frac{N-n-1}{N-1}}\sigma^{\frac{n}{N-1}} \tag{6.31a}$$

$$\alpha_r = \alpha\frac{N-1}{N-n-1} \tag{6.31b}$$

我们知道若 x 遵循比例参数为 β，形状参数为 α 的双参数 Weibull 分布，则 x^q 也遵

循比例参数为β^q，形状参数为α/q的双参数 Weibull 分布，式(6.31a)与式(6.31b)正是基于这条定理得到的。

p 为任一试件强度低于σ的概率，将式(6.30)与式(6.31)联立，可得

$$p(n)=1-\mathrm{e}^{-\left(\frac{\sigma}{\beta^{\frac{N-n-1}{N-1}}\sigma^{\frac{n}{N-1}}}\right)^{\alpha\frac{N-1}{N-n-1}}}=1-\mathrm{e}^{-\left[\left(\frac{\sigma}{\beta}\right)^{\frac{N-n-1}{N-1}}\right]^{\alpha\frac{N-1}{N-n-1}}}=1-\mathrm{e}^{-\left(\frac{\sigma}{\beta}\right)^{\alpha}} \tag{6.32}$$

这里的 p 对应的是循环作用开始前试件的静强度。也就是说，在这种情况下，p 的值与 n 的大小无关，是恒等于其静强度分布的常值。

式(6.31b)与式(6.28)一样，对于剩余强度的离散也具有重要意义。右侧的乘数 $\alpha<1$，且随着 n 的增大而增大，这也就意味着剩余强度的形状参数将随 n 的增大而增大。由于形状参数是离散(与 CV 成反比关系)的直接度量，因此剩余强度的离散度将下降。如图 6.9 所示，随着 n 的增大，形状参数缓慢增加，当 $n/(N-1)>0.6$ 时，形状参数忽然急速增大并趋于无穷。相应地，剩余强度的离散度沿着与之相似的方式减小。

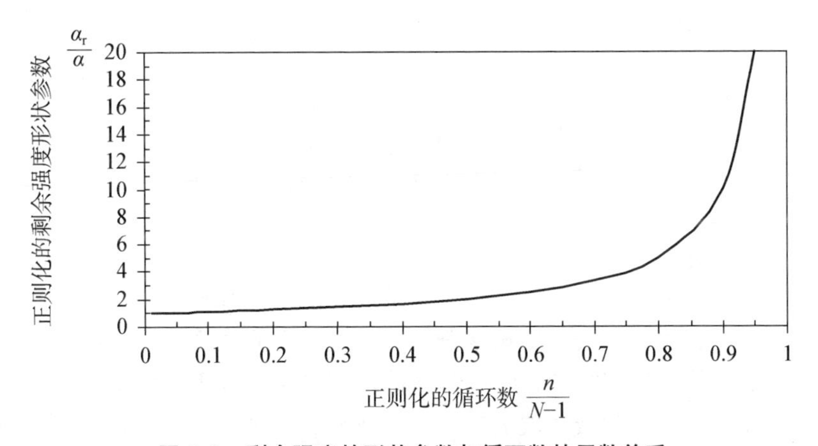

图 6.9　剩余强度的形状参数与循环数的函数关系

结构剩余强度离散度的下降并不仅仅针对这两种模型(遵循正态分布的线性模型和遵循双参数 Weibull 分布的非线性模型)成立，同样也并不意味着对所有的复合材料结构都会呈现出这样的趋势。实际上，只要静强度遵循双参数的 Weibull 分布，而剩余强度对应的是线性模型，式(6.29b)表明形状参数就随着 n 的变化保持不变，也就是说，剩余强度的离散度不会随着循环加载的进行而发生变化。说到关于这一点的试验证据，目前得到的数据还不具有很强的说服力。Yang 和 Jones[12] 进行了相关试验，结果表明离散度会随循环次数的增加而减小。然而，参考文献[13]

中却得到了与之相反的趋势。也有可能是因为即使离散度表现出的是增大的趋势，剩余强度降低的离散度与试验结果也是相符的。因为这里的模型都是小尺度下的，而一旦损伤出现在一个更大的尺度下，先前的这些模型就都不再适用了。因此，很有可能出现在大尺度下离散度增大，而小尺度下却并非如此的现象。

在这种小尺度损伤的背景下，我们可以得出剩余强度的离散度将会下降的定性论点。剩余强度随着循环的进行而不断减小，那些有着更低强度的试件将会更早发生失效。这也意味着有足够剩余强度的试件数量将变少：在一个高循环次数下失效时，筛选出的强度变小，而在一个低循环次数下失效时，试件会被剔除，如果存在一个耐久极限 σ_E，则试件强度不能低于这个值，如图 6.10 所示。

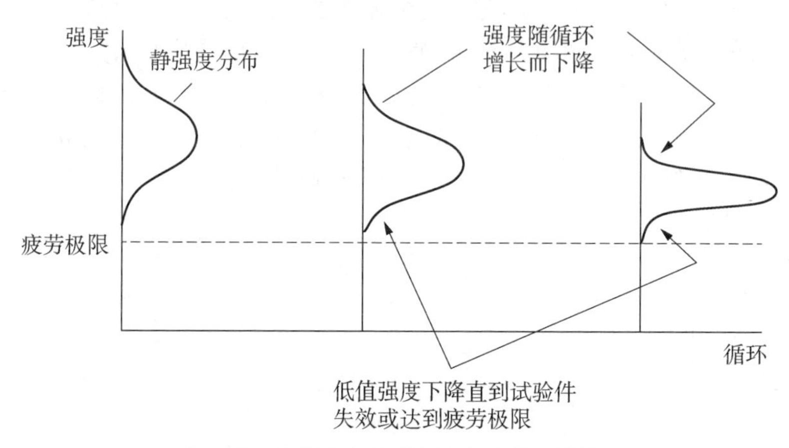

图 6.10　强度分布的概念演变与循环的关系

离散度减小的另一个原因与复合材料结构强度的随机性以及带有缺陷的结构趋向于更小离散度的特性有关。一个原始结构会由于一些自带的、检查不到的缺陷所造成的局部应力集中而失效。破坏强度取决于该缺陷与结构中高应力梯度区域的关系，不同情况下破坏强度有所不同，这使得试验离散度不断增加。然而，假如结构中存在由循环加载产生或扩展的缺陷，这种缺陷的影响将超过其他更小的固有缺陷随机分布在结构中的作用，主导结构的失效走向。再一次重申，缺陷尺寸所在的尺度与我们本节模型假设中的一致。

到目前为止，关于剩余强度的模型以及相应的统计分布规律，4 种可能的情况已经在表 6.1 中进行了总结。

正如之前提到过的，由于计算的复杂程度已经超出了本书的讨论范围，因此情况 3 在这里不做进一步研究。情况 1 和 4 都预测到了离散度的减小以及 p 随循环次数 n 的变化保持不变，这两点在后面的讨论中会用到。当然，也并不是说情况 2 和 3 就不用进一步探讨了。从最简单的形式考虑，我们会通过情况 1 和 4 建立模型。

表 6.1　剩余强度模型归类

情况	剩余强度模型	静强度统计分布	循环离散度	p:强度小于 σ 的概率
1	线性(6.3.1 节)	正态	减小	不变
2	线性(6.3.1 节)	双参数 Weibull	不变	增加
3	非线性(6.3.2 节)	正态	没检测	没检测
4	非线性(6.3.2 节)	双参数 Weibull	减小	不变

通过情况 1 和 4 建立失效循环模型的主要特点是它们都具有恒定的 p 值。从物理意义上来说,这表明在一个低于长度的尺度下,损伤机理并未随着循环发生改变,不过这也可能不像它看起来的那么简单。有很多例子表明,在经历了一定次数的循环载荷作用后,一旦在一个更大的尺度下有损伤产生,那么也许可以把这个恒定的 p 值当作一个不错的近似值。

考虑一个如图 6.11 所示的正交层压板(0°/90°),对于它的前两次讨论在 3.5 节和 5.7.2.2 节中,即我们探讨损伤——特别是基体裂纹——可能会怎样影响整体复合材料的性能的时候。在循环载荷作用下,基体裂纹首先出现在沿 90°方向的层上,随后沿着厚度方向扩展开来。

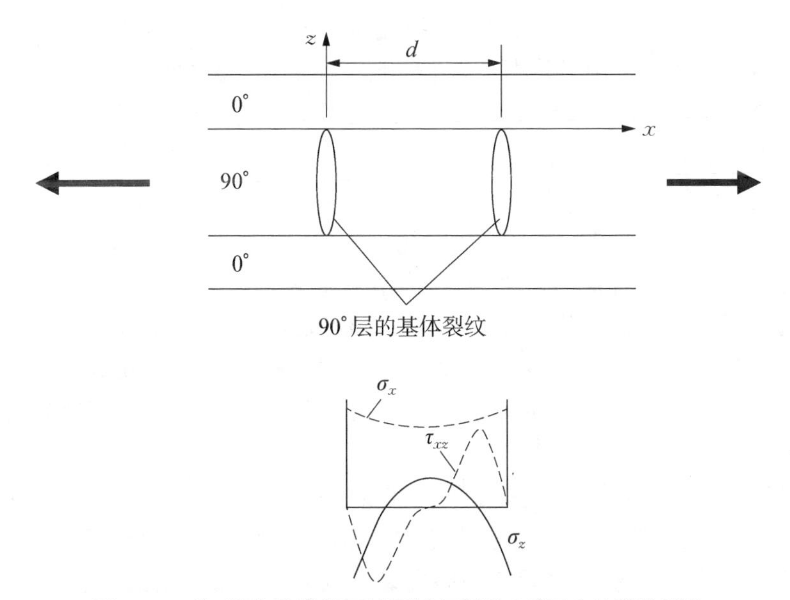

图 6.11　拉-拉疲劳载荷下铺层层压板的 90°层中的基体裂纹

如果我们假定作为起点的裂纹间隔很大,那么在该点处循环作用一段时间后我们可能才会发现新的损伤,也就是直到在图 6.11 所示的两个基体裂纹之间产生了新的基体裂纹时，我们才会察觉。在两个原始基体裂纹之间出现新裂纹时，损伤的积累发生在一个更小的尺度（比基体裂纹能表现出自己的变化的尺度还小）下，这与一些纤维的直径是同一个数量级的。在一段时间范围内，90°层轴向应力将变成层间剪切应力传递到0°层。在基体裂纹附近，局部应力的定性描绘如图6.11下方的图所示（我们将在6.6节对此进一步讨论）。层压板整体的剩余强度取决于0°层在层间剪切和正应力下的强度以及0°层中局部增加的轴向应力，直到有新的基体裂纹出现，这样的情况不会有什么质的变化。这意味着材料特性不会发生大的变化。因此，存在剩余强度和离散度均相对恒定或缓慢变化的情况（见图6.8和图6.9中n/N值较小时的情况），也就是说由于剩余强度的分布未发生大的改变，因此p也可能保持相对恒定。

另一个例子是拉伸载荷下测试的复合薄板中的边界分层现象。这个由O'Brien[14]做的试验表明边界分层现象中的能量释放率的大小与分层的尺寸无关。分层现象产生后，只要分层的尺寸不与参考文献[14]中的假设相违背，循环载荷下分层的扩展就不会改变能量释放率。分层的扩展并不是连续的，要想使得分层达到某一长度，需要许多次循环载荷的持续作用。同样，在这些循环载荷作用过程中，损伤的积累必须发生在比分层尺寸更小的尺度下才行。并且在这段时间内，由于失效应变与分层尺寸无关，因此剩余强度将保持不变。在拉力作用下，只要剩余强度的离散度保持相对恒定，那么p值也将保持相对恒定。

上面所提到的两个例子并不是为了得到上述情景下完整的物理过程，而是为了说明在一个非常低的尺度下，结构行为也许与现实毫无关联，因此我们做了一些假设，两个例子就是在这种假设下的情况。

让我们继续探讨情况1和4中p作为循环次数的函数保持不变的问题，我们可以想象在经历了一定次数的循环之后结构失效的概率。必须要强调的一点是，p代表的是强度低于所施加应力水平的试件比例，这里所指的是所施加的应力大于试件剩余强度的概率。或者换句话说，$(1-p)$是试件剩余强度高于所施加应力水平的概率。由于我们没有考虑每个试件各自准确的剩余强度，因此p所针对的也不是某一个具体的试件。我们所关心的只有所给试件剩余强度低于所施加应力水平的概率。

假设经过一定次数的循环作用后，所施加的应力σ已经超过了试件的剩余强度一次，这意味着该试件已经失效，再考虑之后发生的现象已经没有意义了。但是有时出于数学建模的需要，关注后续发展也是可以的。在更严格的方法中，我们也可以让施加的应力接近试件的剩余强度，但又不等于它。这样的话可以使试件不失效，循环载荷也可以继续施加。

假设P为n次循环后，所施加的应力σ超过试件的剩余应力σ_r一次的概率。P作为p的函数，可通过以下方式求得：经历i次循环作用后，假设P_i是在这些循环内任意一次事件(所施加的应力大于试件剩余强度)发生的概率 p,与剩下的$(i-1)$次循环中都不再发生的概率$(1-p)$的乘积:

$$P_i = p\underbrace{(1-p)(1-p)\cdots(1-p)}_{(i-1)次} = p(1-p)^{i-1} \tag{6.33}$$

n 次循环作用后,概率 P 就是 P_i 的总和$(i=1, 2, \cdots, n)$:

$$P = \sum_{i=1}^{n} P_i = \sum_{i=1}^{n} p(1-p)^{n-1} \tag{6.34}$$

该简化模型中 p 是常数,我们可以将式(6.34)中 $p(1-p)^{n-1}$ 项提出来,化简后得:

$$P = np(1-p)^{n-1} \tag{6.35}$$

函数 P 的图像如图 6.12 所示。

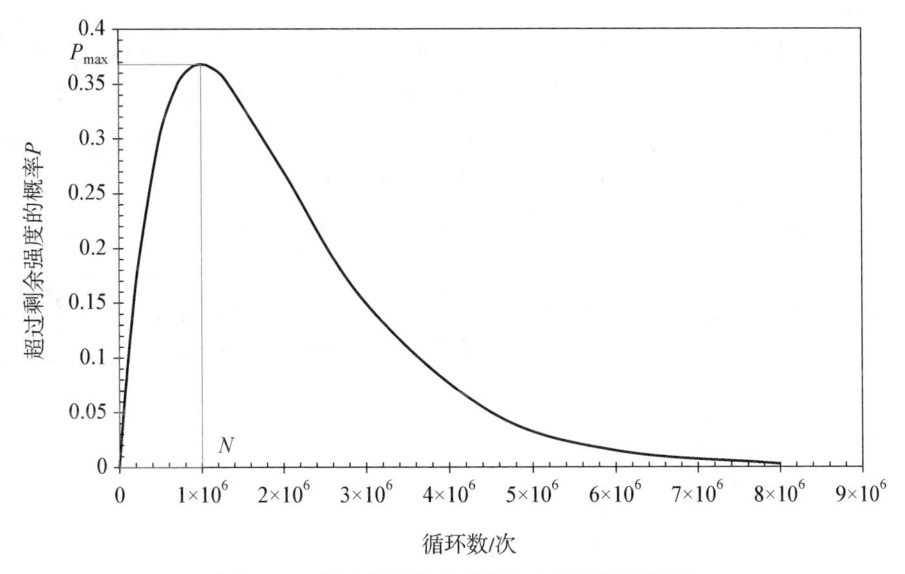

图 6.12 超过剩余强度的概率与循环数的关系

图 6.12 给出了一些关于失效循环次数 N 和 P 之间关系的提示。从图中我们可以看到,结构最接近失效的时刻是 P 取得最大值时,该时刻的循环次数通过将式(6.35)对 n 求导,再令所得的式子为零即可得到:

$$N = -\frac{1}{\ln(1-p)}, \ R=0 \tag{6.36}$$

式(6.36)给出了一种估计失效循环次数的方法,当然它必须遵循以下要求才能成立:

(1) 只能用于所选分析模型不能被捕捉到的小尺度下的损伤评估，而不能用于更大尺度下的损伤。

(2) 该损伤对应的剩余强度失效模型不会随着循环次数的增加而改变。

(3) 采用的应是 6.3.1 节中的剩余强度遵循正态分布的线性模型，或是 6.3.2 节中剩余强度遵循双参数 Weibull 分布的非线性模型，两者的 p 值都不会随循环次数的增加而改变。

(4) 载荷类型唯一(只有拉或只有压)，这样每次循环对应的 p 也唯一。

若要将该方法用于 $R<0$ 的情况，则必须放宽最后一个条件。这也意味着每次循环中都会对应两个不同的 p，我们用 p_T 表示拉伸部分，用 p_C 表示压缩部分，用与之前相同的方法可得[15]：

$$N=-\frac{1}{\ln(1-p_T)+\ln(1-p_C)},\ R<0 \tag{6.37}$$

当 R 介于 0 和 1 之间，拉-拉载荷作用时，或当 R 大于 1，压-压载荷作用时，式(6.37)也应做出相应的调整，这是因为载荷循环中的任一部分载荷幅值都不会到零，也就是说，此时取决于剩余强度分布规律的 p 已不再适用了。由于载荷历程并不是从 0 变化到最大(或最小)，而是如图 6.13 所示，从某一个有限值开始的，因此我们也应对其做出修正。例如，当 $0<R<1$ 时，载荷幅值从 $\sigma_{\min 1}$ 增大到 $\sigma_{\max 1}$(满足 $0<\sigma_{\min 1}<\sigma_{\max 1}$)，概率 p 并不是 $\sigma_{\max 1}$ 超出试件强度的概率减去 $\sigma_{\min 1}$ 超过试件强度的概率那么简单，因为试件在载荷的上下限均非零时的表现，与同一试件载荷从 0 增大到上限时的表现“减去”载荷从 0 减小到下限时的表现并不是一回事。

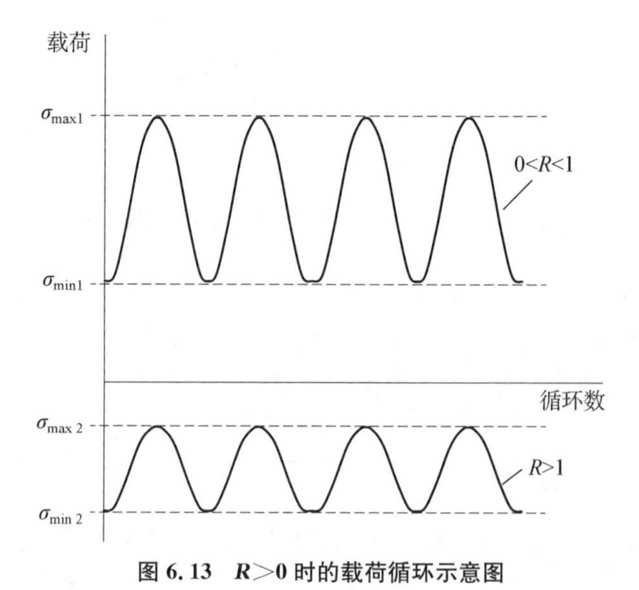

图 6.13　$R>0$ 时的载荷循环示意图

如果我们不考虑载荷中从 0 到第一个载荷值(当 $0<R<1$ 时对应 $\sigma_{\min 1}$，当 $R>1$ 时对应 $\sigma_{\max 1}$)的部分，那么任何在这部分载荷作用期间可能产生的损伤都不存在了。不论如何，我们认为结构没有经历这种载荷历程。这种影响通过剩余强度分布规律近似地得到解释。在曲线分布图的左边用 1%的数值 x_1 描述的部分已经很接近 X_m 的均值了，而 X_m 是假设保持不变的。

平均值和新的 1% x_1^* 之间的差值，是通过用一个因子 r 对在不存在的载荷历程部分中旧的差值(X_m-x_1)进行缩放得到的：

$$\begin{aligned} r &= 1-R, \quad 0<R<1 \\ r &= 1-\frac{1}{R}, \quad R>1 \end{aligned} \tag{6.38}$$

这种调整在图 6.14 中有所体现。在修正期间，X_m 和 99%位置处的强度值均保持不变。我们假设结果的偏斜分布遵循双参数的 Weibull 分布，它的形状参数和比例参数可通过下列方法得到：

如果原始的强度分布是正态分布，那么 1%和 99%处的值可以通过以下方法求得：

$$x_1 = X_m - 2.326rs \tag{6.39a}$$

$$x_2 = X_m + 2.326s \tag{6.39b}$$

式中，2.326 对应于 99%与平均值相关的单侧公差极限因子；s 为标准偏差。

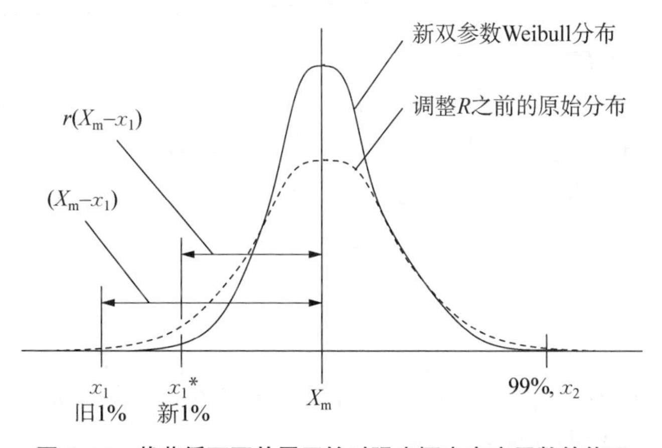

图 6.14　载荷循环不从零开始时强度概率密度函数的修正

之后，参照图 6.14，有

$$x_1^* = X_m - r(X_m - x_1) \tag{6.40}$$

经过修正后分布规律的形状参数 α_m 以及比例参数 β_m 可通过解式(6.41)得到：

$$\begin{aligned}&\beta_m\left(1-\frac{1}{\alpha_m}\right)^{\frac{1}{\alpha_m}}=X_m\\&e^{-\left(\frac{x_1}{\beta_m}\right)^{\alpha_m}}-e^{-\left(\frac{x_2}{\beta_m}\right)^{\alpha_m}}=0.98\end{aligned}\tag{6.41}$$

式(6.41)可通过迭代求解。

若静强度遵循的不是正态分布，而是形状参数为 α，比例参数为 β 的双参数 Weibull 分布，那么相应的百分位值为

$$\begin{aligned}&x_1=\beta(-\ln 0.99)^{\frac{1}{\alpha}}\\&x_2=\beta(-\ln 0.01)^{\frac{1}{\alpha}}\end{aligned}\tag{6.42}$$

相应的均值 X_m 为

$$X_m=\beta_m\left(1-\frac{1}{\alpha}\right)^{\frac{1}{\alpha}}\tag{6.43}$$

此时式(6.40)与式(6.41)依然适用。

在经过这些修正之后，p 将不再由式(6.27a)或式(6.30)给出，式(6.36)可用于计算失效循环数。同样，再次强调，上式只有在疲劳损伤发生在那个更低的尺度下时才有用。而且，如果 $0<R<1$ 或 $R>1$，则修正后剩余强度的分布律起始时总是双参数 Weibull 分布。只有像 $R=0$ 或者 $R<1$ 这种无需进行修正的时候，起始时的剩余强度分布律才有可能是正态分布。

当起始剩余强度分布规律为双参数 Weibull 分布，且使用非线性模型衡量剩余强度随循环作用的变化时，我们可以得到一个与失效循环次数和所施加应力有关的简单闭合解，这种情况与表 6.1 中的情况 4 相对应。式(6.32)可代入式(6.36)中求解失效循环次数，重新整理后得：

$$\sigma=\beta\left(\frac{1}{N}\right)^{\frac{1}{\alpha}}\tag{6.44a}$$

式中，σ 为最大(最小)循环应力；α、β 分别对应起始剩余强度分布中的形状参数和比例参数；N 为失效循环次数。

式(6.44a)并没有区分不同的试件。它更像是对整类试件的一种说明，这也就是为什么比例参数 β 会出现在右边的原因，这是由 p 的定义造成的直接结果。为了让式(6.44a)适用于某一具体试件，我们必须确保该试件在 $N=1$ 时，已恢复初始剩余强度状态。举个例子，对于一个平均静强度为 σ_{sf} 的试件而言，式(6.44a)变为

$$\sigma=\sigma_{sf}\left(\frac{1}{N}\right)^{\frac{1}{\alpha}} \tag{6.44b}$$

比起式(6.36)，式(6.44b)更方便使用，因为它更加偏向传统的 $S-N$ 曲线。当 $R=0$，即处在最小应力为 0 的单向拉伸状态下时，或是当 $R=\infty$，即处在最大应力为 0 的单向压缩状态下时，式(6.44b)都适用。需要强调的是，这里所说的都是满足起始剩余强度遵循双参数 Weibull 分布且式(6.25)能够适用的情况。

将式(6.32)和式(6.37)联立，当 $R<0$ 时，我们可以得到一个与式(6.44b)相似的表达式：

$$N=\frac{1}{(\sigma_{max}/\beta_T)^{\alpha_T}+(\sigma_{min}/\beta_C)^{\alpha_C}} \tag{6.45a}$$

式中，下标"T"和"C"分别表示拉、压状态；相应的 α 和 β 分别对应起始剩余强度分布律中的形状参数和比例参数；σ_{min} 和 σ_{max} 分别表示循环载荷作用过程中的最小应力和最大应力。

当式(6.44a)中 $R=0$ 或 $R=\infty$时，若要使式(6.45a)能对应某个具体试件，则当 $N=1$ 时，该式必须与该试件的起始剩余强度相吻合，可得：

$$N=\frac{1}{(\sigma_{max}/\sigma_{sfT})^{\alpha_T}+(\sigma_{min}/\sigma_{sfC})^{\alpha_C}} \tag{6.45b}$$

式中，σ_{sfT} 与 σ_{sfC} 分别表示拉、压作用下试件的平均静强度。

这看起来比式(6.44b)要复杂，这是因为它的应力参量被放置在等式左侧，不能被重新改写成常规的 $S-N$ 形式。这其中有个很重要的特点，即通常不管是拉伸状态下的 σ_{max} 还是压缩状态下的 σ_{min}，这些循环载荷作用的幅值都会对失效循环次数造成影响。

6.4.2 谱载荷的失效循环模型

上一节中的损伤模型仅针对恒幅载荷作用，我们可以用文献[17]中的方法将其推广到谱载荷作用的情况。

在推广时我们将剩余强度作为一个关键参数，使得在某种程度上，一种载荷类型可以等效于另一种载荷类型。如果它们在载荷作用结束时有相同的剩余强度，那么两个经历不同类型载荷作用的不同试件也可以被视作等同，但这并不意味着两个试件损伤类型是一样的。我们都清楚不同类型的损伤最后可能导致试件拥有相同的剩余强度。例如，对于任何具有 BVID 的层压板而言，使它具有与前者相同的 CAI 强度的孔尺寸也是存在的(见 5.3 节)。这种等效关系仅表现在试件疲劳寿命内的某一刻，在某一特定类型载荷作用下两个试件具有相同的剩余强度而已。因此，这里所说的方法对于载荷类型发生变化(如压变成剪切)，或是同种载荷作用但是幅值发生变化的谱载荷是不适用的，因为这将会使试件的损伤类型发生极大变化。

接下来的问题就是确定某一试件在某一循环载荷作用后的剩余强度，以及在一个不同的载荷水平下得到相同的剩余强度所经历的循环作用次数。举个例子，假设某一试件在循环应力水平 σ_1 下经历了 n_1 次作用，之后又在循环应力水平 σ_2 下经历了 n_2 次作用。在首先经历了 n_1 次作用后，剩余强度可通过式(6.24)得到：

$$\sigma_{r1}=\sigma_1^{\frac{n_1}{N_1-1}}\sigma_{sf}^{\frac{N_1-n_1-1}{N_1-1}} \tag{6.46}$$

式中，N_1 代表在应力水平 σ_1 下的失效循环次数。

当然，我们也可以通过在应力水平 σ_2 下的循环作用使试件具有与上面相同的剩余强度 σ_{r1}。假设 N_{2u} 为在应力水平 σ_2 下剩余强度达到 σ_{r1} 时的循环作用次数，再次利用式(6.24)可得：

$$\sigma_{r1}=\sigma_2^{\frac{N_{2u}}{N_2-1}}\sigma_{sf}^{\frac{N_2-N_{2u}-1}{N_2-1}} \tag{6.47}$$

相应地，式中的 n_1、N_1 就要调整为 N_{2u}、N_2。
式(6.47)可以与式(6.44b)联立解出 N_{2u}：

$$N_{2u}=(N_2-1)\frac{\ln\sigma_{r1}-\ln\sigma_{sf}}{\ln\sigma_2-\ln\sigma_{sf}}=(N_2-1)\frac{\ln\left(\frac{\sigma_{r1}}{\sigma_{sf}}\right)}{\ln\left(\frac{\sigma_2}{\sigma_{sf}}\right)} \tag{6.48}$$

所得结果可以与式(6.47)和式(6.44b)联立，使得 N_{2u} 更加简洁[17]：

$$N_{2u}=\frac{N_2-1}{N_1-1}n_1\frac{\ln N_1}{\ln N_2} \tag{6.49}$$

因此，不管加载的是 σ_1 的 n_1 次循环作用，还是 σ_2 的 N_{2u} 次循环作用，载荷作用结束时的剩余强度都是一样的。这也就意味着原假设中试件在循环应力水平 σ_1 下经历了 n_1 次作用后，又在 σ_2 下经历 n_2 次作用的过程可以替换为在循环应力水平 σ_2 下经历 $(N_{2u}+n_2)$ 次作用。因此，要计算两种载荷类型作用后试件的剩余强度，我们将其等效为在 σ_2 下经历 $(N_{2u}+n_2)$ 次循环作用后的剩余强度，利用式(6.24)可得：

$$\sigma_{r2}=\sigma_2^{\frac{n_2}{N_2-1}+\frac{n_1}{N_1-1}\frac{\ln N_1}{\ln N_2}}\sigma_{sf}^{1-\left(\frac{n_2}{N_2-1}+\frac{n_1}{N_1-1}\frac{\ln N_1}{\ln N_2}\right)} \tag{6.50}$$

从式(6.50)中可以看出，即使颠倒加载顺序，最后所得到的剩余强度大小也是相同的。因此，就目前所利用的这个模型而言，改变载荷的施加顺序并不会对剩余强度产生影响。但是,这却会使失效循环次数发生改变,我们会在后面讨论这个问题。

在进一步推导前,值得强调的是,这个模型是基于失效模式不随循环次数的增加而改变,以及每次循环中 p 不会改变的假设而建立起来的。我们也很容易想到该假设不成立的状况。但是,在大多数情况下,这些情况都发生在超过当前讨论的尺度下,这一点将在6.6节中进行讨论。

我们通过归纳[17]可知,若所作用的载荷类型不止两种,而是 m 种,那么其等效于在应力水平为 σ_m 的恒幅载荷下作用 N_{mu} 次,在第 m 个载荷类型开始作用前,相应的剩余强度可表示为

$$N_{mu}=\frac{(N_m-1)}{\ln N_m}\left(\sum_{i=1}^{m-1}\frac{n_i}{N_i-1}\ln N_i\right) \tag{6.51}$$

$$\sigma_{rm}=\sigma_m^{\frac{n_m+N_{mu}}{N_m-1}}\sigma_{sf}^{\frac{N_m-(N_{mu}+n_m)-1}{N_m-1}} \tag{6.52}$$

式(6.51)给出了在应力水平 σ_m 循环作用下对应的循环次数,即在最后一种载荷类型作用下得到相同剩余强度所需的循环次数,剩余强度对应式(6.52)。因此,若 N_m 是应力水平 σ_m 循环作用下对应的失效循环次数,那么其在第 m 个载荷类型作用开始前的剩余寿命为

$$n_m=N_m-N_{mu} \tag{6.53}$$

将式(6.51)代入式(6.53),简化后可得:

$$\frac{1}{\ln N_m}\left[\frac{n_m}{N_m}\ln N_m+\frac{(N_m-1)}{\ln N_m}\sum_{i=1}^{m-1}\frac{n_i}{N_i-1}\ln N_i\right]=1 \tag{6.54a}$$

若 $N_i>20$,那么相对而言,情况1就可以忽略不计,表达式变为

$$\frac{1}{\ln N_m}\sum_{i=1}^{m}\frac{n_i}{N_i}\ln N_i=1 \tag{6.54b}$$

式(6.54a)和它的近似表达式——式(6.54b)针对的都是在第 m 个载荷类型作用后结构失效的情况,这与大部分用在金属上的传统Miner准则很相似:

$$\sum_{i=1}^{m}\frac{n_i}{N_i}=1 \tag{6.55}$$

在式(6.54a)、式(6.54b)以及式(6.55)中,N_i 表示的是如果只有第 i 种类型的载荷作用(应力水平为 σ_i)时对应的失效循环次数。

与具有线性关系的Miner准则不同,式(6.54a)是非线性的。这就意味着在Miner准则中我们可以改变加载顺序,最后对失效循环次数没有影响,但若使用式

(6.54a)或式(6.54b)，那么它对失效循环次数的影响就很大了。

第二个重要的不同点在于，在 Miner 准则中 n_i/N_i 总是不断增大趋于 1，而在现在的这个模型里，n_i/N_i 的值根据情况不同可以大于 1 也可以小于 1。简单起见，我们还是以只有两种载荷类型的情况为例，式(6.54b)变为

$$\frac{n_2}{N_2}=1-\frac{n_1}{N_1}\frac{\ln N_1}{\ln N_2} \tag{6.56}$$

显然，除了 $N_1=N_2$ 的情况外，右边的 n_i/N_i 图线斜率都不等于 1。式(6.56)的图像如图 6.15 所示。

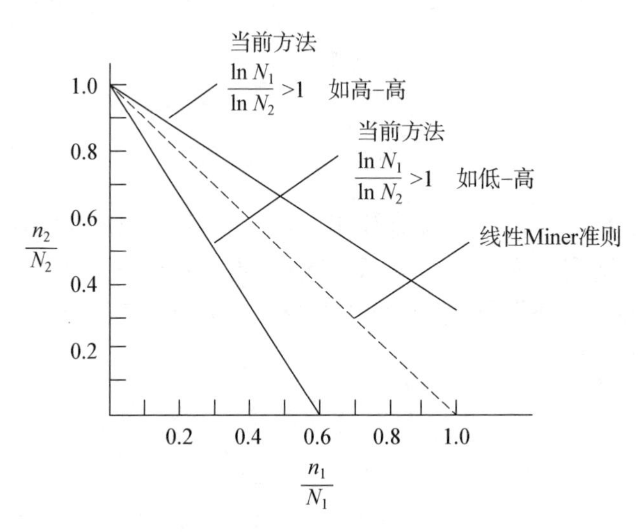

图 6.15　当前方法与 Miner 准则预测的比较

如果我们先施加重载再施加轻载(重—轻次序)，那么用现在的这种方法得到的 n_i/N_i 之和总会大于 1。而如果加载顺序反过来，也即轻—重次序，那么得到的 n_i/N_i 之和总会小于 1。业内也有一些试验证据部分证实了以上结论。Broutman 和 Sahu[18] 在他们的试验中发现，12 个重—轻次序组中有 6 个 n_i/N_i 之和大于 1，12 个轻—重次序组中有 10 个 n_i/N_i 之和小于 1，这都部分证实了上述结论。

此外，对于一个给定的谱载荷而言，如果最后一段的载荷保持不变，那么所得到的失效循环次数也不会发生改变。也就是说，只要最后一段的载荷保持不变，不管前面载荷的次序如何变化，失效循环次数(段)都不会变化。产生这样的结果是因为该模型不管之前的载荷次序如何，在最后一个负载段开始之前产生相同的剩余强度。只有最后一个载荷段发生了变化，最后的失效循环段数才会改变。关于这一点，目前没有任何试验证据表明这是对的，但也没有充分的证据表明它不正确。

这个结论可以被用来求一个在给定谱载荷作用下相对简单的失效循环段数的

表达式。当然，如果在某一载荷段中施加的应力与试件的剩余强度相等，那么试件就会失效。在第 i 段载荷中，若所施加的应力刚好等于 σ_i（σ_i 为该段最大或最小应力），那么试件的失效循环段数 M_{fail} 可表示为[17]

$$M_{\text{fail}}=\frac{1}{K_m}\left(\ln N_i-\frac{n_m}{N_m-1}\ln N_m\right) \tag{6.57}$$

式中，N_m、n_m 分别表示失效循环次数以及最后一个载荷段所施加的循环次数；N_i 为仅有 σ_i 作用时的失效循环次数，它可以由式(6.44b)确定；而 K_m 则可由下式得到：

$$K_m=\sum_{i=1}^{m}\frac{n_i}{N_i}\ln N_i \tag{6.58}$$

对于谱载荷的每一个 σ_i 连续使用式(6.57)，得到的 M_{fail} 最小值即可用来预测失效循环段数。

6.5　基于试验结果的剩余强度和损伤模型预估

到目前为止，我们的讨论都集中在一个低于人们能够对结构损伤产生和发展准确建模的尺度下以及剩余强度模型和失效循环次数的扩展。这些构成了能够让我们对结构特性如何随着循环次数的变化而变化做出评价的损伤模型，即使在长时间的疲劳模型评估下，结构中的损伤也没有明显的变化，对其也没有影响。在一个更长时间跨度下的疲劳模型将在 6.6 节中进行讨论。在此之前，在现有假设的局限性和公开文献中试验结果的限制下，评估现有模型的预估能力是有用的。

6.5.1　对照试验结果的剩余强度预估

因为本节中模型的完善严重依赖于对剩余强度（循环次数的函数）有一个好的预估结果，所以我们首先对剩余强度进行试验对比研究。用到的第一个试验结果来自 Yang 和 Jones[12]。在试验中，碳纤维/环氧树脂试件在一个给定的载荷水平下（$R=0.1$）进行循环加载，最后进行静力试验测得它们的剩余强度，我们将表 6.1 中的情况 2 和情况 4 计算得到的结果与试验结果进行了对比，如表 6.2 所示。

表 6.2　剩余强度预测与文献[12]的试验结果对比

施加循环次数 n	施加最大应力 $\sigma_{\max}$/MPa	$\sigma_{\max}$ 下 N_f 直到失效［式(6.36)］	文献[12]中剩余强度试验结果/MPa	预测的剩余强度/MPa［式(6.24)］	式(6.24)与试验结果的误差/%	预测的剩余强度/MPa［式(6.12)］	式(6.12)与试验结果的误差/%
1 100	298.1	2 663	392.3	363.7	−7.3	368.6	−6.0
12 100	268.3	30 918	379.0	351.6	−7.2	359.6	−5.1

（续表）

施加循环次数 n	施加最大应力 σ_{max}/MPa	σ_{max} 下 N_f 直到失效[式(6.36)]	文献[12]中剩余强度试验结果/MPa	预测的剩余强度/MPa[式(6.24)]	式(6.24)与试验结果的误差/%	预测的剩余强度/MPa[式(6.12)]	式(6.12)与试验结果的误差/%
137 500	238.4	483 964	363.7	356.5	−2.0	367.2	1.0
150 000	232.9	833 292	348.8	376.4	7.9	384.9	10.3
900	290.7	4 781	390.6	376.5	−3.6	394.3	1.0

表 6.2 中的前 2 列是施加循环次数以及所施加的最大应力，第 3 列是利用式(6.36)得到的失效循环次数预估值。值得注意的一点是，因为 R 值接近于 0，此时利用式(6.38)的修正对预估剩余强度几乎没有影响，所以没有使用。通过试验测得的剩余强度位于表 6.2 的第 4 列。由式(6.24)(对应非线性模型)、式(6.12)(对应线性模型)预估得到的剩余强度分别位于第 5 和第 7 列，而它们与试验值的误差分别位于第 6 和第 8 列。我们可以从误差数据中看出，剩余强度的预估结果还是很不错的，与试验结果的误差最大也就 10%左右，非线性模型中这一项会稍好一些，最大误差小于 8%。

第二个对比试验是与 Broutman 和 Sahu 关于玻璃纤维的试验进行对比。选择一定的施加载荷 σ 作为静态拉伸强度的一部分，并且将施加循环次数 n 作为试验确定的平均失效循环次数 N 的一部分，对比结果如表 6.3 所示。剩余强度的试验值和预估值在表中都是以其所占静态强度百分比的形式表示出来的。

表 6.3 归一化的剩余强度预测与文献[18]试验结果的对比

n/N	试验[18]	预测 式(6.25)	预测 式(6.13)	n/N	试验[18]	预测 式(6.25)	预测 式(6.13)
$\sigma/F_{tu}=0.862$				$\sigma/F_{tu}=0.754$			
0.20	93.0	97.1	97.2	0.20	91.5	94.5	95.1
0.51	94.5	92.7	92.9	0.55	89.0	85.6	86.5
$\sigma/F_{tu}=0.646$				$\sigma/F_{tu}=0.538$			
0.175	90.5	92.6	93.8	0.15	83.0	91.1	93.1
0.56	83.5	78.3	80.2	0.35	81.0	80.5	83.8

从试验结果中我们可以得到 n/N 的大小，为求 N，将式(6.25)改写为

$$\frac{\sigma_r}{\sigma_{sf}}=\left(\frac{\sigma}{\sigma_{sf}}\right)^{\frac{n}{N-1}}\approx\left(\frac{\sigma}{\sigma_{sf}}\right)^{\frac{n}{N}}$$

这样我们就不需要求出 N 的值了。可以利用它得到表 6.3 中的第一组预测值。第二组需要通过式(6.13)的近似表达式得到:

$$\frac{\sigma_r}{\sigma_{sf}}=1-\left(1-\frac{\sigma}{\sigma_{sf}}\right)\frac{(n-1)}{N-1}\approx 1-\left(1-\frac{\sigma}{\sigma_{sf}}\right)\frac{n}{N}$$

当 $N\gg 1$ 时上式成立。

预测值与试验值吻合度较高,利用式(6.25)得到的非线性模型剩余强度的预测值的最大误差为 9.7%,而利用式(6.13)得到的线性模型的预测值的最大误差为 12.1%。预测结果偏移最大的情况出现在 $\sigma/F_{tu}=0.538$, $n/N=0.15$ 时。

表 6.2 与表 6.3 的结果表明基于式(6.24)和式(6.25)得到的模型对剩余强度的预估是可靠的。

6.5.2 失效循环次数预测与试验结果对比(恒幅载荷作用)

本节中,我们将各种材料、几何形状以及载荷下的失效循环次数的预测结果和试验结果进行对比。首先是由 Broutman 和 Sahu 完成的以正交铺设的玻璃纤维层压板为对象的对比试验($R=0.05$),对比结果如图 6.16 所示,试验数据包含 10%、90%以及平均数据点,预测结果由式(6.44b)计算得到。

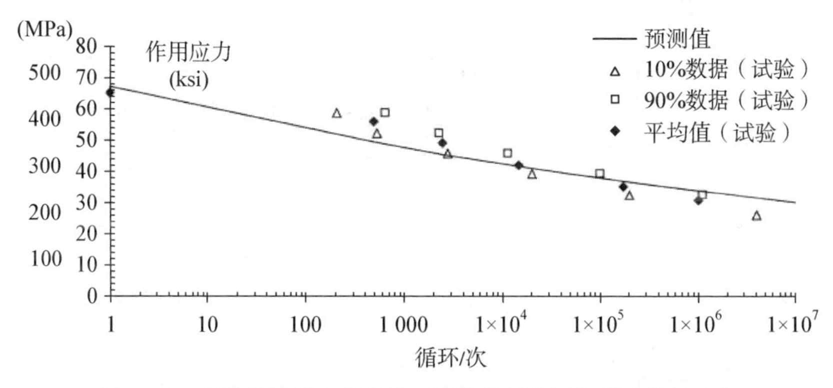

图 6.16 玻璃纤维正交铺层层压板的分析预测和试验结果对比

从图中可以看出,除了高载荷区域预测结果偏保守外,其他地方的预测结果与试验结果吻合得都非常好。对于正交层压板来说,高载荷下 90°层会被基体裂纹穿透。这改变了试件中的载荷传递方式,而本模型并未考虑到这一点。在低载条件下,90°层处的基体裂纹密度不高,现有模型能在小尺度损伤下给出一个较为合理的预测。关于模型中基体裂纹在更大尺度方面的影响,将在 6.6.2 节进行详细讨论。

第二个对比试验是关于碳纤维/环氧树脂纤维增强夹层板的,结果如图 6.17 所示。这与 5.6 节中的第(2)和第(3)种铺层方式是相同的,而且试验过程中至少在目视检测以及敲击测试中未发现有损伤的增长。这个例子中损伤积累发生在一个低于目前损伤的尺度下，因此模型也是可行的。预测结果与试验结果吻合较好。要做更精确的评估就需要更大量的试验数据。在测试过程中，需要进行更高分辨率的检查，以确定是否存在目视检测和敲击测试中没有发现的损伤增长。有人怀疑部分误差的产生是由于在测试期间发生了较大尺度(几毫米)下的一些损伤增长。

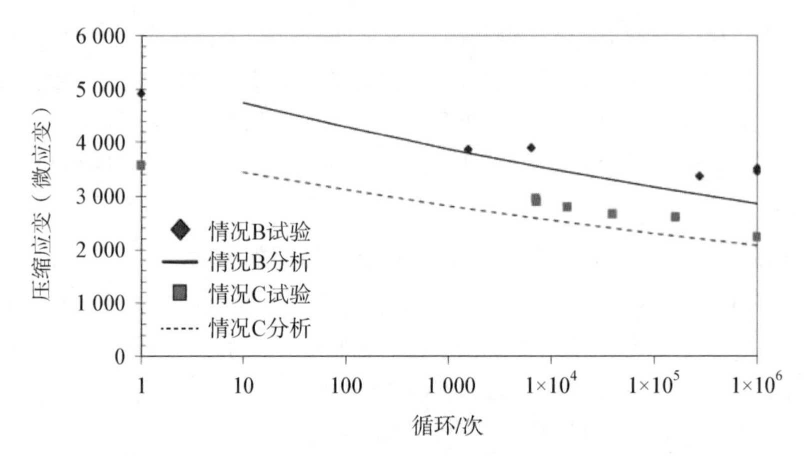

图 6.17　带冲击损伤的夹层结构的预测和试验结果对比

接下来的比较如图 6.18 所示，针对两个不同 R 值的 T800/5245 双马来酰亚胺。试验数据来源于文献[19]。试验结果与预测结果吻合度非常高。

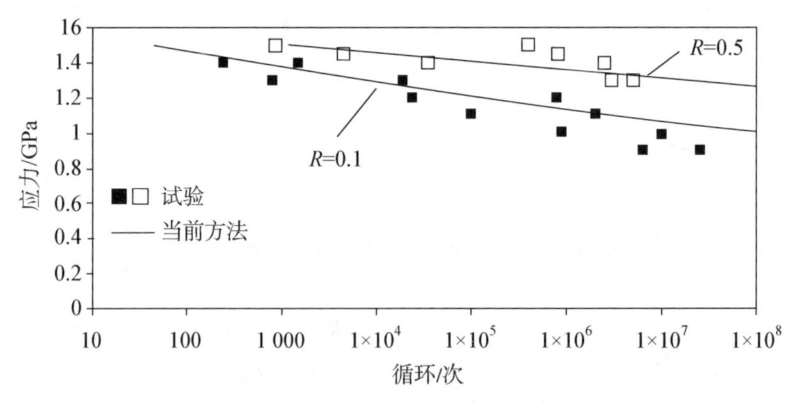

图 6.18　双马来酰亚胺树脂层压板的预测和试验结果对比

虽然从图 6.16～图 6.18 得到的对比结果都比较令人满意，但仅仅有这些依然不够。所用的模型是有局限的，因为它在比一些纤维直径更大的尺度下考虑损伤的形成和增长。模型的第二部分中关于更大尺度下的内容将在 6.6 节中进行讨论。现有方法的局限性在图 6.19 中简单地表现了出来。

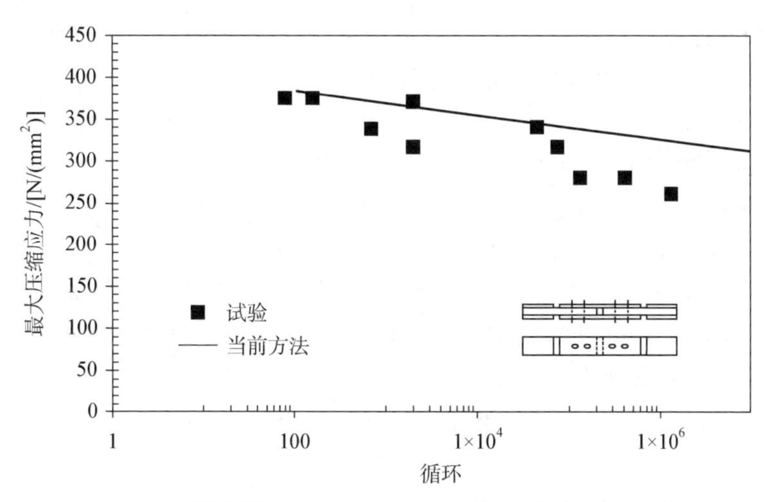

图 6.19 机械连接 $R=-1.66$ 情况下的预测和试验结果对比

这是用 T300/914 材料制作的双搭接螺栓连接试验件:采用$[0_2/\pm45/0_2/\pm45/90]_S$ 基板和$[0_2/45/90/-45/90]_S$ 双搭接板。载荷为拉-压载荷,R 为-1.66。试验数据来源于文献[20]。这里,预测结果与试验结果的差别非常明显。由于螺栓连接具有复杂的损伤起始和演化机制,因此迄今为止没有一个模型能对此进行详细解释。

更多的不同材料和载荷的数据可以参见文献[15],尽管当前模型仍不够准确。

6.5.3 失效循环次数预测与试验结果的对比(谱载荷作用)

本节中将会有两组在谱载荷作用下的对比试验。第一个试验数据来源于文献[18],如图 6.20 所示。分析的方法在 6.4.1 节中曾经用过,更多分析的细节过程可以参见文献[17]。图 6.20 中的每一组都对应于不同的情况,即在某一个应力水平上先加载若干个周期,然后在不同的应力水平下加载到失效。图中 y 轴表示的是试件在第二个应力水平下的失效循环次数。

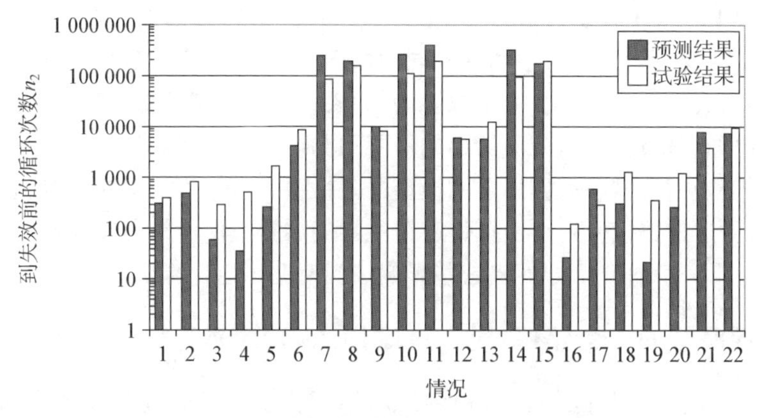

图 6.20 两段载荷谱加载的预测和试验结果对比

总体上来说，除了情况 3、4、5、18、19 和 20 外，其他组中预测结果与试验结果都非常接近。这几组中，所施加的应力水平都比较高，达到了平均静强度的 86%或者 75%。在这么高的应力水平下，我们可以从图 6.16 中看出同样的材料、铺层方式和载荷作用，得到的预估 $S-N$ 曲线与试验结果有所分离。因此，这种谱载荷下的差异是能够预计的。需要注意的是，图 6.20 中的 y 轴刻度是对数(在一个图中拟合所有的情况)，这意味着实际差异比它们看起来更显著。

第二个对比试验结果如图 6.21 所示，数据来源于文献[21]。我们对材料为 $[(\pm 45/0_2)_2]_S$ 的 T800/5245 的层压板进行了谱载荷加载试验。该谱载荷由四段组成，每段对应的 R 值均为 0.1，最大应力分别对应 78%、72%、66%和 60%的静强度。将四段以不同顺序连在一起形成六组，每组重复加载直至失效，如图 6.21 所示。

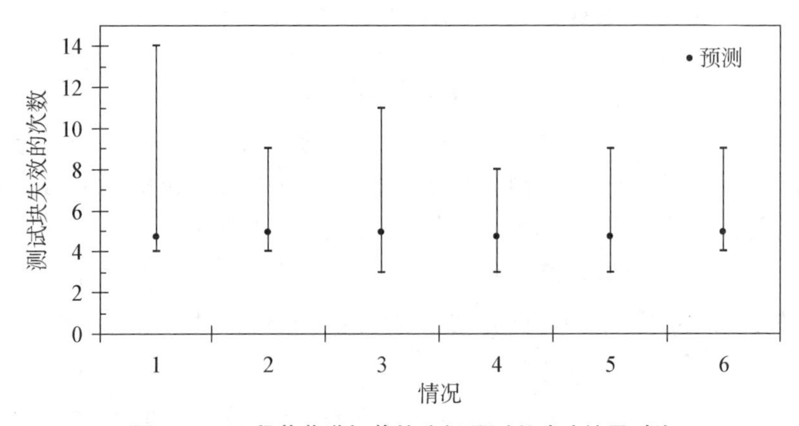

图 6.21 四段载荷谱加载的分析预测和试验结果对比

从图 6.21 中我们可以看到，预测结果与试验结果吻合得很好，因为试验结果的离散度很大，而预测结果总是在试验结果的离散度以内。然而其中有一些误导性，因为其他模型尽管不是更好，但也能给出这样在离散度以内的预测结果。此外，目前模型的预测仅由六组试验中两种不同的数据(因为在这六组试验中最后一段载荷仅有两种)组成。正如 6.4.1 节中提到的，如果最后一段载荷保持一致，那么不管先前载荷次序如何变化，该模型所给出的最终预测结果都是相同的。

最后，应当指出谱载荷作用下的模型局限性很大。它不能对更大尺度下的损伤做出解释，而这种损伤又是在由拉伸载荷主导的循环或由压缩载荷主导的循环中十分重要的。下一节将介绍如何将这些影响按周期循环组合起来。

6.6 完善模型的一个建议：对大尺度损伤的说明

6.4 节提出了一种当损伤过程的尺度低于长度尺度时评估疲劳寿命的模型。

例如,如果某损伤中有基体裂纹、分层以及纤维断裂,那么所观察的尺度就只有几根纤维直径那么大。而6.4节中的模型在接近或者小于一根纤维直径的尺度下观察损伤的产生和积累。

损伤模型取决于层压板的铺层方式、载荷以及部分几何形状。例如,一个带有孔洞的层压板与一个包含丢层导致丢层区分层的层压板所用的损伤模型肯定是不同的。因此,特定的损伤模型需要对应于某种具体情况。在这里,我们将给出一种通用的方法,下一节中将有具体的例子来展现它是如何被用在不同的情况下的。

假定循环载荷开始时结构的状态是准确已知的。这也可以称作名义初始结构或者一个已经经历过一些循环载荷的结构。循环载荷作用前结构的(剩余)强度必须是已知的,而且不管结构状态如何,它都是结构状态的函数。因此我们需要一个准确的静态分析模型。此外,静态强度的离散度以及它所遵循的统计分布规律也必须已知。

假设给上文这样的结构施加一个给定 R 的循环载荷作用。从概念上来说,试验过程比较直接,而且取决于作为循环作用次数函数的剩余强度。为了说明这种方法,假设这种情况下 $R<1$(拉-压载荷作用)。

6.6.1　第一次循环,受拉部分

对于施加循环中的拉力部分,载荷值从0增大到 σ_{max}。如果载荷作用对结构造成了损伤,那么结构的刚度和强度特性就要进行更新,通过与它相关的统计分布规律得出新的损伤情况和剩余强度。如果载荷作用对结构没有造成任何损伤,那么我们就可以假定损伤发生在一个我们的模型无法观测到的尺度下,再利用6.4节中的损伤模型来得到结构新的剩余强度。这个“更新后的结构”是一个即将受到压缩循环作用的全新结构。

这里需要说明很重要的一点,即根据载荷类型,我们必须得到多于一个的剩余强度数据。举个例子,对于拉-压载荷作用,受拉时的剩余强度和受压时的剩余强度都必须在受拉结束后确定。

以纤维方向与载荷施加方向相同的单向层压板为例。在循环中的受拉部分,一些脆弱的纤维将会失效。这里的失效指的是纤维的完全失效,而不是指存在纤维裂纹,因为基体能够承受载荷,所以断裂的纤维依然能够传力。最重要的是,这里的断裂的纤维沿其长度方向有多个断裂点,这种纤维无法再承载。原本施加在这些纤维上的载荷将分散到其他纤维上。因此这些完好的纤维所承受的力与原来相比增加了,导致更多的纤维失效。载荷将会继续分散在其他纤维上,直到所有纤维都因此失效,或者还剩一些能够承受这个载荷的纤维存在。考虑到一些纤维失效的事实,纤维体积现在得进行相应变化。结果,所得结构的刚度和强度都将更新。

6.6.2 第一次循环，受压部分

在受拉部分结束时，结构的损伤状况、刚度和强度形成了受压时结构的初始状态。特别地，结构受压时的剩余强度是一个重要变量。

将压缩部分加入循环中，载荷从 0 减小到 σ_{min}。如果载荷对结构造成了损伤，则结构的刚度和强度特性应改变以反映新损伤形成后的影响。拉-压作用下新的剩余强度是根据它们所遵循的统计分布规律得到的。如果这部分的载荷未对结构造成损伤，且我们假设损伤发生在人们的损伤模型观测不到的小尺度下，则可以利用 6.4 节中的损伤模型对刚度和强度特性进行更新。结构更新后的状态将会用在下一个受拉环节中。

与上面提到的受拉循环一样，必须确定不仅用于压缩而且用于拉伸的新剩余强度，它反映了循环载荷的压缩部分结束时的结构状态。确定之后可以用于下一个循环的受拉部分。

继续之前单向层压板的例子，在循环中受压部分结束后，就有一部分纤维失效，原本它们承受的载荷就会分散到其他完好的纤维上。这样后来可能有更多的纤维会失效，一直到所有纤维都失效或者剩下一些能够承受这些载荷的完好纤维。之后会计算新的纤维体积，并得到新的刚度和强度特性。这个结构又准备经受下一次的载荷循环。

6.6.3 后续载荷循环

同样我们可以将前面描述第一次循环的步骤用于后续的循环过程。在每一次新循环开始时，结构的状态都会依据当时的损伤情况或损伤模型的预测值做出调整更新。当结构中的每一层都失效，或是剩余强度与相应的拉-压状态下所施加的循环应力水平相等时，这样的步骤才算结束。

6.6.4 讨论

之前我们所描述的这种概念性模型在试图合并：①在一个细观长度尺度下，影响如强度、刚度这样宏观特性的物理过程；②在宏观长度尺度下，损伤的产生和发展过程。在这样的背景下，6.4 节中的损伤模型就不能被用于预测结构的失效循环次数，而只能被用于预测微观尺度下发生的过程对结构剩余强度造成的影响变化。在某种意义上，它能够对每次循环后由于材料损伤造成的结构强度下降程度进行评估。当然，我们的损伤模型充分利用了失效循环次数 N，可参见式(6.36)和式(6.44b)，但是这里的 N 指的失效循环次数是材料磨损的结果，而不是在一个更大尺度下损伤产生和增长的结果。不用说 N，就是 p 也是一样，每次循环中它们的大小都不一样。但是如果没有一个更大尺度下的损伤发生的话，那么我们就可以认为 p 和 N 是常数。

为了更有效地使用这种方法，提出一个能够解释损伤产生及其对剩余强度影响

的分析模型就显得很有必要了。也就是说,我们需要一个好的静态模型,用它预测不同类型损伤及它们之间的相互作用,还有如基体裂纹、分层和纤维断裂等损伤的发展过程。就目前说来,这样的模型计算量非常大[22-25],很难被用于周期载荷作用下的结构评估。近来,人们开始将不太精确的损伤近似与逐步失效分析相结合,如使用第一层和随后一层的破坏标准[26,27]。

我们所提出的任何针对该问题的疲劳模型,包括文献[22]~[25]中提到的那些最优数值模拟模型所面临的挑战之一,就是疲劳载荷下发生的损伤增长问题。正如6.1节中提到的那样,复合材料中的损伤有多种形式,因此这里的损伤增长针对的可能是其中任何一种或是所有类型的损伤。自相似的损伤增长是很少见的。

我们有一种更加精确且耗时更少的渐进损伤分析模型,它可以用在现有的模型中,对结构剩余强度进行动态更新,而不必等到拉-压过程结束,我们在循环进行时就可以完成这项工作。这也能够让我们更准确地追踪损伤的发展过程。

对于本章中的损伤模型,最后值得一提的一点就是其有序性。6.4节中的模型假设除了发生更大尺度下的损伤外,剩余强度将随着循环的进行而减小。这就意味着,就目前的情形而言,我们将无法捕捉到剩余强度增加的情况(参见先前有关图6.3的讨论)。这是我们可以预见的,假设存在一个受拉的带孔单向试件,在孔边缘处发生基体开裂,由于存在更大尺度的损伤,因此其影响必须由更大尺度下的模型来解释。

现有模型的主要优点同时也是挑战的地方,在于它不需要任何疲劳测试来确定 $S-N$ 曲线的基线,或是对任何模型参数进行曲线拟合。在它的最简形式(接下来两节会说到)中,它可以作为初步设计工具,帮助确定结构的抗疲劳构型,并最大限度地减少疲劳测试。在更复杂的形式中,与一些更有力的模拟模型综合后,它将在设计和分析环境因素中发挥更大作用。

6.6.5　应用:单向复合材料中的拉-压疲劳

现将上一节中描述的模型应用于受拉-压循环载荷($R=-1$)作用的单向复合材料试样。

6.6.5.1　预测

我们现做如下假设:

(1) 试件中所有的纤维刚度相同。

(2) 如果有一些纤维失效了,那么每根完好的纤维承受相同大小的载荷(基体中无剪滞)。

(3) 试件中纤维的强度分布服从某已知均值和标准差的正态分布规律。

其中后两点假设是非常重要的。第三点假设说明试件中并不是所有纤维的强度都是相同的。也就是说,在循环加载过程中,试件中的脆弱纤维将首先失效,之后载荷将被重新分布到其他强度更高的纤维上。如第二点假设所表示的那样，载荷将被平均分配到剩余的纤维上。Qian[28]证实了这样做结果将偏保守，对于六边形或近六边形封闭的填充纤维形状，紧邻断裂纤维的纤维中的应力集中因子小于1.16。

在施加循环载荷之前，我们假设以下物理特性已知：

(1) 纤维的平均抗拉强度 X_f^t，以及相应的标准差 s_f^t。

(2) 纤维的平均抗压强度 X_f^c，以及相应的标准差 s_f^c。

(3) 纤维体积分数 v_f。

对于拉力下的结构失效，一个细致的模型将能对任何纤维弯曲、纤维直径变化以及纤维/基体界面不一致等现象做出解释。在文献[29]中提到了一种可以考虑纤维曲率、纤维直径变化现象的模型。对于压力作用下的结构失效，我们需要一个能够解释纤维扭曲以及纤维曲率对压缩强度[30]造成影响的模型。为了获得一个初步的预测以及对这种方法进行说明，我们将采用一种简单混合规则。

在此我们假设一种将纤维强度和复合材料强度相联系的简单混合规则：

$$\sigma_{\text{fail}} = X_f v_f \tag{6.59}$$

式中，X_f 为纤维强度；v_f 为(目前的)纤维体积分数。σ_{fail} 和 X_f 的变化取决于纤维和试件是在拉力还是压力作用下。假设基体对于复合材料强度的影响可以忽略。这也就是式(6.59)中没有包含基体贡献的原因。

1) 第一次拉循环部分

施加拉力作用，纤维所受应力可由式(6.59)类似地得到：

$$(\sigma_{\text{fa}}^t)_1 = \frac{\sigma}{v_f} \tag{6.60}$$

所有强度小于 $(\sigma_{\text{fa}}^t)_1$ 的纤维都将失效。失效部分的纤维其 f_1^t 可由下式得出：

$$f_{1\text{new}} = \text{cdf}[(\sigma_{\text{fa}}^t)_1,\ X_f^t,\ s_f^t] \tag{6.61}$$

式中，cdf 代表均值为 X_f^t，标准差为 s_f^t 的累积分布函数。

剩余的每根纤维上的平均载荷应力为

$$(\sigma_{\text{ft}})_{\text{new}} = \frac{(\sigma_{\text{fa}}^t)_1}{1 - f_{1\text{new}}} \tag{6.62}$$

现在回到式(6.60)和式(6.61)，根据载荷分布确定是否还有更多纤维失效。重复这一过程直到 $f_{1\text{new}}$ 收敛到 $f_1^t < 1$ 或是所有纤维失效为止。

根据 f_1 的收敛值，我们可以计算出试件的新纤维体积分数：

$$v_{f1}^t = (1 - f_1^t) v_f \tag{6.63}$$

计算新的纤维强度。目前尚未失效的单根纤维没有任何损坏,可以通过式(6.60)~式(6.63)中的分析模型进行评估。因此,他们在第一次循环结束后的强度可以用损伤模型进行更新:首先,利用式(6.36)计算纤维失效的循环次数 N,重新改写拉力部分的计算公式如下:

$$N=-\frac{1}{\ln(1-p_{\mathrm{T1}})} \tag{6.64}$$

式中,p_{T1} 表示所施加的应力 σ 大于试件抗拉强度的概率,可通过下式得到

$$p_{\mathrm{T1}}=\mathrm{cdf}\left(\frac{\sigma}{v_{\mathrm{f0}}},\ X_{\mathrm{f}}^{\mathrm{t}},\ s_{\mathrm{f}}^{\mathrm{t}}\right) \tag{6.65}$$

这里面非常重要的一点在于式(6.64)中得到的 N 不是下一次载荷作用下的失效循环次数,而是在只有下一次载荷作用时没有更多的纤维失效及其他(可测的)损伤出现在试件中的情况下的失效循环次数。

纤维的剩余强度可利用损伤模型得到更新,为了计算在一次循环作用之后的剩余强度,我们可以使用式(6.12)或者式(6.24)。这里,为方便说明,我们选用式(6.12)中的线性模型进行说明。假设在某一次循环作用后,剩余强度服从某正态分布规律,其均值和标准差由式(6.26a)和式(6.26b)给出,分别为

$$\begin{aligned}\mathrm{mean}_1&=\left(\frac{N-2}{N-1}\right)(\mathrm{mean})_0+\frac{\sigma}{N-1}\\ \mathrm{stdev}_1&=\left(\frac{N-2}{N-1}\right)(\mathrm{stdev})_0\end{aligned} \tag{6.66}$$

式中,下标0表示第一次循环作用前的材料状态。

将式(6.66)应用于纤维强度计算,则纤维抗拉强度的均值和标准差为

$$\begin{aligned}X_{\mathrm{f1}}^{\mathrm{t}}&=\left(\frac{N-2}{N-1}\right)X_{\mathrm{f}}^{\mathrm{t}}+\frac{(\sigma_{\mathrm{fa}}^{\mathrm{t}})_1}{(1-f_{\mathrm{1new}})(N-1)}\\ s_{\mathrm{f1}}^{\mathrm{t}}&=\left(\frac{N-2}{N-1}\right)s_{\mathrm{f}}^{\mathrm{t}}\end{aligned} \tag{6.67}$$

在受拉部分载荷作用结束后,试件的剩余强度为

$$\sigma_{\mathrm{a1}}^{\mathrm{t}}=X_{\mathrm{f1}}^{\mathrm{t}}v_{\mathrm{f1}}^{\mathrm{t}} \tag{6.68}$$

接下来我们来看试件在第一次压循环过程中发生了什么变化。

2) 第一次压循环部分

拉循环部分结束时的试件状态就是压循环部分开始时的结构状态,因此可得:

(1) 纤维体积分数可由式(6.63)得到。

(2) 最后一次压循环作用结束时的纤维强度记为纤维的受压部分的强度。如果是第一次压循环作用，则认为纤维的强度仍为其静强度 X_f^c。

(3) 最后一次压循环作用结束时的纤维标准差记为纤维强度的标准差。如果是第一次压循环作用，则认为纤维的标准差仍为其静态时的标准差 s_f^c。

纤维上所施加的应力可由与式(6.60)类似的形式给出：

$$(\sigma_{fa}^c)_1 = \frac{\sigma}{v_{f1}^t} \tag{6.69}$$

类似于受拉循环部分的方式，所有强度小于 $(\sigma_{fa}^c)_1$ 的纤维都将失效。失效纤维部分的 f_1^c 可由下式得到：

$$f_{1new} = \mathrm{cdf}[(\sigma_{fa}^c)_1,\ X_f^c,\ s_f^c] \tag{6.70}$$

在经历了载荷重分布后，剩余纤维所承受的应力大小为

$$(\sigma_{fc})_{new} = \frac{(\sigma_{fa}^c)_1}{1 - f_{1new}} \tag{6.71}$$

重复这一过程，直至 f_{1new} 收敛至 $f_{1c} < 1$ 或所有纤维失效。

根据 f_{1c} 的收敛值，我们可以得出新的纤维体积分数：

$$v_{f1}^c = (1 - f_{1c})v_{f1}^t \tag{6.72}$$

这里先前的纤维体积分数指的是拉循环部分结束后的纤维体积分数。

接下来计算新的纤维强度。为此，压循环部分结束后试件的失效循环次数 N 可由式(6.36)针对压缩循环改写后的形式给出：

$$N = -\frac{1}{\ln(1 - p_C)} \tag{6.73}$$

式中，p_c 为所施加应力水平 σ 大于试件抗压强度的概率，可通过式(6.74)计算得到：

$$p_{C1} = \mathrm{cdf}\left(\frac{\sigma}{v_{f1}^c},\ \underbrace{X_f^c,\ s_f^c}_{\text{施加第一个循环之前的数量}}\right) \tag{6.74}$$

若 X_f^c 服从正态分布，则剩余强度也将服从正态分布，其均值和标准差由式(6.26a)及式(6.26b)给出，分别为

$$X_{f1}^c = \left(\frac{N-2}{N-1}\right)X_f^c + \frac{(\sigma_{fa}^c)_1}{(1 - f_{1new}^c)(N-1)} \tag{6.75}$$

$$s_{f1}^{c}=\left(\frac{N-2}{N-1}\right)s_{f}^{c}$$

试件在拉循环部分结束之后的剩余强度为

$$\sigma_{a1}^{c}=X_{f1}^{c}v_{f1}^{c} \tag{6.76}$$

3）关于下一循环的延伸讨论

在第一次循环结束后，我们可以分别确定纤维受拉时的平均强度 X_{f1}^{t} 和标准差 s_{f1}^{t}；试件强度低于所施加拉应力水平的比例 p_{T1}；仅在拉应力作用下试件的失效循环次数 N_{1}^{t}；在拉循环部分结束后试件的剩余强度 σ_{a1}^{t}；纤维受压时的平均强度 X_{f1}^{c} 和标准差 s_{f1}^{c}；试件强度低于所施加压应力水平的比例 p_{C1}；仅在压应力作用下试件的失效循环次数 N_{1}^{c}；在压循环部分结束后试件的剩余压缩强度 σ_{a1}^{c}。

第二次循环及以后的循环的处理过程与第一次循环相同，只是它的输入量变成了以上值。当所有纤维失效或是试件的拉-压剩余强度 $\sigma_{a1}^{t}/\sigma_{a1}^{c}$ 刚好等于所施加的拉-压循环应力水平时，我们就判定整个试件失效。不过，需要注意的是，每次循环中的 p 和 N 值都会有所变化。

6.6.5.2　与试验结果的比较

为了验证模型的正确性，我们采用真空注射方法制造了碳纤维/环氧树脂试验件，并在静态和疲劳载荷下进行了测试。静态试验的目的是确定试件在拉-压载荷下静强度分布规律的均值和标准差。试件尺寸为 100 mm×15 mm，有 2.5 mm 和 1.5 mm 两种不同厚度规格。它们是切割更大的面板得到的，并且在测试部分附近粘贴具有锥度的玻璃纤维片，以将应力集中效应最小化，便于载荷的引入。每个试件的测试段部分都有 10 mm 长。图 6.22 展现的是一个典型的受静压力作用失效的试件。试件平均的纤维体积含量为 49.5%。

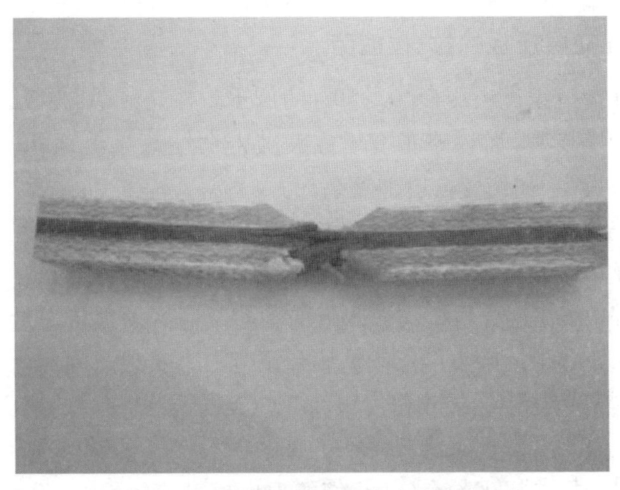

图 6.22　用于静力和疲劳试验的单向试片

单向真空注射试验件的静力试验结果如表 6.4 所示。

表 6.4 单向真空注射试验件的静力试验结果

	拉伸	压缩
平均值/MPa	1 454	927.7
标准差/MPa	76.4	70.3

使用先前章节中的分析方法得到的预测结果与试验结果的对比如图 6.23 所示。从图中可以发现，两者的吻合度还是不错的。如果能进一步考虑纤维弯曲、纤维直径变化及纤维扭曲的影响，则结果会更加理想。

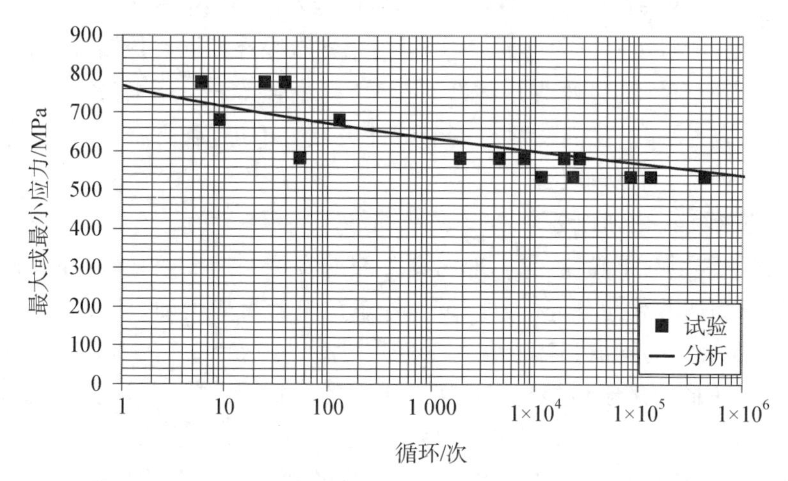

图 6.23 单向拉-拉疲劳试验的预测结果与试验结果的对比

6.6.6 应用：正交层压板的拉-拉疲劳

本节将定性探讨正交层压板$[0_m/90_q]$的例子。在先前单向层压板的例子中，损伤形式主要是纤维断裂，而忽略了有时在疲劳寿命结束时出现的轻微纤维劈裂现象。在正交层压板中，损伤变得更加复杂。

正如 6.1 节和 6.4 节中提到的，如图 6.11 所示，损伤首先表现为由 90°层延伸到 0°层的横向基体裂纹。随着载荷次数的递增，裂纹不断增加，裂纹密度也不断增大。在这个过程中，90°层处这些裂纹附近的轴向载荷必须被传递到 0°层上去，通过在 0°/90°层界面处和附近产生的层间剪切和正应力来实现。因此，在 0°层处的轴向载荷就会增大，若 90°层中的裂纹密度很高，则 0°/90°层界面处的层间应力也许还会造成分层现象。

通过以上对于损伤机理的介绍，我们的损伤模型应能够：①预测基体裂纹的萌生;②确定下一个基体裂纹会在何时何处出现;③计算 0°/90°层界面处的层间应力;④将失效准则应用于 0°层的面内失效或是 0°/90°层界面处的分层;⑤预测/跟踪循环载荷下分层的发展。

关于这一方法更详细的说明可以参考 3.4 节或文献[29],这里只给出一个简洁、定性的描述:当轴向应力超过材料的原位强度时,90°层中就会开始出现基体裂纹。这里的原位强度非常重要,因为随着 90°层中 q 数量的增加,原位强度会明显减小[31]。一旦第一条裂纹产生了,它周围的三向应力状态就可以通过最小化层压板余能的变分得到,这在 3.4 节和文献[29]中也有提及。我们将最终的应力定性地表示在了图 6.24 中。

观察图 6.24(a)我们可以得知,在 90°层的裂纹位置处应力 σ_x 和层间剪应力 τ_{xz} 大小均为 0。之后,τ_{xz} 从 0 开始增大到最大值,最后再慢慢回到 0。而 σ_x 从 0 增大到它的远场值,这个远场值可在无裂纹的情况下通过测量得到。层间正应力 σ_z 在裂纹处处于压缩状态(负值),随后又衰减至 0。

图 6.24(b)展现的是 0°层的情况,σ_x 的变化与上图明显不同。在这里,σ_x 起始时就是一个很大的值,这是因为在裂纹位置处,90°层的轴向载荷已经转移到了 0°层。随着距离裂纹的轴向距离增大,σ_x 慢慢减小到它的远场值(无裂纹的情况下通过测量得到)。值得注意的是,图 6.24 并不是同比例的,例如,0°层中的 σ_x 大小通常要比 90°层中的大 5～10 倍。

从图 6.24 中我们可以得知,应力 σ_z 是负值,因此不会是造成分层现象的原因。同时,因为 τ_{xz} 值比较小,因此至少在循环的开始阶段不会造成分层。那么,唯一能造成失效的就只有 σ_x 了。在循环过程中,不管是 0°层还是 90°层,它们的剩余强度均减小了。在 0°层中,造成剩余强度下降的主要原因是纤维断裂,我们可从式(6.67)中得到印证。在 90°层中,造成剩余强度下降的主要原因是基体裂纹。0°层中基体裂纹处的应力 σ_x 即使比它的远场值还要大,仍不够使层压板失效。它只会导致最薄弱的纤维在类似于上一节所述的情况下失效。

真正导致试件失效的是 90°层中的 σ_x。当 90°层中远离基体裂纹处的应力超过该层更新后的原位横向强度时,就会出现第二道基体裂纹。更新的原位横向强度可通过类似于式(6.67)的形式得到。这就使得我们能够确定下一处裂纹的位置,因为在远离第一处裂纹的地方,σ_x^{90} 等于其更新后的远场值的 99%。需要注意的是 σ_x 也会进行更新,随着 0°层中的纤维失效,相应纤维体积分数的改变会导致一小部分的载荷转移到 90°层中去。通常,试验所施加的应力都足够高,在第一次循环作用时产生的裂纹数都大于 1。

一旦在 90°层中形成了第二道裂纹,图 6.24 中的应力分布就变成如图 6.25 所示的那样。现在,在 90°层中裂纹处的 σ_x 和 τ_{xz} 大小都等于 0。τ_{xz} 和 σ_z 的峰值比起原来都有所增加。两层中 σ_x 都会趋于它的远场值,但是如果裂纹空间很小,σ_x 就没

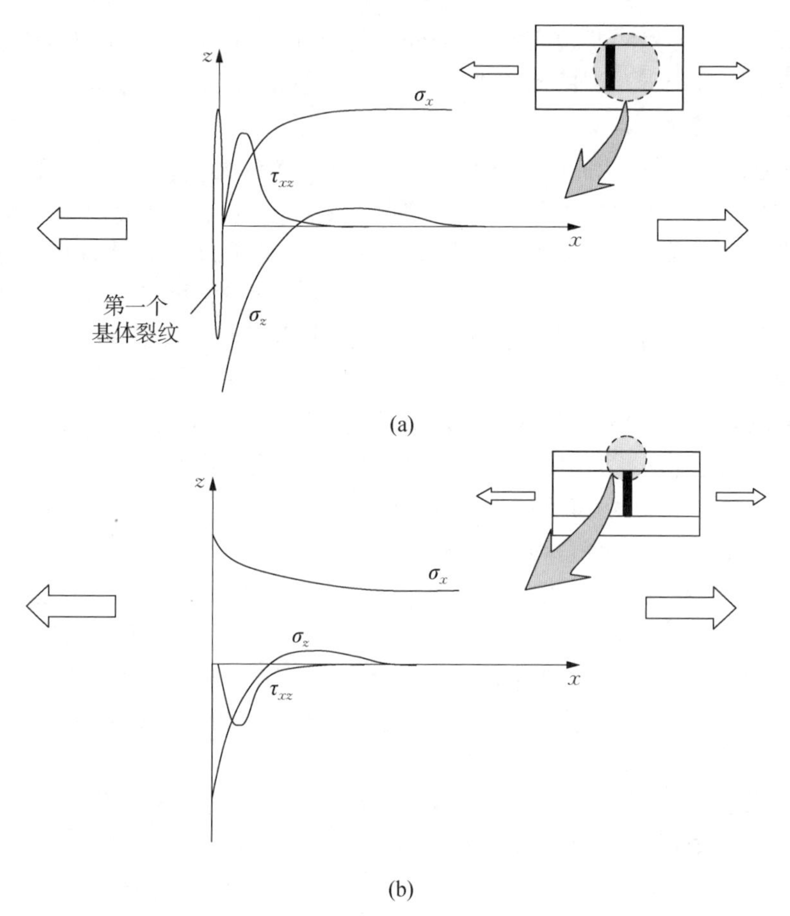

图 6.24 $[0_m/90_q]_S$ 层压板基体裂纹附近的应力分布

(a) 在中间 90°层(只存在一个裂纹)的应力 (b) 在中间 0°层(只存在一个裂纹)的应力

有足够空间再次回到 0°层中的峰值或是 90°层中的零值。这里的“没有足够空间”指的是一条裂纹对另一条裂纹周围应力场的大致影响范围。

后面的循环中发生的情况与图 6.25 中的非常相似，随着更多裂纹的形成，裂纹空间也会增大。不同应力的峰值也会增大。这意味着，基体裂纹之间的最大拉应力 σ_z 可能在某一点超过 0°/90°层界面的层间拉伸强度并导致分层，这种情况通常会发生在疲劳寿命的末期。因此，随着裂纹密度的增大，我们必须要再次检查 0°层中对应 90°层中裂纹形成的位置处的剩余强度、90°层中的横向强度，以及 0°/90°层界面处每两条裂纹中间的层间失效强度。当 0°层中所有纤维都失效时，这个结构就失效了。

检查局部应力状态是否处于失效状态，因为超出构件的剩余强度部分的应力需使用失效准则。对于面内应力，可使用 Puck 和 Schurmann[26] 或是 Dávila 等人[27] 提出的准则。对于分层的产生和发展，使用与文献[24]中相类似的一种方法将会很

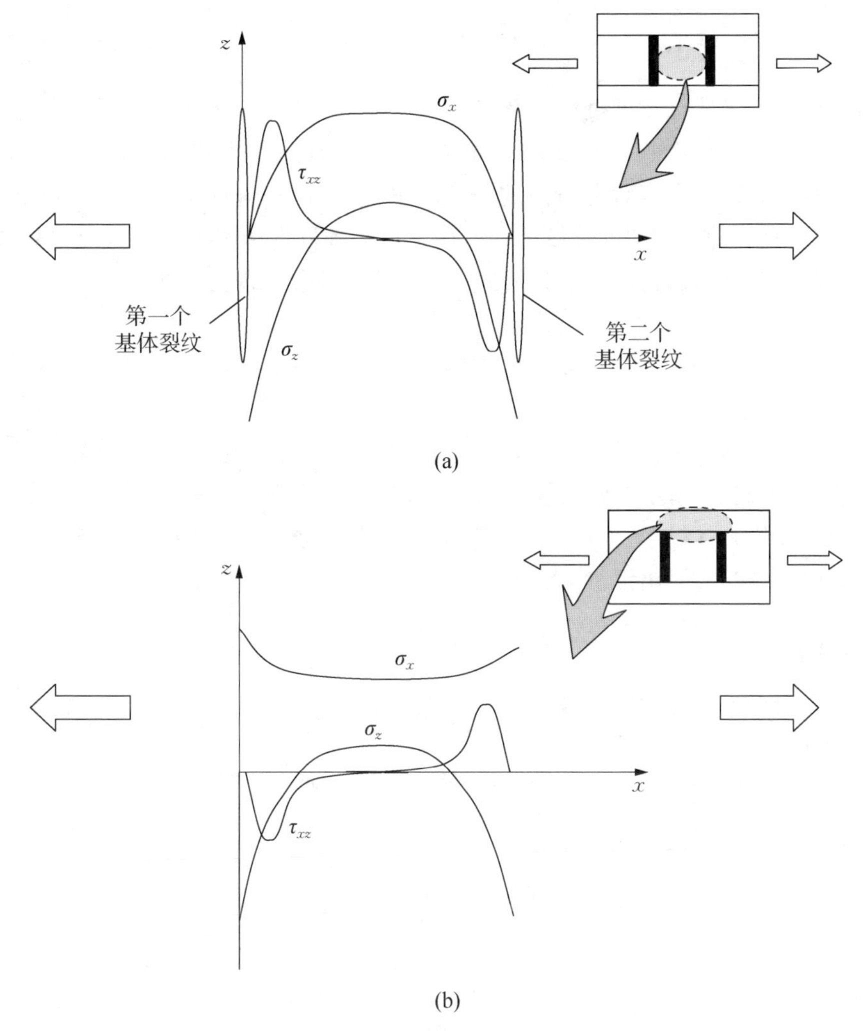

图 6.25 $[0_m/90_q]_S$ 层压板基体裂纹间的应力分布

(a) 在中间 90°层(存在两个或者更多的裂纹)的应力 (b) 在中间 0°层(存在两个或者更多的裂纹)的应力

有效,但是 Paris 类型的准则也许就没有这一章节中用到的计算剩余强度的方法合适。面内各种失效形式间的相互作用(如基体裂纹与分层)对于我们来说是个主要的挑战。为了便于设计,在更有效的仿真方法出现之前,使用这些简化的方法还是很有必要的。

练习

6.1 观察图 6.15,当 $\frac{n_1}{N_1}=1$(曲线垂直下降)时,高-低循环和低-高循环被第一次“截断”，当 $\frac{n_1}{N_1}$ 为小于 1 的某个值时(图中的例子用了 0.6)。试描述在每次“截断”过程中发生了什么物理过程以及为什么两条线会被“截断”。

6.2 金属中损伤的增加和裂纹的增长都以一种重复出现的模式表征，即裂纹是单向增长的，以及在疲劳寿命内的任意时刻，裂纹状态都能从上一时刻的状态预测出来。这是一种自相似的裂纹增长。讨论在何种程度和情况下，复合材料也能具有自相似的裂纹增长特性。在自相似裂纹生长中将会展现出何种类型的损伤或是缺陷？

6.3 讨论当 $R=-1$ 时，6.6 节中的损伤情况将如何发生变化(特别是对于分层来说)。

6.4 假设本章中的损伤机理是复合材料中仅有的疲劳机理，试推导由低载高循环次数到高载低循环次数的转换公式。这对于漫长的谱载荷测试非常有用，因为它可以节约时间。(提示：使用 6.4.1 节中的公式)站在 6.1 节中我们讨论过的立场上，试对该转换公式做出评价。

参考文献

[1] Hahn, H. T. and Kim, R. Y. (1975) Proof testing of composite materials. J. Compos. Mater., 9, 297 - 311.

[2] Vassilopoulos, A. P. and Keller, T. (2011) Fatigue of Fiber Reinforced Composites, Springer.

[3] Reifsnider, K. L. (ed) (1991) Fatigue of Composite Materials, Elsevier.

[4] Talreja, R. (1987) Fatigue of Composite Materials, Technomic Publishing.

[5] Yang, J. N., Lee, L. J. and Sheu, D. Y. (1992) Modulus reduction and fatigue damage of matrix dominated composite laminates. Compos. Struct., 21, 91 - 100.

[6] Lee, L. J., Yang, J. N. and Sheu, D. Y. (1993) Prediction of fatigue life for matrix-dominated composite laminates. Compos. Sci. Technol., 46, 21 - 28.

[7] Reifsnider, K. L., Sculte, K. and Duke, J. C. (1983) in Long-Term Fatigue Behavior of Composite Materials (ed T. K. O'Brien), ASTM, Philadelphia, PA, pp. 136 - 159, Long-Term Behavior of Composites, ASTM STP 813.

[8] Badaliance, R. and Dill, H. D. (1982) Compression Fatigue Life Prediction Methodology for Composite Structures. NADC - 78203 - 60.

[9] Kassapoglou, C. (2011) Fatigue model for composites based on the cycle-by-cycle probability offailure: implications and applications. J. Compos. Mater., 45, 261 - 277.

[10] Mandell, J. F., Samborsky, D. D., Wang, L. and Wahl, N. K. (2003) New fatigue data for wind turbineblade materials. Trans. ASME J Solar Energy Eng., 125, 506 - 514.

[11] US Department of Defence and Federal Aviation Administration (1997) Composite Materials Handbook, Polymer Matrix Composites. Guidelines for Characterization of Structural Materials, vol. 1, Chapter 8. 3. 4, Mil-Hdbk - 17 - 1F, US Department of Defence and

Federal Aviation Administration.

[12] Yang, J. N. and Jones, D. L. (1983) in Load Sequence Effects on Graphite/Epoxy [±35]s Laminates, Long Term Behavior of Composites (ed T. K. O'Brien), ASTM, Philadelphia, PA, pp. 246 - 262, ASTM STP 813.

[13] Wedel-Heinen, J., Tadich, J. K., Brokopf, C. et al. (2006) Optimat Blades-Reliable Optimal Use of Materials for Wind Turbine Rotor Blades. Report OB - TG6 - R002, Chapter 13. 2. https://www.wmc.eu/public_docs/10317_008.pdf.

[14] O'Brien, T. K. ASTM STP 775(1980) Characterization of Delamination Onset and Growth in a Composite Laminate in Damage in Composite Materials, American Society for Testing and Materials, pp. 140 - 167.

[15] Kassapoglou, C. (2007) Fatigue life prediction of composite structures under constant amplitude loading. J. Compos. Mater., 41, 2737 - 2754.

[16] US Department of Defense (2003) Metallic Materials and Elements for Aerospace Vehicle Structures, US Department of Defense, pp. 9 - 253, MIL-HDBK - 5J, January 2003 Table 9. 10. 1.

[17] Kassapoglou, C. (2010) Fatigue of composite materials under spectrum loading. Composites PartA, 41, 663 - 669.

[18] Broutman, L. J. and Sahu, S. (1972) A new theory to predict cumulative fatigue damage in fiberglassreinforced plastics, in Composite Materials Testing and Design, (2nd Conference), American Society for Testing and Materials, pp. 170 - 188, ASTM STP 497.

[19] Gathercole, N., Reiter, H., Adam, T. and Harris, B. (1994) Life prediction for fatigue of T800/5245 carbon-fibre composites: I. Constant amplitude loading. Fatigue, 16, 523 - 532.

[20] Gerharz, J. J., Rott, D., and Schuetz, D. (1979) Schwingfestigkeitsuntersuchungen an Fuegungen in Faserbauweise. BMVg-FBWT, pp. 79 - 23.

[21] Adam, T., Gathercole, N., Reiter, H. and Harris, B. (1994) Life prediction for fatigue of T800/5245 carbon-fibre composites: II variable amplitude loading. Fatigue, 16, 533 - 547.

[22] Camanho, P. P., Dávila, C. G. and De Moura, M. F. (2003) Numerical simulation of mixed-modeprogressive delamination in composite materials. J. Compos. Mater., 37 (16), 1415 - 1438.

[23] Camanho, P. P., Dávila, C. G., Pinho, S. T. et al. (2006) Prediction of in situ strengths and matrix cracking in composites under transverse tension and in-plane shear. Composites Part A, 37 (2), 165 - 176.

[24] Turon, A., Costa, J., Camanho, P. P. and Dávila, C. G. (2007) Simulation of delamination in composites under high-cycle fatigue. Composites Part A, 38 (11), 2270 - 2282.

[25] Mohammadi, S. (2012) XFEM Fracture Analysis of Composites, Chapter 4. 6, John Wiley & Sons, Inc., New York.

[26] Puck, A. and Schurmann, H. (2002) Failure analysis of FRP laminates by means of

physically based phenomenological models. Comps. Sci. Technol, 62, 1633 - 1662.
[27] Dávila, C. G., Camanho, P. P. and Rose, C. A. (2005) Failure criteria for FRP laminates. J. Compos. Mater., 39, 323 - 345.
[28] Qian, C. (2013) Multi-scale fatigue modelling of wind turbine rotor blade components. PhD Thesis. Delft University of Technology, Chapter 4.
[29] Kassapoglou, C. and Kaminski, M. (2011) Modeling damage and load redistribution in compositesunder tension-tension fatigue loading. Composites Part A, 42, 1783 - 1792.
[30] De Backer, W. (2013) Development of an improved model for static analysis of unidirectional fiberreinforced polymer composites under compression. MSc Thesis. Delft University of Technology.
[31] Dvorak, G. J. and Laws, N. (1987) Analysis of progressive matrix cracking in composite laminatesII. First ply failure. J. Compos. Mater., 21, 309 - 329.

7 复合材料损伤影响:总结和设计指南

我们关于含损伤复合材料结构性能的理解远未完成,这些复杂的现象要求非常细节的模型来确定损伤的产生和演化过程,以及刚度、强度等大尺度属性被影响的程度,细节模型要求涵盖多种尺寸效应且被定向试验证实。我们在这个方向上取得了很大的进展,但适应更精确分析的数值仿真方法还没有达到可用于复合材料结构设计和初步分析的状态。为了满足可进行合理化预测以及优化的要求,本书给出了一些替代方案来处理复合材料结构的不同类型损伤。这些方案本身有其局限性,包括精度和适用范围。不管怎样,这些材料给出了一些基本趋势和特征,可作为设计指南使用,本书对这些内容进行了归纳。值得一提的是,这些指南不是绝对的,甚至在不同的情形下是相互冲突的。这些指南对于缩小选型范围和选择鲁棒性设计仍然有效。

1) 开孔

(1) 45°/−45°铺层降低由开孔引起的应力集中系数,纯 45°/−45°铺层的应力集中系数最低,对于典型的碳纤维/环氧树脂复合材料,应力集中系数在 2.5 左右,然而纯 45°/−45°铺层的强度也较低。

(2) 从充分发挥复合材料性能的角度,对于承受轴向载荷,含开孔层板沿着载荷方向须保持一定比例铺层。为获取由 0°铺层(平行于载荷方向)贡献的强度与 ±45°铺层贡献的低应力集中系数之间的平衡,±45°铺层比例应该在 20%~40%,其他铺层方向须根据载荷以及其他设计指南确定,如 10%规则。

(3) 由于过于保守,因此应力集中系数不能用作设计工具。对于第 2 章的算例,含孔层压板强度相对于根据应力集中系数预测的结果高出 66%。含孔层压板孔边应力集中导致损伤区域形成,如基体开裂、分层,这些损伤使得局部应力显著低于根据应力集中系数产生的应力。

(4) 对于含孔复合材料,有限宽度影响非常重要,含孔有限宽度板的强度相对于无限宽板会显著降低。修正后的 Whitney-Nuismer 方法采用解析法确定的应力平均距离可准确预测失效。

(5) 推荐使用FHT和OHC试验建立含孔拉伸和压缩许用值,然而对于少量情况,由于OHT或FHC试验更加保守,因此也需要校核。

2) 裂纹

(1) 与金属材料不同,沿着厚度方向的裂纹在复合材料中不经常发生。在典型重复载荷作用下,裂纹不会扩展。事实上,损伤以基体开裂和分层的形式在裂纹尖端萌生,且应力会被限制在一个有限的范围内。即使损伤扩展,也很少以自相似的形式存在。

(2) 复合材料裂纹尖端应力奇异因子明显低于金属材料。对于典型碳纤维/环氧树脂材料,应力奇异因子为0.2～0.3,金属为0.5。对复合材料使用奇异因子为0.5的线弹性断裂力学模型会导致非保守的预测。

(3) 裂纹的有限宽度修正系数低于开孔,根据这个观点,裂纹没有开孔严酷。对于建立复合材料承载能力许用值,开孔更加保守。

(4) 裂纹可以采用根据垂直载荷方向的投影长度作为孔径的开孔进行分析。

3) 分层

(1) 含分层的复合材料结构必须满足极限载荷要求,选定的检测手段可检的最小分层尺寸与当分层发生时结构的极限承载能力的关系是非常关键的。

(2) 检查间隔必须定义,如在至少2倍的检查间隔下分层不会扩展至临界尺寸,临界尺寸是指如果分层在2倍检查间隔后可检,则满足限制载荷要求对应的尺寸。

(3) 分层子层屈曲可用于保守分析面内载荷下的分层扩展。作为一个准则:在面内载荷下植入分层,直至至少一个子层发生屈曲,分层无扩展。

(4) 对于一般的承受组合载荷的情况,分层扩展可通过应变能释放率来量化或使用黏聚区单元(CZE)建模。

(5) 分层被限制于层间薄的树脂层,分层在层间均匀同性的材料中发生,因此在断裂力学范围内分层边缘奇异因子为0.5。这与沿厚度方向裂纹小于0.5的奇异因子相并列,见2)的(2)。

(6) 降低复合材料层压板自由边处的层间应力便可降低分层趋势,也就是说,降低相邻层的角度差异(导致泊松系数和相互影响效应不匹配)。

(7) 为了延迟分层发生和扩展,应采用高G_{Ic}、G_{IIc}、G_{IIIc}增强树脂体系,这包括热塑性材料。此外,缝合也有类似的提高G_{Ic}的作用。

4) 冲击

(1) 复合材料结构对于达到或低于损伤可检门槛值的冲击损伤必须满足极限载荷要求,如果将目视检测作为检测手段,则相应的损伤为目视勉强可检损伤(BVID)。

(2) 损伤阻抗是指降低冲击损伤的能力,损伤阻抗与损伤容限并不完全相同,但有一定联系,损伤容限是指特定损伤下满足相应载荷的能力。损伤容限必须进行独立的评估,确保结构冲击后的剩余强度要求。

(3) 将冲击损伤当做同等尺寸的开孔或分层,有助于预测特定层压板的冲击后压缩或冲击后剪切强度,尤其是直至 12 层准各向同性面板蜂窝夹层结构。对于更加通用的模型,冲击损伤影响必须被准确模拟。

(4) 由于冲击产生的分层更小,因此使用增韧树脂复合材料可提高层压板损伤阻抗;然而,这也要求产生满足极限载荷要求的 BVID 需要更高的冲击能量,高的冲击能量会导致更多的冲击位置和更多的纤维断裂,这会降低复合材料冲击后压缩强度。

(5) 为了提高冲击后压缩强度,对于分层,冲击需产生相对厚的子层,这些子层没有或有较小的损伤,特别是分层损伤。这些子层是压缩载荷的主承力单元,且具有足够高的弯曲刚度以延迟分层屈曲。也就是说,为了通过分层吸收部分冲击能量,可以接受在远离子层的地方产生相对较大的分层。

(6) 降低相邻层角度差异可降低相应界面的分层尺寸,进而提高冲击后压缩强度。

(7) 软的层板通过弯曲可吸收更多的冲击能量,这有助于减小损伤,但软的材料可能有较低的面内强度,为获取最高的冲击后压缩强度,刚度和强度须进行联合优化。

(8) 即使在冲击过程中分层首先在靠近冲击表面处形成,但对于冲击能量足够高的情况,最大分层会发生在中面附近。也就是说,它相应于 4)的(2)中为了提高冲击后压缩强度的子层,并且应该在中面附近分配一些 0°层以及一些与 0°层相差较小的铺层,从而限制分层的产生并增加子层的屈曲阻抗。

(9) 根据对应局部损伤状态,对损伤区域实施不同刚度夹杂模拟,能够准确预测局部应力,并可联合渐进损伤准则获取准确的冲击后压缩强度。

(10) 预测冲击过程造成的损伤程度和冲击后压缩强度需要准确的渐进损伤模型和失效准则,并且要更新冲击后的材料属性。

(11) 若冲击过程中产生的分层较大,则子层屈曲可能是冲击后压缩性能急剧下降的主要原因。理解损伤后的强度和子层屈曲的相互影响对精确预测剩余强度是很关键的。

5) 复合材料疲劳

(1) 复合材料疲劳发生在多种尺度规模,理解损伤的形成过程及其扩展需要通过建立模型来连接不同尺度规模之间的关系。

(2) 无论在分析模型中采用何种尺度作为起始尺度对损伤进行建模,更小尺度的损伤仍会发生且无法被大尺度模型捕捉。需要采用跟踪宏观性能(如刚度或强度)的磨损模型。此外,能够捕捉较小尺度损伤发生和扩展的试验适用于模型的起始点。

(3) 剩余强度可用于跟踪复合材料结构在疲劳载荷下是如何变化的，基于结构在指定时刻的剩余强度模型建立了施加的循环载荷、循环数、当前循环载荷下发生破坏的循环次数与剩余强度之间的关系。

(4) 复合材料在疲劳载荷下的损伤扩展很少以自相似的形式发生。它由基体开裂、分层、纤维断裂组合而成，施加的载荷、几何结构、使用的铺层使得这些组合产生多种路径。

(5) 如果失效机制不发生改变，并且每种情形显式分析模型不能捕捉到小尺度的损伤演化，那么施加的循环载荷超过试件强度的概率可以与复合材料发生破坏的循环次数相关联。

(6) 准确的疲劳分析模型必须能够预测复合材料结构在指定的损伤状态的剩余强度模型与低尺度效应下，结构性能下降模型的组合。

(7) 疲劳试验中剩余强度的分散性的演变对于确定疲劳寿命非常有用。

索　　引